Uranium Processing and Properties

铀的加工及性能

[美] 乔纳森·S. 莫雷尔（Jonathan S.Morrell）　著
马克·J. 杰克逊（Mark J.Jackson）

黄　鹏　刘柯钊　岳晓斌　译

清华大学出版社
北　京

北京市版权局著作权合同登记号　图字：01-2022-1770

First published in English under the title
Uranium Processing and Properties
edited by Jonathan S. Morrell and Mark J. Jackson
Copyright © Springer Science+Business Media New York，2013
This edition has been translated and published under licence from
Springer Science+Business Media，LLC，part of Springer Nature.

图书在版编目(CIP)数据

铀的加工及性能/(美)乔纳森·S. 莫雷尔(Jonathan S. Morrell)，(美)马克·J. 杰克逊(Mark
J. Jackson)著；黄鹏，刘柯钊，岳晓斌译.—北京：清华大学出版社，2023.5
　书名原文：Uranium Processing and Properties
　ISBN 978-7-302-62716-6

　Ⅰ．①铀… Ⅱ．①乔… ②马… ③黄… ④刘… ⑤岳… Ⅲ．①铀－金属加工－加工性能－
研究 Ⅳ．①TL214

中国国家版本馆 CIP 数据核字(2023)第 026995 号

责任编辑：鲁永芳
封面设计：常雪影
责任校对：薄军霞
责任印制：曹婉颖

出版发行：清华大学出版社
　　　网　　　址：http://www.tup.com.cn，http://www.wqbook.com
　　　地　　　址：北京清华大学学研大厦 A 座　　　邮　　编：100084
　　　社 总 机：010-83470000　　　邮　　购：010-62786544
　　　投稿与读者服务：010-62776969，c-service@tup.tsinghua.edu.cn
　　　质量反馈：010-62772015，zhiliang@tup.tsinghua.edu.cn
印 装 者：三河市春园印刷有限公司
经　　销：全国新华书店
开　　本：170mm×240mm　　印　张：17.25　　字　　数：336 千字
版　　次：2023 年 5 月第 1 版　　印　　次：2023 年 5 月第 1 次印刷
定　　价：109.00 元

产品编号：095862-01

由于核技术领域研究活动的复兴，铀及铀合金的加工及性能目前是人们密切关注的问题。本书是铀材料领域专家的工作总结，包括美国材料学会、制造科学企业、田纳西州橡树岭的 Y-12 国家安全综合体等主办的"贫化铀为代表的特种金属加工学术会议"。这些会议分别在 2004 年、2007 年和 2010 年举行，与会人员来自学术界、工业界和包括美国能源部、美国国家核安全管理局实验室以及英国的原子能武器研究所（位于伯克郡的奥尔德马斯顿）的政府部门。本书代表了铀材料加工及性能领域研究发展的权威水平。

第 1 章重点关注了铀的物理、化学、力学和冶金性能；第 2 章重点关注了铀的铸造和熔炼技术；第 3 章讲述了涂层刀具在铀及铀合金加工中的应用；第 4 章讲述了铀及铀合金的磨削；第 5 章论述了铀的水萃取技术和过程以及涉及的化学原理；第 6 章和第 7 章分别重点论述了铀腐蚀中的纯铀-氢二元体系和纯铀-氢-氧三元体系的相位关系和动力学过程；第 8 章重点关注了铀系统中无损检测技术的基本原理和方法；第 9 章讲述了低浓铀材料在新型医用同位素生产中的应用进展。

本书的架构是基于很多同事提供的材料，感谢他们允许我们使用这些材料，他们帮助建立了一个关于铀的加工及性能的知识和信息的来源，并感谢编辑允许使用这些材料。也感谢 Merry Stuber 和她在施普林格出版社的同事们的帮助和支持，他们及时地准备了原稿。

乔纳森·S. 莫雷尔（Jonathan S. Morrell）

于橡树岭，田纳西州，美国

马克·J. 杰克逊（Mark J. Jackson）

于西拉法叶，印第安纳州，美国

1789 年,德国化学家和矿物学家 M. H. Klaproth 在沥青铀矿中发现了铀元素,刚开始,他将其命名为 Uranit,后来改名为 Uranium。当时,铀化合物的经济价值并不凸显,仅应用于玻璃与陶瓷业。20 世纪 30 年代,核裂变现象的发现和核能的开发,引起了工业界和科学界对铀矿石的空前重视,随之诞生了现代化的铀工业体系。1954 年,苏联建成了世界上第一座核电站,自此以后,核电作为一种清洁、安全、经济的新型能源,在世界主要大国得到了非常广泛的应用。

我国在 20 世纪 50 年代初开始了核工业的创建,我国丰富的铀矿资源为核工业的体系建设提供了有效的资源保障。60 年代初建成了第一批铀矿山和铀水冶场,并开始建设铀浓缩厂。后来,核工业部的多个单位对铀材料开展了工艺及应用的研究。随着核技术的不断进步,研究工作也逐步深入,每个单位都积累了丰富的经验和大量的研究成果。

1986 年,中国原子能出版社出版的《铀的冶金矿物学与铀矿加工》,是国际原子能机构根据一些国家在开发铀矿资源方面所取得的经验而编写的,是世界上各种类型铀矿石的矿物学特性与矿石加工工艺联系起来的第一本书,主要包括铀矿物学、铀矿加工的基本原理、工业实践及加工工艺的新发展等内容。1989 年,苏联的 Б. В. 格罗莫夫主编的《铀化学工艺概论》出版,主要叙述了制备核工业使用的金属铀及其化合物的铀原料的化学工艺处理原理。1991 年,沈朝纯主编的《铀及其化合物的化学及工艺学》出版,主要叙述了铀氧化物、铀氟化物及金属铀的物理性质、化学性质、生产工艺流程和设备。2010 年,王清良主编的《铀提取工艺学》出版,系统介绍了铀矿山铀提取工艺的各单元过程、有关的工艺原理、方法等内容。1962 年出版的《铀冶金学》(Uranium Metallurgy)和 2013 年中国原子能出版社出版的《铀冶金工艺学》,主要介绍了关于铀材料冶金及相关机理、工艺等内容。以上专著,时间跨度长达 70 年,但绝大多数是聚焦于铀及其化合物的物理性能、化学性能相关的论著。

铀材料的机械加工在核科学技术发展中占据了重要的地位。但是,受限于铀材料的特殊性能及应用,关于铀材料机械加工及性能研究的公开出版的论文、会议资料及书籍等非常少。2013 年,施普林格(Springer)出版社出版了《铀的加工及性能》(*Uranium Processing and Properties*)一书,这是关于铀材料加工及性能研究的最新一版著作,代表了目前铀材料机械加工和性能研究的世界先进水平。该书概要地介绍了铀的物理、化学、力学和冶金性能,铀萃取技术及其化学原理;重点系统介绍了铀的铸造和熔炼工艺,铀材料的切削加工、磨削加工技术;书中指出,钇金属涂层刀具有利于提升其在铀材料切削加工过程中的使用寿命,磨削颗粒的研究对铀合金磨削工艺有重要影响,这部分内容也是在学术专著中首次得到系统阐述;综述了铀-氢二元体系的相位关系和动力学方程,以及铀在环境温度下的氧化腐蚀、氢化腐蚀、水腐蚀等;书中还对铀材料的无损检测原理及相关工艺进行了系统阐述,同时介绍了低浓铀材料在新型医用同位素生产中的应用进展。以上内容对铀材料零部件的机械加工、铀材料的工程应用及腐蚀防护、核医学等领域具有重要的指导意义。

该书对我国铀材料领域的科学技术研究具有重要的参考价值,适合于从事核能开发、核技术应用、核燃料生产与研究的技术人员阅读,也可以作为核行业的有关工程技术人员、研究人员和高等院校师生的教学参考书目。

中国科学院院士　蒙大桥

译者序

　　为了满足国内从事核科学与技术的研究人员学习核材料专业知识的需要,我们翻译了这部《铀的加工及性能》。原书出版于 2013 年,是国外铀材料研究领域的一部新著作,主要包含铀的生产工艺、热加工、冷加工、腐蚀性能、无损检测及相关医学应用等领域的研究工作。它是第一部比较详细和全面地阐述铀材料加工工艺方面的著作,对国内相关研究者深入了解铀材料的加工工艺技术、机械加工性能、腐蚀防护及其工程应用等具有重要的指导意义。

　　参加本书翻译工作的人员还有:陈冬、邹乐西、徐文良、纪和菲、陆雷、刘政豪、刘樱。谨在此表示感谢。

　　在本书的翻译过程中,我们力求做到"信、达、雅",在保持原著作者学术观点的基础上,理论联系实际,并克服中西方文化的差异性,尽力做好本书的翻译工作。由于我们的学识和经验有限,书中难免存在错误和不足之处,恳请读者不吝赐教、批评指正,帮助我们进步。

译　者

2022 年 5 月

Rahul Bhola Department of Metallurgical and Materials Engineering, Colorado School of Mines, Golden, CO, USA

Kenneth H. Eckelmeyer 6 Valley View Court, Placitas, NM, USA Srisharan G. Govindarajan Mechanical and Aerospace Engineering, University of Missouri-Columbia, Columbia, MO, USA

Nathan R. Gubel Department of Metallurgical and Materials Engineering, Colorado School of Mines, Golden, CO, USA

Rodney G. Handy Department of Engineering Technology & Construction Management, University of North Carolina-Charlotte, Charlotte, NC, USA

Cameron Howard Department of Metallurgical and Materials Engineering, Colorado School of Mines, Golden, CO, USA

Mark J. Jackson Center for Advanced Manufacturing, Purdue University, West Lafayette, IN, USA

Kimberly N. Johnson University of Tennessee, Knoxville, TN, USA

Kamalu Koenig Structural Integrity Associates, Inc. , Centennial, CO, USA

Brajendra Mishra Department of Metallurgical and Materials Engineering, Colorado School of Mines, Golden, CO, USA

Jonathan S. Morrell Y-12 National Security Complex, Oak Ridge, TN, USA

David L. Olson Department of Metallurgical and Materials Engineering, Colorado School of Mines, Golden, CO, USA

Jonathan Poncelow Department of Metallurgical and Materials Engineering, Colorado School of Mines, Golden, CO, USA

G. Louis Powell Y-12 National Security Complex, Oak Ridge, TN, USA

Edward B. Ripley Y-12 National Security Complex, Oak Ridge, TN, USA

Grant M. Robinson Center for Advanced Manufacturing, Purdue University, West Lafayette, IN, USA

Gary L. Solbrekken Mechanical and Aerospace Engineering, University of

Missouri-Columbia，Columbia，MO，USA

Kyler K. Turner Mechanical and Aerospace Engineering，University of Missouri-Columbia，Columbia，MO，USA

Craig VanHorn URS Corporation，Denver，CO，USA

Michael D. Whitfield Center for Advanced Manufacturing，Purdue University，West Lafayette，IN，USA

译著参与者

陈　冬　中国工程物理研究院材料研究所

邹乐西　中国工程物理研究院材料研究所

徐文良　中国工程物理研究院材料研究所

纪和菲　中国工程物理研究院材料研究所

陆　雷　中国工程物理研究院材料研究所

刘政豪　中国工程物理研究院材料研究所

刘　樱　中国工程物理研究院材料研究所

Jonathan S. Morrell 博士是田纳西州橡树岭 Y-12 国家安全综合体的高级化学家和技术经理,自 2005 年以来一直从事开发部门的兼容和监督工作。作为一名技术经理,Morrell 博士负责监督与核相关的项目,支持核心监测,包括无损、有损和组件测试。这包括核反应堆燃料的测试、包层和结构材料的性能评估,以及长期的兼容性问题。此外,他还进行了材料性能变化和性能的基础研究,包括存在温度梯度、机械应力、反应活性和潮湿气氛下的环境诱导降解的直接影响,以及国家安全应用的化学和放射性条件。Morrell 博士目前在奥地利维也纳的国际原子

Jonathan S. Morrell 博士

能机构的一个协调研究项目中工作,该项目旨在研究延长老化反应堆的寿命。他也是田纳西大学化学系和诺克斯维尔佩利西比州立社区学院自然和行为科学系的兼职教授。Morrell 博士拥有 10 项公开专利,在归档期刊和会议论文集中发表以及合作发表了 30 多篇论文,撰写了 80 多份正式报告,并编辑了 3 本专业书籍。他目前是《国际分子工程》《国际纳米和生物材料》《国际纳米颗粒》期刊的编委会成员。

Morrell 博士获得了国王学院的化学和生物学学士学位。他的荣誉研究是在田纳西州约翰逊市东田纳西州立大学的 J. H. Quillen 医学院进行的,其获得了约翰·霍普金斯医学研究所生物化学和分子生物学系的资助。该研究的主题是抗生素对大肠杆菌细胞中核糖体亚基形成的抑制作用。在 David B. Beach 教授和 Ziling B. Xue 教授的指导下,他于 2000 年在田纳西大学诺克斯维尔分校获得无机化学博士学位。在他的博士论文中,研究了使用新型醇氧化合物前驱体,通过溶液化学技术进行复杂氧化物薄膜的异质外延生长。这项研究包括前驱体溶液的合成,以及用于铁电物质和超导体应用的外延薄膜的加工和表征。在美国能源部基础能源科学办公室的资助下,这项研究在田纳西州的橡树岭国家实验室(ORNL)进行。Morrell 博士曾短暂地在 ORNL 担任博士后研究员,于 2000 年夏天加入了

Y-12 国家安全综合体。作为开发部的首席研究员,他参与了与国防工业生产问题相关的实验测试和小规模操作条件的验证。Morrell 博士后来也启动了热化学、材料加工、法医分析、机械加工和环境老化学习的研究和开发项目。Morrell 博士目前与妻子 Holly 以及双胞胎儿子 Graham 和 Parker 住在田纳西州东部的老家。

Mark J. Jackson 博士在 1983 年开始了他的工程生涯,当时他为他的 O. N. C. 第一部分考试和第一年的机械工程学徒培训课程而学习。在以优异成绩获得普通国家工程文凭和 I. C. I. 成就奖后,他在利物浦理工学院攻读机械和制造工程学位,并在 I. C. I. 制药、联合利华工业和盎格鲁-布莱克威尔等行业工作过一段时间。在 Jack Schofield 教授的指导下以优异的成绩获得工程硕士学位后,Jackson 博士随后在利物浦大学攻读了材料工程博士学位,主要研究玻璃黏结磨料的微观结构-性能关系,导师是 Benjamin Mills 教授。随后,他被 Unicorn 磨料磨具公司的中央研发实验室(Saint-Gobain 磨料磨具集

Mark J. Jackson 博士

团)聘为材料工艺师,然后是技术经理,负责欧洲的产品和新业务开发,以及与磨料工艺开发有关的大学联络项目。Jackson 博士随后成为剑桥大学卡文迪什实验室的研究员,与 John Field 教授一起研究金刚石的冲击断裂和摩擦,在 1998 年成为利物浦大学的工程学讲师。在利物浦,Jackson 博士利用机械工具、激光束和磨料颗粒开展了微加工领域的研究。在利物浦,他获得了许多与开发创新制造工艺有关的研究拨款,并于 2001 年 11 月被工程和物理科学研究委员会联合授予了创新制造技术中心。2002 年,他成为田纳西科技大学(橡树岭国家实验室的一所联合大学)制造研究中心和电力中心的机械工程副教授,并成为橡树岭国家实验室的副教授。Jackson 博士是田纳西科技大学 SAE 方程式车队的学术顾问。2004 年,他在普渡大学技术学院担任机械工程专业的教授。

Jackson 博士在微尺度金属切削、微纳米磨料加工和激光微加工领域开展了研究工作。他还参与了新一代制造工艺的开发。Jackson 博士曾指导、共同指导和管理了医学研究委员会、工程和物理科学研究委员会、伦敦皇家学会、皇家工程院(伦敦)、欧盟、国防部(伦敦)、原子武器研究机构、国家科学基金会、美国国家航空航天局、美国能源部(通过橡树岭国家实验室)、位于田纳西州橡树岭的 Y-12 国家安全综合体和工业公司等的研究经费,已经产生了超过 1500 万美元的研究收入。Jackson 博士组织了许多会议,并担任国际表面工程大会的大会主席,以及世界材

料和制造工程学会的副主席。他在存档的期刊和学术会议论文集中撰写和合作发表了超过 250 篇论文,撰写了《微纳米制造》,是许多参考期刊的客座编辑,并编辑了《微纳米产品商业化》一书。他是《国际纳米制造》《国际纳米与生物材料》《制造技术研究》的主编,《国际分子工程》的副主编,以及《国际材料加工与可加工性》《国际计算材料科学与表面工程》《国际制造研究》的编委会成员。

黄　鹏，男，1989 年出生，助理研究员，主要从事铜系材料的超精密加工与摩擦学研究工作。毕业于清华大学摩擦学国家重点实验室，获得清华大学优秀博士毕业生、第十五届中日友好 NSK 机械工学优秀论文奖等荣誉。在 *Materials Today*、*Nano Letters* 等期刊上发表 SCI 论文 10 余篇，目前主持国家自然科学基金青年基金项目 1 项。

刘柯钊，男，1968 年出生，研究员，博士生导师，主要从事铜系材料的腐蚀与防护应用基础研究工作。担任中国核学会核材料分会常务理事、中国核学会铜系物理与化学分会副理事长、中国腐蚀与防护学会能源工程专委会副主任；2004 年入选四川省学术和技术带头人后备人选；2011 年被评为四川省有突出贡献优秀专家；2012 年被评为享受政府津贴专家；2019 年被评为中国腐蚀与防护学会 40 年贡献奖优秀会员。先后主持及参与实施了 20 余项国家级、省部级重大项目，带动了我国铜系材料表面性能的认知与防腐技术的整体发展，取得了系列重要创新成果，且部分成果在我国国防上获得应用。在铜系材料腐蚀与防护领域，先后荣获省部级科技进步一等奖 3 项、二等奖 3 项、三等奖 4 项，四等奖 1 项，公开发表研究论文 130 余篇。

岳晓斌，男，1969 年出生，研究员，博士生导师，主要从事精密/超精密加工与装配技术研究及装备研制工作。担任中国机械工程学会极端制造分会副主任委员、国防基础科研核科学挑战专题极端制造领域副首席科学家、中国光学学会光学制造技术专业委员会常务委员、中国工程物理研究院超精密加工技术重点实验室副主任、中国工程物理研究院机械工程学会理事长、复旦大学上海超精密光学制造技术研究中心技术委员会委员、*International Journal of Extreme Manufacturing* 国际期刊副主编等。主持完成了国家重大科学仪器专项、"04 专项"、国防预研、中国工程物理研究院某重大专项、装备型号等 10 余项课题。先后获得部委级科技进步奖 8 项，公开发表学术论文 20 多篇，获得专利授权 10 余项，荣获邓稼先科技进步奖，入选"天府万人计划"，被授予四川省有突出贡献优秀专家称号，享受国务院特殊津贴。

目录

第1章

铀材料简介

Nathan R. Gubel, Kenneth H. Eckelmeyer, Kimberly N. Johnson, Mark J. Jackson, and Jonathan S. Morrell

摘　要　对铀已有历史的研究是源于它作为自然界中最重的元素和它是传统周期表的终端元素的这一特点。目前,金属铀的机械、物理、化学和冶金性能,在研究核燃料、核武器以及作为铀氧化物燃料的前驱体等方面具有重要意义。包括金属燃料的快中子反应堆,在新的反应堆设计方面需要继续研究和理解铀材料科学。所有的锕系金属都表现出不同寻常的物理特性,例如,铀的机械性能高度依赖于制造和热处理过程以及杂质含量。目前研究中的许多困难都来自于铀的室温(α)相的各向异性性质。大多数核燃料元件是由铸造铀金属棒料经过机械加工和热处理而制成的。由于不规则的烧结特性和铀细颗粒的自燃特性,粉末冶金的实际应用是不太可行的。与其他金属一样,添加合金可以有效改善铀的拉伸性能,尽管这个选择受到铀中其他元素低溶解度的抑制。对铀材料加工中问题的研究还需要继续的努力,包括发电用核反应堆中存在的固有问题;核武器的生产和拆卸;核废料的处理、回收和储存;以及冷战时期的核材料生产场所的清理。铀与所有的这些全球性高度关注问题都是密切相关的。

关键词　铀冶金,铀合金,铀金属,力学性能,微观组织,马氏体,腐蚀,铀氧化物,铀氢化物,氧化,铀的衰变,铀生产,应力腐蚀开裂

1.1　前言

铀在各种各样的岩石、土壤和海水中都有中等浓度的存在。地壳中大约有0.00025%是由天然的铀组成的。这使得铀的储量约为普通金属铜和镍的1/20,与钽的储量基本相等,约为金储量的1000倍。

自然界存在的铀有3种同位素,如表1.1所示。其中,U^{238}占99.275%,其次

是 U^{235},仅占 0.720%。U^{238} 和 U^{235} 都是轻度放射性的,其半衰期分别为 $4.468\times$ 10^{9} 年和 7.038×10^{8} 年。其释放物的放射性水平和类型都相对较低,不具有渗透性,因此在外部环境中暴露在块状铀下是相当安全的。但由于放射性和化学毒性的综合作用,吸入或摄入细化的铀是非常危险的。一般来说,铀和铅对人体健康的危害被认为是相当的。

表 1.1　铀的天然同位素[a]

质量数	含量/%	半衰期/年
238	99.275	4.468×10^{9}
235[b]	0.720	7.038×10^{8}
234	0.006	2.455×10^{5}

注:a. 地壳中含量大约为 0.0004%(约为黄金的 1000 倍);b. 慢中子裂变。

U^{235} 之所以值得注意,是因为它可以通过慢中子进行裂变。每一个裂变过程都会释放大量的能量以及额外的中子。额外中子的释放创造了自我维持的链式反应裂变的可能性,从而为制造原子弹提供了基础(链式反应以不受控制的方式发生,在很短的时间内释放巨大的能量),还有核能发电(链式反应被小心翼翼地控制着,能量以受控的方式释放,加热水来驱动发电机组的涡轮机运转)。而另一方面,U^{238} 只能由非常高能量的中子进行作用才会发生裂变。正因如此,U^{235} 是铀矿开采和加工的"高净值同位素"。

同位素分离可以通过多种方法进行。磁性分离(与质谱具有相同的原理)在 20 世纪 40 年代早期被使用,但后来被气体扩散和离心分离所取代,因为它们更快、更高效。激光同位素分离是最近才开始研究的一种方法,目前也正在发展成为一种具有生产能力的方法。所有常见的分离技术都是基于 U^{235} 和 U^{238} 之间非常小的差异,因此它们需要一系列低效率的单个分离步骤。同位素分离工艺的产物是浓缩铀,副产物(贫化铀)含有约 0.2% 的 U^{235}(约 99.8% 的 U^{238})。

1.2　铀的生产

从相对简单的沥青铀矿石(它与大约 10 种矿物相伴)到极其复杂的含铀钛矿、铌酸盐,以及含稀土和许多其他金属元素的钽酸盐,铀矿石中的化学复杂性各不相同。

有些沥青铀矿化合物中可能超过 40 种元素。大多数铀矿床的成分是不同的,这也导致了初始物质成分的不断变化。这种变化往往可以通过储存方法来实现最小化。由于这一事实,已经采用了许多特别的程序来应付世界各地的特殊化学情况。本书中没有提及高度专业化的方法。然而,大多数提取过程所共有的一般特征是相关的。所有的常用方法将包括以下步骤：①矿石的预富集；②焙烧或煅烧以去除黏土和含碳物质，例如，增加溶解度和改善萃取性能；③将固态铀转化成液态铀的浸出操作；④通过离子交换、直接沉淀或溶剂萃取方式，从负载的浸出液中回收铀。在本节的最后，对回收副产物铀的一些特殊方法作了一个简要的总结。这些操作的产品是高等级的精矿，通常是在铀矿场以外的地点做进一步提纯处理。

铀元素具有很强的正电性，在这方面类似于铝和镁，因此，金属铀不能用氢还原法制备得到。金属铀有许多种制备方法：用强正电性元素（如钙）还原氧化铀，熔盐浴电沉积（直接电解还原），热分解，卤化铀的分解（van Arkel de Boer 的"热线法"），以及用正电金属（Li，Na，Mg，Ca，Ba）还原卤化铀（UCl_3，UCl_4，UF_4）[1]。金属铀是由四氟化铀（UF_4，通常称为绿盐）与活性金属（通常是 Mg）进行金属热还原反应而制成的。同位素分离过程中浓缩或贫化的六氟化铀（UF_6）产品可以转化为氧化物（用于组装成核燃料棒的浓缩氧化物芯块）或还原为金属铀，如图 1.1 所示。

最初的还原步骤是由 UF_6 与氢反应生成 UF_4。然后，UF_4 与镁（或者其他碱或碱土金属）通过高温反应还原成金属铀。这就产生了覆盖着 MgF_2 渣层的液态铀。反应完成后，反应容器冷却，铀和炉渣凝固。典型的生产线运行过程中会生产 $4\sim50kg$ 以上的以熔融金属小块形式存在的金属产品，这也与浓缩水平有关。

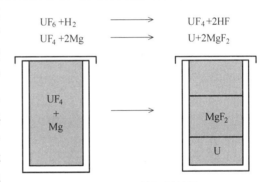

$$UF_6 + H_2 \longrightarrow UF_4 + 2HF$$
$$UF_4 + 2Mg \longrightarrow U + 2MgF_2$$

图 1.1 UF_4 的还原过程

产生的铀"金属块"被移除和清洗。铸造是在真空感应炉中的石墨模具和坩埚中进行的。模具上涂有一层薄薄的陶瓷层（通常是稀土氧化物），以尽量减少碳元素对铸造产品的污染。它们也可以进行真空重熔，铸造成任何感兴趣的形状，或通过各种标准的金属加工工艺成型。有时会在重熔过程中加入合金元素，其目的后文会展开讨论。金属铀的大规模生产需要较高的温度，而铀与最常见的耐火材料以及耐火金属的高度反应性使得装箱容器的选择成为一个难题。

金属铀可以用与其他大多数金属相同的方法进行熔化和制造。它可以通过滚压、锻造、挤压等工艺进行热加工；可以通过轧制、压铸或各种钣金成形工艺进行冷加工；也可以用大多数的标准方法进行焊接和切削。然而，铀非常容易氧化，因此，熔化、焊接和热处理通常是在惰性或真空环境中进行的。同样地，细铀颗粒是很容易发生自燃的，因此需要在加工时采取特别的预防措施。由于摄入或吸入会带来危害，也需要在可能存在金属铀或铀氧化物的工作区域采取特别的预防措施。

　　浓缩铀主要用于核武器和能源领域。贫化铀主要用于要求非常高密度的应用,如配重、盾牌和动能武器(反坦克弹药)等。非合金铀的密度约为 19.1g/cm^3,是钢的两倍多,比铅的密度高 68%。在塑性金属材料中,只有少数贵金属具有相对较高的密度,如金和铂。钨的密度与铀相似,但其比较脆。钨粉通常是在液相下与塑性金属黏结剂进行烧结。由此产生的"钨重金属"复合材料密度较低,但其具有更有用的工程性能,在动能武器的应用上可与贫化铀相比。

　　以化学方式回收副产品铀是很有必要的,这既是出于经济原因,也是为了使铀保持在适当的形式。废料流的主要来源就是铀金属制造过程中产生的铀碎屑。此制造过程包括铸造、机械加工、轧制和成形操作。

　　化学回收系统涉及对低净值废料的处理(图 1.2),它通常来自可燃材料(这些材料随后通过溶解、酸化和蒸发等几个单元操作转化为受污染的硝酸铀酰溶液)。低净值的废料通常用于加工浓缩铀,其包含了细化铀和高度氧化的废料(机械加工

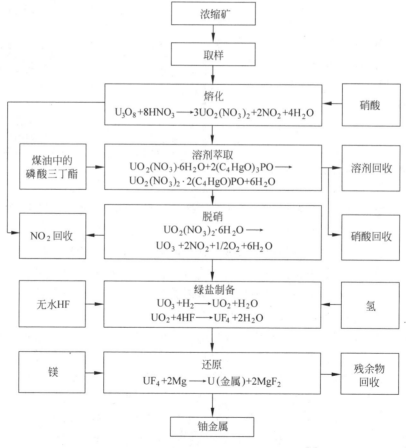

图 1.2　用镁还原 UF_4 生产金属铀的流程图[1]

切屑或铸件的支撑材料)。根据装置的不同,从低净值废料中产生的硝酸铀酰将在一个或两个阶段中进行提纯。如果使用两个阶段,则第一个阶段称为初级萃取,使用二丁基卡必醇或其他有机物作为萃取剂,二丁基卡必醇将从工艺流程中提取几乎所有的浓缩铀,但同时也会提取到一些污染物。初级萃取后的萃余液中的铀含量通常很低,可以直接送去进行废物处理。第二阶段为次级萃取系统,采用煤油中的磷酸三丁酯作为萃取剂。磷酸三丁酯对铀具有很高的选择性,几乎不会携带任何的污染物,但会导致萃余液中的铀大量流失,因此,其必须回收到初级萃取中。

高净值废料一般由铸造作业中产生的氧化铀组成。铸造氧化物在硝酸中进行溶解,然后直接被送到次级萃取。离开次级萃取的产物被蒸发,成为高纯熔融硝酸铀酰。熔融的硝酸铀酰在槽式脱氮器中加热并分解为三氧化铀(UO_3)。三氧化铀被转移到由两个流化床组成的氧化转化设施。第一个流化床利用氢气将三氧化铀转化为二氧化铀(UO_2)。第二个流化床利用无水氟化氢(FH)气体将二氧化铀转化为 UF_4(绿盐)。绿盐随后被活性金属还原成铀金属。产物为高纯度的铀锭子。副产物主要是一种由受污染的氟化镁(MgF_2)组成的熔渣。该副产物将被粉碎、煅烧,溶解在酸化的硝酸铝溶液中,然后进行初级萃取处理。

1.3　铀的电子结构

锕系元素有一个复杂的电子结构,其中 $5f$,$6d$,$7s$ 和 $7p$ 轨道的能量都比较接近,电子可以自发地从 $5f$ 轨道转移到 $6d$ 轨道。电子轨道也可以在空间上重叠,这意味着锕系元素的成键可以包括其中的任何一个或全部轨道。因此,有规律地确定其复合键是共价键还是离子键是不可能的。

与镧系化学性质不同的是锕系元素的 $5f$ 电子具有共价杂化键。与 $5s$ 和 $5p$ 轨道相比,$5f$ 轨道相对于 $6s$ 和 $6p$ 轨道比 $4f$ 轨道相对于 $5s$ 和 $5p$ 轨道有更大的空间扩展。杂化键已经在实验中得到证明,最常见的是 $5f$ 轨道与氟离子的重叠,以及形成 UF_3 和 UF_6 化合物的共价键-离子键[2]。

铀的化学活性很强,能与大多数元素进行直接结合。考虑到铀的反应活性,结合电子键合模式的重叠,其可以形成一系列的金属间化合物,而且各种各样的固溶体是不寻常的。在不深入研究细节的情况下,通过对铀和其他锕系元素发生的这种情况的了解,表明了铀动力学和兼容性研究是复杂的。

1.4　铀的冶金

轻锕系金属(Th~Pu)在元素周期表中一直占据着独特的位置,原因是它们在高压和高温下漫游的 $5f$ 电子和复杂的晶体结构[2]。$5f$ 电子对成键的贡献导致了晶体结构的低对称性和与费米能级相关的 $5f$ 窄带。

　　金属铀历来是实验和理论研究的一个重大主题。人们在高达 100GPa 的压力和高达 4500K 的温度下,对其晶体结构和性能进行了表征。固态铀有 3 种结构形态:在 775℃ 以上的 γ 相(体心立方(BCC)),在 668～775℃ 时的 β 相(四方晶系)和在 668℃ 以下的 α 相(正交晶系),如表 1.2 所示。这三种不同相的力学性能见表 1.3。γ 相是软的且富有延展性,而 β 相是脆的。α 相的性能随温度变化而有很大的差异,后面将对此进行更详细的讨论。

表 1.2　铀的同素异形体,包括温度稳定范围和晶格排列

同素异形体	温度稳定范围/℃	晶格类型	晶胞尺寸/Å	每个晶胞的原子数
α	<668	正交晶系	$a=2.854,b=5.865,c=4.955$	4
β	668～775	四方晶系	$a=5.656,b=c=10.76$	30
γ	775～1130(熔点)	体心立方	$a=3.524$	2

表 1.3　铀的同素异形体和各自的标准力学性能

同素异形体	晶格类型	温度范围/℃	力 学 性 能
α	正交晶系	<200	塑性降低,滑移降低,孪晶增加,塑性-脆性转变
		200～400	塑性,主要以滑移变形,应变硬化,没有再结晶
		>400	软,塑性,易于滑移变形,动态再结晶
β	四方晶系	668～775	脆性
γ	体心立方	775～1130	软,塑性,易于滑移变形,动态再结晶

　　α 相铀的结构由波纹状的原子层状结构组成,平行于 ac 平面,垂直于 b 轴。在层状结构内部,原子紧密地结合在一起,而相邻层原子层之间的力相对较弱(图 1.3)。这种排列是高度各向异性的,类似于砷、锑和铋的层状结构。

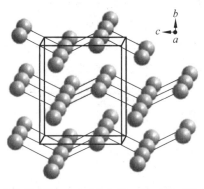

图 1.3　α 相铀的结构为层状结构,ac 层垂直于 b 轴,具有明显的强键合作用和波纹面(010);ac 层中铀原子距离为 (2.80 ± 0.05)Å,层间距为 3.26Å α相铀和β相铀的间隙位置都太小，不能被间隙所占据。这与填隙杂质原子碳、氮、氧在α相铀和β相铀中缺乏初级固溶性和某些过渡金属在β相铀中极有限的固溶性是一致的[3]。有限的溶解度往往会形成复合物，如果存在合适的配合物，则它们可以为铁、锰、镍、钴等3d杂质原子在α相铀和β相铀中提供填隙位置。由于U-M在α相铀和β相铀中都具有很强的成键作用，溶质原子M的存在将使得相邻的铀原子的几何结构转变为配合物，从而导致了各向异性。

α相铀的物理性质是其结构等的反映，如强烈的各向异性热膨胀系数。在室温下的各向异性很明显，并且随温度的升高而增大[4]。在25～325℃的温度范围内，沿a、b、c方向的热膨胀系数平均值分别为26.5×10^{-6}、−2.4×10^{-6}和23.9×10^{-6}。α相铀独特的正交晶系结构的化学性质，使得其与常见结构类型的金属形成固溶体时将受到明显的限制[1,5]。

铀的β相存在于668～775℃时；它具有一个复杂的晶体结构，在四方单元晶胞中有6个晶体独立的原子[6]。空间组成是P42/mnm，P42nm或P4n2，元胞晶格常数为a＝5.656Å和b＝c＝10.759Å。四方晶格是平行于元胞在c/4、c/2和3c/4处ab面的堆叠层状结构。完全解决晶体结构问题需要额外的高精度测量来实现。

铀的γ相是在775℃以上形成的；它具有体心立方结构，其元胞参数a＝3.524Å。通过添加适量的合金可以实现γ相在室温下保持稳定，例如添加10%的Mo，从而促进早期研究中γ相的表征。

1.4.1　非合金铀的力学性能

α铀可以被描述为金属和共价键固体之间的一种混合物。在面心立方金属中，每个原子周围都有12个距离相等的最近相邻原子。这表明了"球形原子"可以实现最紧密的排列方式，也意味着与"理想金属行为"相关的无方向性的"中心力场结合"。

相应地，面心立方金属（如铝和铜）在所有温度下都具有典型的塑性，并且表现出非常低的电阻率。另一方面，在体心立方金属中，键合作用在某种程度上更具有方向性，表现出不太理想的金属特性。每个原子周围有8个最近相邻原子，然后是4个距离稍远的相邻原子。比较面心立方和体心立方铁，可以看出体心立方排列中最近相邻的8个原子实际上比面心立方排列中更近一些，而次近邻的4个原子则远得多。体心立方金属（如铁和许多难熔金属）的"不太理想的金属键合"特性通常导致其具有较高的强度，在较低温度下的塑性到脆性的转变，以及较高的电阻率。与钛、锆的情况相反，少量氧或氮的引入对金属的力学性能没有不利影响。

α铀进一步地推动了这一进程。在α铀中，原子的排列方式是这样的：每个原子到周围 4 个相邻的原子都会有不同的距离。4 个原子比体心立方 γ 铀中的更近,而其余 8 个原子则更远。如前所述,最紧密间隔的原子排列在"紧密结合"的波纹平面上,相邻的波纹平面之间具有相对较大的"弱键作用"的分离特征,如图 1.3 所示。这表明组成部分中的方向性共价键作用比理想的金属键大。与此相一致的是,α 铀的电阻率仍高于体心立方金属。α 铀在低温下也表现出较高的强度和脆性特征。然而,幸运的是,在 α 铀中,塑性到脆性的转变略低于室温,因此可以使其成为一种很有应用价值的工程材料。

α 铀的力学性能随温度变化很大,如图 1.4 所示。在 α 铀中紧密结合的波纹基面导致滑移体系的数量是非常有限的。事实上,室温滑移只会发生在与波纹方向平行的这些波纹基面上((010)[100]系统)。如果没有多重孪生体系的补充,这种单滑移体系将不能支持宏观塑性。然而,它们结合起来就可以提供一个具有适度水平的室温延展性。

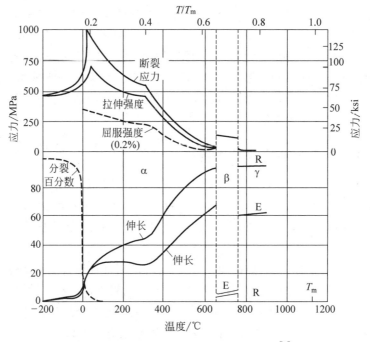

图 1.4　温度对非合金铀拉伸性能的影响[7]

当温度升高到 250℃ 及以上时,额外的滑移体系会变得活跃,材料变得更软,具有更强的塑性。因此,尽管铀板材可以做冷轧处理,但在 250～350℃ 范围内的热轧处理要容易得多。在这个温度范围内进行热轧处理的材料可以保持拉长的晶粒和坚实的加工硬化。以前冷或热的工作板有时会在 500～600℃ 发生重结晶,但通常情况下材料会保留在工作状态,这部分内容将在后面进行讨论。

动态再结晶开始于 400℃ 附近,但随着轧制温度、还原率以及材料纯度的不同,它的变化会很大。铀锭通常在热轧前会用熔盐加热到约 630℃。熔盐可以防止材料在空气中加热时表面过度氧化。在温度降低至动态再结晶温度以下之前,还有可能大幅度地发生还原。如果需要额外的热加工,则板材通常还需要用熔盐再加热。

在低于 0℃ 的温度下,即使在具有优先滑移倾向的(010)[100]体系中,滑移也会变得更加困难。从塑性到脆性的转变会伴随着滑移的减少和孪晶的增加。与钢的情况一样,塑性-脆性转变温度受到微观组织和杂质的强烈影响。晶粒细化可以抑制转变温度,因此,细晶锻造材料通常比粗晶铸件表现出更好的室温塑性。即使存在少量的溶解氢(质量分数小于 1ppm),也会提高转变温度,从而降低室温塑性。在熔盐中预加热通常会引入氢,因此通常在后续中采用真空除气(350~630℃)来降低氢含量,从而提高室温塑性。热加工使材料对氢的包容程度提高(明显是使得位错氢下沉),从而抑制转变温度,提高室温塑性。

表 1.4 展示了退火铀经过多种加工处理后的典型室温拉伸性能。铸造材料通常具有非常大的晶粒,并含有 1~2ppm 的氢。这导致了其具有不均匀变形和低拉伸塑性。铸件通常是经过热处理 β 相来细化 α 相晶粒组织来提高其塑性,特别是在真空中进行热处理以降低氢含量的情况下。经过 α 相加工和再结晶的铀具有更精细的晶粒,并表现出明显更高的塑性,特别是在利用真空除气去除了残余氢时。充分热轧的铀板材其屈服强度和极限强度分别高达 650MPa 和 1200MPa[8]。即使不去除氢,在这些热加工强度水平的作用下,伸长率也可以保持在 15%~20%。除非在再结晶退火过程中去除氢,否则这些以前热加工处理过的材料的再结晶实际上会降低强度和塑性。

表 1.4 退火铀的室温拉伸性能

形 式	热 处 理	杨氏模量/MPa	极限屈服强度/MPa	延伸率/%
铸造	无	200	450	6
铸造	630℃ 除氢	185	560	13
铸造	720℃ 除氢和 β 晶粒细化	295	700	22
600℃ 滚压	盐里预加热(没有除氢)	270	575	12
600℃ 滚压	630℃ 除氢	270	720	31
600℃ 滚压,300℃ 成型	630℃ 除氢,550℃ 保温	220	750	49

虽然非合金铀的屈服强度和极限强度与低碳钢相似,但其韧性要低得多。特别地,铀及铀合金在使用缺口或预裂纹试样的试验中表现出相对较低的韧性。有一些迹象表明,这是由于试样中的三轴应力将塑性-脆性的转变温度提高了。在任何情况下,非合金铀的室温夏比 V 形缺口冲击吸收能量通常是在 10~25J 的范围

内,而 20J 通常被认为是结构钢的最小值。热处理到 950MPa 屈服强度的铀合金,其 K_{IC} 值在 40MPa·$m^{1/2}$ 附近,在等效强度水平上比高强度钢低得多。

1.5　铀合金的冶金

在冶金学上几乎没有与铀相似的元素。许多元素都具有与液相铀不混溶的特点,其他的元素溶于液相铀,但在凝固时只能形成金属间化合物。只有少数元素在高温下表现出良好的固溶性:Cr、Mo、Nb、Pu、Re、Rh、Ti、V 和 Zr。除了 Cr、Nb 和 V,其他元素都与铀形成金属间化合物。

铀的合金化通常是为了提高其有限的抗氧化和抗腐蚀能力,以及提高其强度。如表 1.5 所示,合金化添加元素 Ti、Nb、Mo、Zr、V 在高温 γ 相中具有广泛的溶解性,在中温 β 相中具有较低的溶解性,而在低温 α 相中基本不溶解。典型相图如图 1.5 所示。Ti 通常用来提高强度,Nb 和 Mo 用于提高抗氧化和耐腐蚀性能,V 用于细化铸件中的 α 晶粒尺寸。Si、Fe 和 C 的含量通常是几十到几百 ppm(百万分之一),它们通常被认为是杂质,而不是有意添加的合金元素。

表 1.5　高温下的合金元素的溶解度[9]

相/结构	元素溶解度
α/正交晶系	所有的,<0.3%
β/四方晶系	所有的,<1%
γ/体心立方	20%~100%:Mo,Nb,Ti,Zr;2%~10%:Au,Cr,Pd,Pt,Re,Rh,Ru,V

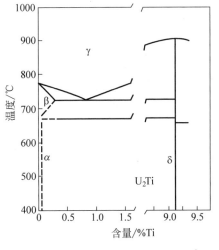
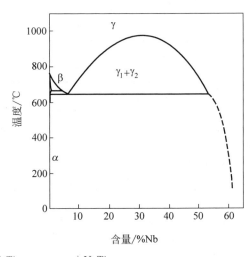

$$\gamma_{0.8\%Ti} \longrightarrow \beta_{0.2\%Ti} + U_2Ti \longrightarrow \alpha_{<0.1\%Ti} + U_2Ti$$

图 1.5　具有 γ 相分解的铀的相图[10,11]

铀合金通常是在 γ 相范围（800～850℃）进行真空溶液热处理,以溶解合金元素并去除氢。从溶液处理温度开始的冷却速率是决定后续微观组织和性能的关键参数。

缓慢冷却会使 γ 相进行扩散分解,如图 1.6 所示。因此,缓慢冷却的铀合金通常表现出两相组织,其中合金元素集中在第二相,使得 α 相几乎没有被合金化。第二相较硬,它的存在使得合金的强度有一定的增加,但塑性会有所降低。然而,其抗氧化和耐腐蚀性仍与非合金铀相似,因为合金元素没有保留在 α 相的固溶体中。

$$\gamma_{0.8\%\mathrm{Ti}} \rightarrow \beta_{0.2\%\mathrm{Ti}} + \mathrm{U_2Ti} \longrightarrow \alpha_{<0.1\%\mathrm{Ti}} + \mathrm{U_2Ti}$$

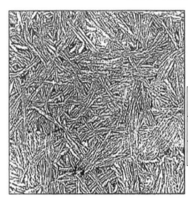

氧化和腐蚀性能,和纯铀类似

力学性能:

	杨氏模量/MPa	极限拉伸强度/MPa	延伸率/%
纯铀	220~270	575~720	12~30
U-0.8%Ti	520	1070	10

图 1.6 缓慢冷却导致扩散转变为两相组织；U-0.75%Ti 从 800℃ 冷却（速度＜1℃/s）时的亮场显微照片显示了亮刻蚀针状马氏体,以及在马氏体层间的间隙发生 γ→α＋$\mathrm{U_2Ti}$ 反应产生的深刻蚀 α＋$\mathrm{U_2Ti}$；放大倍数为 100×[9]

图 1.7 显示了淬火是如何抑制 γ 相的扩散分解,从而产生各种合金元素过饱和的亚稳态组织,表现出广泛的有用性能。图 1.8 中总结了微观组织、晶体结构和强度随合金含量增加的变化情况,而不管合金元素是 Ti、Nb、Mo 还是 Zr。然而,

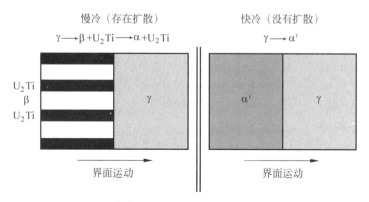

图 1.7 淬火对促进马氏体转变的扩散的影响

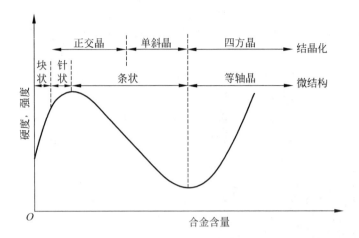

图 1.8   合金含量对微观组织、晶体结构和性能的影响[9]

不同的合金元素对应于不同转变的浓度会有所区别。

低合金(合金添加量小于 0.3wt.％)在从 γ 相淬火时通常会经历相变的平衡顺序。然而,快速冷却 50％和合金元素的结合,会使转变点被抑制到更低的温度。有时可以通过添加少量的 V 元素来降低铸件中的 α 相晶粒尺寸,如图 1.9 所示。

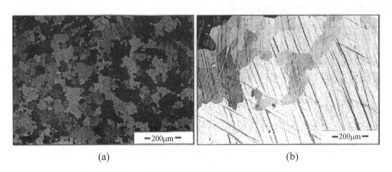

图 1.9   低含量合金在低温下的转变
(a) U-0.27％V;(b) 未合金的铀;可以利用这种转变来细化铸件的晶粒尺寸

在合金元素浓度较高的铀合金中,可以通过淬火来完全避免平衡相的变化。这可导致多种过饱和固溶体在室温下保持不变。在合金元素浓度中等的铀合金中,γ 相会马氏体化,成为 α 相的几种过饱和体之一。这与淬火马氏体钢中的低碳马氏体相类似。

含有 0.5wt.％～1.5wt.％合金元素的铀合金淬火时会发生无扩散马氏体转变为针状马氏体,如图 1.10 所示。合金原子保留在固溶体中成为固溶体强化的主要成分,固溶体强化程度会随着合金浓度的增加而增大。与铁-碳马氏体不同的是,铀马氏体中的合金原子占据了替代位,而铁-碳马氏体中的碳原子占据了间隙位,从而导致了强度的急剧增加和塑性的下降。因此,它们会导致适度的强化并且保持良好的塑性。例如,U-0.75％Ti 淬火后的屈服强度约为 650MPa,是非合金铀的 3 倍,但其拉伸伸长率为 30％,断面缩减率为 50％。

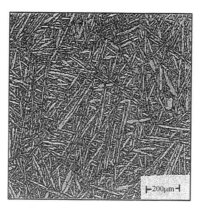

图 1.10　U-0.8％Ti 在 800℃快速淬火产生的针状马氏体

含有较高合金浓度的淬火铀合金(例如,2wt.％～6wt.％的 Nb)也会发生马氏体转变,但马氏体的形态有很大的不同。这些马氏体是由与孪晶相关的平行板组成的。单个板也包含大量的内部孪晶。图 1.11 显示了其低倍率和高倍率放大下的微观结构。这些通常被称为"带状马氏体",以区别于低合金含量中的"针状马氏体"特征。更为复杂的是,晶格角度逐渐偏离 90°,导致晶体结构由正交晶向单斜晶的转变。

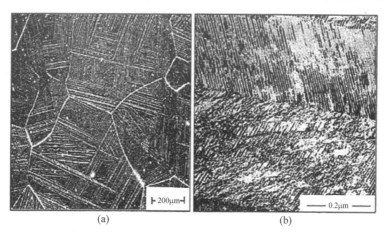

(a)　　　　　　　　　　　　　　　(b)

图 1.11　中等合金浓度产生马氏体的孪晶相关平行板

(a)用偏振光观察到 U-6％Nb;(b)用透射电镜观察相同的样品[10]

带状马氏体的形态与在许多非铁系统中观察到的热弹性马氏体相似。在这些结构中,最初的塑性变形是由孪晶重定位引起的,而不是滑移。当施加应力时,具有良好取向的孪晶变异体会以取向不良的孪晶变异体为代价而长大,如图 1.12 所示。随着合金含量的增加,硬度和强度的突然降低是由孪晶界迁移率的增加而引起的,但这一现象的解释机制尚不完全清楚。与其他热弹性马氏体一样,带状铀马氏体中也存在形状记忆效应,尤其是硬度极小值附近的带状铀马氏体。通过加热至 α 相马氏体逆向转变为母相(γ 相的一种变体)的温度,就可以完全恢复孪晶重定位相关的塑性变形(在 U-6%Nb 中,拉伸应变约为 5%)。

合金元素浓度更高的铀合金(大于 6.5wt.%Nb 或者大于 5.5wt.%Mo)淬火时仍然会保留亚稳态的 γ 相变体。马氏体的起始和结束温度会随着合金含量的增加而降低。如果 M_s 被抑制在室温以下,γ 相的过饱和变体在室温下也会被保留下来。这种行为类似于奥氏体不锈钢。主要的微观结构特征是典型的 γ 相晶界,如图 1.13 所示。然而,在某些条件下,在 γ 相晶粒内部会出现平行的亚结构特征。这些对应于有序变化的 γ 相域。

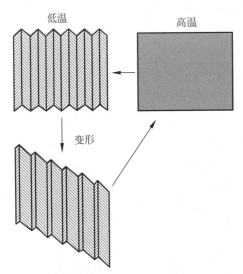

图 1.12 孪晶界的移动性与形状记忆效应

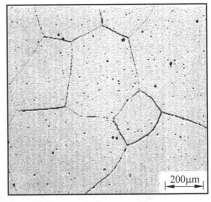

图 1.13 由 U-10%Mo 组成的高浓度合金表现出的典型的 γ 相晶界

如图 1.14 所示,铀合金必须以某种临界速率或者更快的速度进行冷却,以避免扩散转变导致的这些过饱和结构。临界冷却速率会随合金含量的变化而变化[12],含量相对较少的合金需要快速淬火。这限制了可以进行有效热处理的截面厚度。例如,在 U-0.75%Ti 中,要想获得近乎完全的马氏体组织,则必须有约 $100℃ \cdot s^{-1}$ 或更高的冷却速率,这就限制了这种合金的截面厚度约为 3cm 或更少。此外,在低合金中增加合金元素的含量实际上会增加其淬火速率的敏感性。这是因为低合金中的 M_s 温度高于扩散分解的 C 曲线拐点(通常约为 530℃)。这

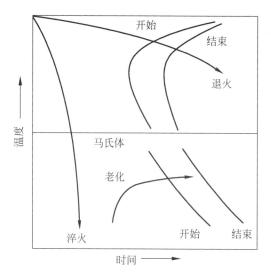

图 1.14　铀合金热处理的一般性时间-温度转换图

随着合金含量的增加,扩散转变时间延长,马氏体转变温度降低;淬火的结果是 γ 相向过饱和
马氏体的无扩散转变,从而导致时效硬化;Ms 为马氏体起始温度[9]

些合金的"临界淬火速率"是由 C 曲线与 Ms 曲线的交点来确定的。增加合金含量
通常会使 C 曲线延长,但也会降低 Ms 温度。Ms 的减小使得 C 曲线上的"临界交
点"温度降低,导致扩散分解发生的时间缩短。净效应就是,在马氏体形成之前,需
要更高的淬火速率来抑制扩散分解,如图 1.15 中 U-0.6%～1.5%Ti 合金所示。

低含量合金(*Ms*在*C*曲线拐点以上):
*Ms*降低
临界淬火速率增加

%Ti	50%马氏体的冷却速率/(℃·s^{-1})
0.60	10
0.75	30
1.0	41
1.5	>45

高含量合金(*Ms*在*C*曲线拐点以下):
扩散转变的时间增加
临界淬火速率降低

%Nb	100%马氏体的冷却速率/(℃·s^{-1})
2.3	>45
4.5	14
6.0	8

图 1.15　低含量和高含量合金元素的影响[10-11]

浓度较高的合金需要较低强度的淬火,因此它们可以被加工成较厚的截面。
例如,U-6%Nb 可以在约 $10℃·s^{-1}$ 的冷却速率下得到完全马氏体组织。U-10%
Mo 对淬火速率非常不敏感,它不需要人工淬火,γ 相的过饱和变体即使在进行空气冷却后也会保留下来。此外,一旦合金含量足够高,抑制 Ms 温度低于 C 曲线拐点,则 C 曲线单独就可以定义临界淬火速率。结果就是,合金含量的进一步增加会降低淬火速率的敏感性,如图 1.16 中 U-2.3%~6.0%Nb 合金所示。这与通常在合金钢中观察到的效果相似。

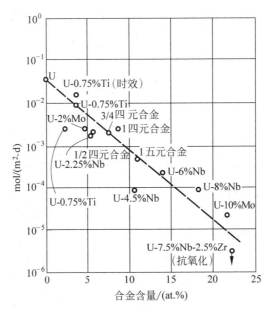

图 1.16 对于选定的铀合金,在固溶体中加入合金元素可增加其氧化性和耐腐蚀性[13]

残余应力经常会给必须快速淬火的合金带来一些问题。这些应力是由淬火过程中发生的大量热梯度而引入的。随着淬火的程度和被淬火零件几何复杂性的增加,这些问题的严重性也随之增加。如果这些残余应力足够高和/或复杂,它们会在随后的加工过程中导致变形和/或延迟开裂(后文将进行详细讨论)。对于低铀合金,如 U-0.75%Ti,往往特别容易受到这些问题的影响,因为它们需要快速淬火,并且具有高的淬火屈服强度,可以承受高的残余应力。另外,U-6%Nb 具有低的淬火屈服强度,即使进行快速淬火,也不能承受较大的残余应力,因此它几乎不受残余应力问题的影响。高浓度的合金,如 U-10%Mo,有足够的屈服强度来支持大的残余应力,但它们对淬火速率不敏感,可以进行空气冷却,不必要地进行淬火会导致延迟开裂,应该要避免。

铀合金的焊接性能与淬火速率敏感性和残余应力大小密切相关。对于低合金,如 U-0.75%Ti,由于以下两个原因,它们很难进行焊接。首先,它们淬火时的高屈服强度可以在焊缝附近产生高的残余应力。其次,焊接后的冷却速率通常是亚临界的,从而允许在焊缝和热影响区形成脆性非马氏体微观成分。这种高残余应力和不良微观组织的结合实际上会导致冷裂纹的立即发生,或者甚至更糟,即延迟发生。相反地,硬度接近于最小值的中铀合金则相对容易焊接,如 U-6％Nb。低的淬火速率敏感性通常能够实现完全马氏体组织的形成,低的淬火屈服强度也能阻止高残余应力的发展。对于高铀合金,同样更难焊接,如 U-10％Mo。低的淬火速率敏感性防止了不良扩散分解,但焊缝附近大量热梯度的存在是不可避免的,相对较高的屈服强度使得高残余应力的发展,从而促进延迟开裂。

当合金元素被保留在过饱和溶液中时,化学性质也会发生显著的变化。首先,一般耐蚀性和抗氧化性会增加。在一阶近似条件下,随着合金含量的增加,耐蚀性和抗氧化性会单调增加,如图 1.16 所示。该图显示了水与金属表面反应产生氢的速率——这是铀合金通用耐蚀性的常用测量手段。对于合金含量相对较高的铀合金,如 U-6％Nb 和 U-10％Mo,常常用于要求良好耐蚀性的应用场合。

其次,促进环境脆化和开裂的物质会随着合金含量的增加而变化,如图 1.17 所示。在通常被认为是非常良好的环境中发生脆化,这是高强度铀合金工程应用中的一个重要问题。非合金铀和低铀合金的脆化主要是由其内部的氢和大气中的水分造成的。由于氢是在水分与铀表面发生反应时形成的,所以一些研究人员认为,这两种效应是同一潜在现象的表现。然而,也有其他人认为它们是不相同的。不管机理细节如何,它们的宏观结果是相似的。在非合金铀中,这表现为在潮湿环

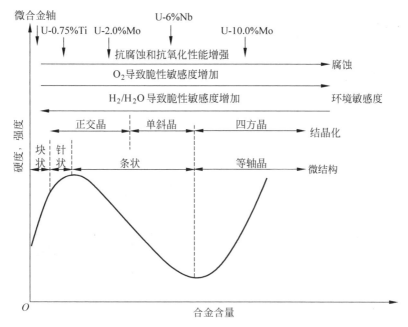

图 1.17 合金成分对淬火铀合金的显微组织、晶体结构和性能的影响[9]

境中的拉伸延展性会降低。在较高强度的合金中,如 U-0.75％Ti,随着时间推移,裂纹的形成和扩展也可能发生在潮湿的空气中。U-0.75％Ti 中存在的淬火残余应力经常可以提供足够的应力,从而导致复杂几何零件或焊接组件的延迟开裂。

再次,高铀合金对其内部的氢或大气中的水分就不是那么敏感了。相反,环境辅助裂纹的扩展是由大气中的氧气促进的。在某些情况下,在裂纹尖端附近新暴露的铀表面上形成的低密度氧化物产生的楔形效应,可以提供足够的应力来驱动裂纹的持续扩展,即使是在没有残余应力或外加应力的情况下。大气中水分的存在实际上减少了这些高铀合金的开裂问题,这是因为水分在裂纹中凝结,从而限制了裂纹尖端暴露于大气环境中。

除了微观结构、晶体结构、一般耐蚀性和环境敏感性的变化外,通过淬火获得的过饱和微观组织也会发生时效硬化。这可以用来获得非常高强度的铀,类似于时效硬化马氏体钢。当过饱和微观组织在约 450℃温度下进行热处理时会发生时效硬化,从而导致强度增加,塑性降低。时效硬化合金可以保持其强化的耐蚀性,这是由于合金元素大部分都保持在固溶体中。U-0.75％Ti 的时效硬化主要是通过形成非常细小的析出相来实现的。图 1.18 显示了 U-0.75％Ti 时效硬化后的光学显微图,放大后的形貌与淬火的马氏体相一致。透射电子显微镜(TEM)分析结果表明,U_2Ti 的细小沉淀会导致强化。在约 450℃以上的温度条件下,会发生组织分解形式的过时效,如图 1.19 所示。这会导致强度的大幅度下降。由于合金元素不再保留在固溶体中,耐蚀性也会随着过时效而降低。随着合金含量的增加,时效硬化所能获得的强化程度也会增加,如图 1.20 所示。表 1.6 显示了 U-0.75％Ti 在不同程度时效硬化时所能获得的性能,并与未合金铀的性能进行了比较。

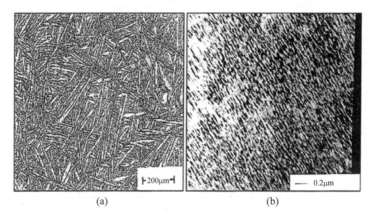

(a)   (b)

图 1.18　U-0.75％Ti 的时效硬化

(a) 光学金相显微镜观察;(b) 用透射电镜观察相同的样品

$$\alpha'_{0.75\%Ti} \longrightarrow \alpha_{0.1\%Ti} + U_2Ti$$

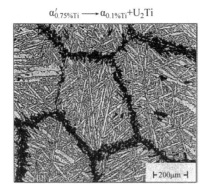

图 1.19 U_2Ti 的过时效,导致晶胞分解[11]

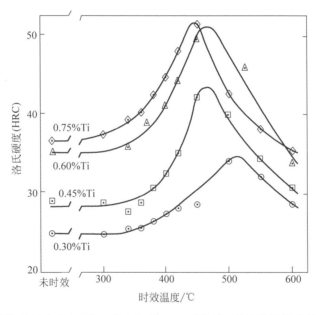

图 1.20 多种 U-Ti 合金(Ti 含量为 0.30%～0.75%)的时效硬化随温度的变化情况[14]

表 1.6 强度和延展性的时效硬化比较

材料/热处理	杨氏模量/MPa	极限屈服强度/MPa	延伸率/%	抗腐蚀性能
未合金化,α相滚压	270	720	31	差
U-0.75%Ti,新鲜淬火	650	1310	31	中等
U-0.75%Ti,部分时效	965	1565	19	中等
U-0.75%Ti,完全时效	1215	1660	2	中等
U-0.75%Ti,过时效	585	1140	10	差

对于合金含量浓度更高的铀合金,如 U-6％Nb 和 U-10％Mo,也可以进行时效硬化。在较低的时效温度下,由于非常细小尺度的微观结构变化,材料的强度呈上升趋势;在较高的时效温度下,材料的组织分解会导致过时效。在那些非针状组织中,时效作用的微观结构细节会有所不同。在时效过程中似乎没有形成离散的沉淀颗粒。相反,透射电子显微镜图像显示,其扩散对比效应会发展为老化过程。最近的研究工作似乎证实了这些对应于亚稳态分解[15]。这也可以解释在这些合金浓度含量较高的铀合金中发生时效硬化的原因。

淬火引起的残余应力在时效过程中部分得到缓解,但对环境开裂的敏感性有所增加。因此,当合金发生时效硬化时,由淬火应力驱动的环境易感性裂纹实际上会增加。过时效导致残余应力完全消除。不幸的是,在 U-0.75％Ti 过时效过程中,较粗的 U_2Ti 颗粒倾向于沿着先前的马氏体板边界形成,这导致其在过时效条件下的塑性和韧性都相对较低。然而,具有带状马氏体组织的合金似乎不存在这一问题,并且在大幅度过时效条件下表现出更好的强度和塑性。

表 1.7 简要总结了非合金铀和常用铀合金在特定条件下的性能。

表 1.7　铀及铀合金的典型力学性能

材料/热处理	杨氏模量/MPa	极限屈服强度/MPa	延伸率/％	抗腐蚀性能
新鲜铸造铀	200	450	6	差
β 细化和除氢	295	700	22	差
退火铀板	270	720	31	差
热滚压铀板	650	1200	16	差
U-0.75％Ti 淬火和时效	965	1565	19	一般
U-6％Nb 淬火	160	825	34	优
U-10％Mo 空冷	900	930	9	优

1.6　铀的核性质

表 1.8 中列出了所有已知的铀同位素的核性质。这些同位素中只有三种是自然存在的,即 U^{238}(丰度为 99.275％)、U^{235}(丰度为 0.720％)和 U^{234}(丰度为 0.006％)。U^{238} 和 U^{234} 的同位素处于长期平衡状态,U^{238} 放射性衰变形成的 U^{234} 会以相同的速率进行 α 衰变而消失。表 1.9 和表 1.10 分别展示了 U^{235} 和 U^{238} 的放射性衰变世系。

表 1.8　铀同位素的核性质[16-18]

质量数	半衰期	衰变形式	Q 值/MeV	产物
217	16ms	α	8.160	^{182}W(^{46}Ar,5n)
218	6ms	α	8.786	^{197}Au(^{27}Al,6n)
219	42ms	α	9.860	^{197}Au(^{27}Al,x)
222	1.4μs	α	9.500	W(^{40}Ar,xn)
223	15μs	α	8.941	^{208}Pb(^{20}Ne,5n)
224	0.94ms	α	8.619	^{208}Pb(^{20}Ne,4n)
225	69ms	α	8.014	^{208}Pb(^{22}Ne,5n)
226	0.35s	α	7.715	^{232}Th(α,10n)
227	1.1 个月	α	7.211	^{232}Th(α,9n),^{208}Pb(22Ne,3n)
228	9.1 个月	α>95%	6.804	^{232}Th(α,8n)
		EC<5%		
229	58 个月	EC-80%	6.475	^{230}Th(^{3}He,4n)
		α-20%		^{232}Th(α,7n)
230	20.8d	α	5.992	^{230}Pa
231	4.2d	α	5.577	^{231}Pa(d,3n)
		ε	0.382	^{230}Th(α,3n)
232	68.9a	α	5.413	^{232}Th(α,4n)
233	1.592×10^{5}a	α	4.908	^{233}Pa
234	2.455×10^{5}a	α	4.859	自然存在
235	7.038×10^{8}a	α	4.678	自然存在
236	2.342×10^{7}a	α	4.573	^{235}U(n,γ)
237	6.75d	β$^-$	0.518	^{236}U(n,γ),^{241}Pu
238	4.468×10^{9}a	α	4.269	自然存在
239	23.45 个月	β$^-$	1.263	^{238}U(n,γ)
240	14.1h	β$^-$	0.400	^{244}Pu
242	16.8 个月	β$^-$	1.200	^{244}Pu(n,2pn)

表 1.9　U^{235} 的衰变链及其性质[16,17]

核素	半衰期	αQ 值/MeV	βQ 值/MeV	衰变产物
^{239}Pu	2.41×10^{4}a	5.244	—	^{235}U
^{235}U	7.04×10^{8}a	4.678	—	^{231}Th
^{231}Th	25.52h	—	0.391	^{231}Pa
^{231}Pa	3.27×10^{4}a	5.150	—	^{227}Ac
^{227}Ac	21.7a	5.042(1.38%)	—	^{227}Th
^{227}Ac	21.7a	—	0.045(98.62%)	^{223}Fr
^{227}Th	18.68d	6.147	—	^{223}Ra
^{223}Fr	22 个月	—	1.149(99.9%)	^{223}Ra

续表

核素	半衰期	αQ 值/MeV	βQ 值/MeV	衰变产物
^{223}Fr	22 个月	5.340(0.006%)	—	^{219}At
^{223}Ra	11.43d	5.979	—	^{219}Rn
^{219}At	11.43d	6.275(97%)	—	^{215}Bi
^{219}At	11.43d	—	1.700(3%)	^{219}Rn
^{219}Rn	3.96s	6.946	—	^{215}Po
^{215}Bi	7.6 个月	—	2.250	^{215}Po
^{215}Po	1.78ms	7.527(99.999%)	—	^{211}Pb
^{215}Po	1.78ms	—	0.715(0.0002%)	^{215}At
^{215}At	0.1ms	8.178	—	^{211}Bi
^{211}Pb	36.1 个月	—	1.367	^{211}Bi
^{211}Bi	2.14 个月	6.751(99.72%)	—	^{207}Tl
^{211}Bi	2.14 个月	—	0.575(0.28%)	^{211}Po
^{211}Po	0.52s	7.595	—	^{207}Pb
^{207}Tl	4.79 个月	—	1.418	^{207}Pb
^{207}Pb	稳定	—	—	—

表 1.10 U^{238} 的衰变链[16,17]

核素	半衰期	αQ 值/MeV	βQ 值/MeV	衰变产物
^{238}U	4.468×10^9 a	4.270	—	^{234}Th
^{234}Th	24.1d	—	0.273	^{234m}Pa
^{234m}Pa	1.16 个月	—	2.271(99.84%)	^{234}U
^{234m}Pa(IT)	1.16 个月	—	0.074(0.16%)	^{234}Pa
^{234}Pa	6.70h	2.197	—	^{234}U
^{234}U	2.455×10^5 a	4.859	—	^{230}Th
^{230}Th	7.538×10^4 a	4.770	—	^{226}Ra
^{226}Ra	1602a	4.871	—	^{222}Rn
^{222}Rn	3823d	5.590	—	^{218}Po
^{218}Po	3.10 个月	6.115(99.98%)	—	^{214}Pb
^{218}Po	3.10 个月	—	0.265(0.02%)	^{218}At
^{218}At	1.5s	6.874(99.90%)	—	^{214}Bi
^{218}At	1.5s	—	2.883(0.10%)	^{218}Rn
^{218}Rn	35ms	7.263	—	^{214}Po
^{214}Pb	26.8 个月	—	1.024	^{214}Bi
^{214}Bi	19.9 个月	—	3.272(99.98%)	^{214}Po
^{214}Bi	19.9 个月	5.617(0.02%)	—	^{210}Tl
^{214}Po	164μs	7.883	—	^{210}Pb
^{210}Tl	22.3a	—	5.484	^{210}Pb

续表

核素	半衰期	αQ 值/MeV	βQ 值/MeV	衰变产物
^{210}Pb	22.3a	—	0.064	^{210}Bi
^{210}Bi	5.01d	—	1.426(99.9999%)	^{210}Po
^{210}Bi	5.01d	5.982		^{206}Tl
^{210}Po	138.4d	5.407	—	^{206}Pb
^{206}Tl	4.199 个月	—	1.533	^{206}Pb
^{206}Pb	稳定	—	—	—

1.7　固态铀的腐蚀

三价氧化态是所有镧系元素中典型的最稳定态。这种氧化态可能是某些锕系元素的最稳定态,但 6 价态是铀最稳定的状态。这一行为可以解释为,$5f$ 能级和 $6d$ 能级的能量接近并且化学结合能具有相同的数量级。因此,其电子构型和氧化态受到化学环境、磁场和电场、温度和压力的强烈影响。因此,假设 $5f$ 和 $6d$ 电子都参与形成了一个化学键[19]。

大量稳定的氧化相会出现,而且大多数都存在于一系列的化学计量比中。Karkhanavala[20] 和 Willis[21] 很久以前就证明了 UO_2 的非化学计量比化合物范围是由过剩的氧在沿着〈111〉和〈110〉方向的阳离子之间的通道渗透和调节而产生的。在有氧的环境温度下,UO_2 会自发地转化为 U_3O_8。

氧化铀的电学性质类似于 p 型或 n 型半导体。特别地,超化学计量 UO_2 在 1100K 的温度下是 p 型非本征半导体。由于化学计量组成的偏差,导电来源于正电空穴。在有织构的表面上生长时,氧化膜可以定向,也可以不定向。给定化学计量比的氧化物,当其固有电学性质由于不同氧化晶体表面能的变化而受到影响时,定向就可能发生[19]。当任何一种铀表面的氧化物薄膜增厚时,氧化物和金属之间就会产生压应力,因为按物质的量比计算,UO_2 的体积是金属铀的 1.97 倍。一旦达到临界厚度或薄膜变得非相干时,就会出现裂纹。在这些条件下,一种连贯的、非常薄的薄膜会保持在铀金属旁边。由于薄膜的电学性质,氧化动力学将受到控制,离子或电子的迁移也将受到控制。U_4O_9 和 U_3O_7 都是由 UO_2 晶格吸收氧而产生的,它们的电导率会降低。这种导电性能的下降会使铀材料从 p 型导电变为 n 型导电。U_3O_8 被认为是一种带有阴离子空穴的 n 型过剩金属半导体[22]。

1.8　铀氧化物

铀化合物,特别是铀氧化物的复杂性,是由于铀能够以多种价态同时全部存在引起的。目前已知至少存在 13 种铀氧化物,最熟悉的是 UO_2、U_3O_8 和 UO_3。

U_3O_8 是大气环境条件下最稳定的铀氧化物。O/U 化学计量比值范围为 $2.00<$
$O/U<2.375$ 的铀氧化物,其晶体结构与已知的萤石晶体结构非常相似,主要由
UO_2 和同质异形体的 U_4O_9 和 U_3O_7 组成。相比之下,U_3O_8 和许多 UO_3 相的晶
体结构由层状结构组成,与 UO_2^{2+} 铀酰基团垂直排列在层状平面有区别[23]。U-O
系统的相图如图 1.21 所示。

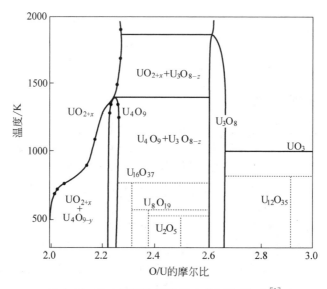

图 1.21　U-O 系统的相图（$2.0 \leqslant O/U \leqslant 3.0$）[1]

目前,对 UO_2 的研究是最多的,因为它可以用作核能发电的燃料。UO_2 的室
温面心立方萤石晶体结构中,铀原子在面心位置上,而在单元晶胞结构内的面心立
方结构中,氧原子则占据角落位置。相对开放的结构允许阴离子型氧原子向空穴
迁移,从而导致氧原子出现不一致的运动[24]。此外,空穴允许额外的氧原子占据
多余的晶格空间,不会改变其立方晶体结构,直到组成高化学计量比的 $UO_{2.25}$。

UO_2 是由 UO_3 或 U_3O_8 在 $800 \sim 1100℃$ 的温度范围内通过氢还原生成
的[25]。过程中必须使用高纯 H_2 气体,因为含有的 O_2 杂质在冷却到 $300℃$ 以下时
容易产生超化学计量比的 UO_{2+x}。对于 UO_2,氧扩散机制会随温度的改变而变
化。在低温下,热氧空穴是氧迁移的主要因素,而在高温下,热间隙氧原子则占据
主导地位。在 $800 \sim 1800℃$ 的温度范围内,这两种缺陷结合在一起能够产生显著
的原子迁移率[26]。用于反应堆燃料的 UO_2 芯块吸收了在接近 $1700℃$ 高温下流
动性增强的氧原子,从而极大地提高了纯度,并形成了接近理论密度的燃料芯块。
当颗粒尺寸为 $0.2 \sim 0.3\mu m$ 或者更大时,UO_2 具有较好的抗氧化性能。烧结后的
高密度 UO_2 芯块可以存放多年而不被氧化,这是由于在较大的 UO_2 晶粒表面上

形成了微氧化膜。

最稳定的铀氧化物(U_3O_8)有两种常见的同质异形体(α 和 β)。最稳定的形式是 α-U_3O_8,这是一种正交晶体结构,氧原子都位于以铀原子为中心的五边形双锥体的角落位置。α-U_3O_8 是由 UO_2 在空气中加热到 800℃ 以上发生氧化然后缓慢冷却而得到的。β-U_3O_8 是由 α-U_3O_8 在空气或氧气中加热到 1350℃ 以上,然后缓慢冷却大约 $12\sim14d$($100K/d$)而形成的[23,27]。β-U_3O_8 显示出了六边形的两种铀配位状态,形成了沿 c 轴的两条不同铀链。虽然两相结构密切相关,但在原子排列上还是有明显的区别。在 β-U_3O_8 相中,铀原子占据单一的三重位置,而在大气环境温度下的 α-U_3O_8 相中,它们位于双重和四重位置。这种晶体结构上的变化使得铀原子具有不同的局部电荷。U_3O_8 还存在另外两种形态,但只有在特殊条件下才能稳定存在。

UO_3 能够以 7 种独特的结构存在,既有晶体的,也有非晶的:A-、α-、β-、γ-、δ-、ε-和 ζ-UO_3。它们的制备过程如图 1.22 所示,各变体的具体细节在此也不再赘述。值得一提的是,非晶态氧化相被称为 A-UO_3,其结构类似于贫铀的 α-U_3O_8,其中铀原子的缺失可以被一些 U—O 键距离的减少来中和,最多可达 25%[28]。

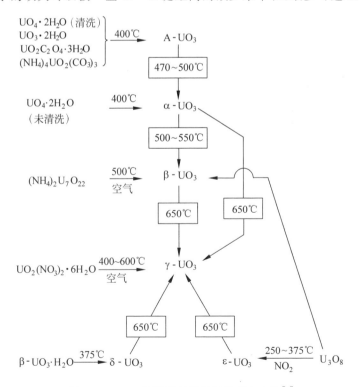

图 1.22　UO_3 的同质异形体及其制备方法[1]

1.9 铀氢化物

铀氢化物通常被用作许多铀生产反应的初始材料,包括制备精细的金属铀。氢、氘和氚气体通常以铀氢化物的形式储存:UH_3、UD_3 和 UT_3。当这些化合物被加热到分解温度以上时,这些气体就被释放出来了。

铀氢化物是一种非常活泼的化合物,它的活性类似于细颗粒的金属铀。铀氢化物在空气中会发生自燃,但在室温且低氧分压的条件下会逐渐氧化,从而导致在铀氢化物表面形成一层保护性氧化膜,防止铀氢化物的着火。少量的 UH_3 与水反应比较缓慢,但较大的样品就会与水发生剧烈的反应,同时还会释放大量的热量。

UH_3 存在两种结晶相,即 α-UH_3 和 β-UH_3。最先被发现的铀氢化物相是 β-UH_3,如果在有氢气的情况下,铀被加热到250℃以上就可以迅速形成 β-UH_3[29]。UD_3 的中子衍射揭示了它的立方体结构形式,其中每个氢原子都位于一个扭曲的四面体位置,被四个铀原子围绕,且距离恒定为 2.32Å。UH_3 晶格中有两种铀原子,每一种都被 12 个氢原子包围。第一种类型的铀原子被氢原子包围在一个二十面体的角落位置,而第二种类型的铀原子则被三个氢原子组成的基团所包围,每个基团组成了不同二十面体的一个面。U—U 金属键的缺失表明,该结构仅仅是由 U—H 相互作用维系在一起的[30]。

亚稳态的 α-UH_3 是一个简单的立方晶体结构,晶格参数为 4.160Å,U—H 的距离与 β 型相等。氢与铀粉在低温(−80℃)下反应产生 α- 和 β- 形式的混合成分,在没有扩散作用的情况下可以产生最大比例的 α-UH_3。将已知的 α-/β-混合物在 250℃以上加热会导致其全部转化为 β-UH_3,而在 100℃加热相同的混合物时则不会出现衍射模式的差异。因此,α-UH_3 只能在它的形成速度快于它在低温下的分解速度时才能出现[31]。

如前所述,UH_3 的活性常使其用于其他铀化合物的生产,因为 UH_3 的大多数反应在热力学上是有利的,而许多不发生反应的情况是由动力学障碍造成的[32]。常用的铀氢化物反应见表 1.11。

表 1.11　常用的铀氢化物反应

反应物	反应温度/℃	产物
O_2	室温自燃	U_3O_8
H_2O	350	UO_2
H_2S	400~500	US_2
N_2	250	U_2N_3
NH_3	250	U_2N_3

续表

反应物	反应温度/℃	产物
PH_3	400	UP
Cl_2	250	UCl_4
CCl_4	250(25℃可能发生爆炸)	UCl_4
HCl	250~300	UCl_3
HF	200~400	UF_4
Br_2	300~350	UBr_4
HBr	300	UBr_3
CO_2	300	UO_2

1.10 应力腐蚀开裂

应力腐蚀裂纹是指由拉应力与特定腐蚀介质同时存在而引起的裂纹。当暴露在大气环境中时,应力腐蚀开裂可以通过在较低载荷下的破裂来区别于机械失效。可以归结到应力腐蚀裂纹的应力类型有外加应力、残余应力、热应力和焊接应力。温度的升高也会增加应力腐蚀开裂的敏感性。在铀的铸造过程中,铸锭可能会遭受一种或多种形式的应力,从而导致出现应力腐蚀开裂。当铀的表面发生氧化时,比如铸造后的冷却或在环境温度下,就会产生压缩应力。考虑到液态铀的化学活性,应力腐蚀开裂可能是一个较小的因素,但铀的腐蚀动力学是多方面的。应力腐蚀开裂的一些特征如下[33]:

(1) 大部分表面都没有产生裂纹;

(2) 应力发生在典型的设计应力范围内;

(3) 可能是晶粒间的,或者是穿晶的;

(4) 裂纹通常垂直于施加的应力。

在穿晶破坏中,裂纹通常在特定的晶面中传播,这些晶面通常具有较低的指数,如{100}、{110}、{101}和{210}[34,35]。晶间破坏比穿晶破坏更为常见,但这两种破坏都可能出现在同一体系甚至同一失效部位。相匹配的两个半面在最近的一次失效中显示出很小的腐蚀,表明断裂主要是由机械断裂引起的。虽然很明显主要是由机械断裂造成的,但阳极溶解也起着重要的作用。

Koger 认为,即使是纯金属也会产生应力腐蚀裂纹,而且应力腐蚀开裂没有一个统一的机制[33]。Jones 指出,纯金属的耐应力腐蚀开裂性能更强,但也并非是免疫的[36]。

裂纹的萌生和扩展会由于任何形式的应力集中而增强,如坑、沟槽和其他不连续点。此外,钝化层的破裂也会引发裂纹。裂纹一旦开始,则前进裂纹的尖端半径较小,伴随的应力集中较大。降低应力、消除关键环境物质、改变合金、阴极保护、向溶液中添加抑制剂和改变设计,都是防止应力腐蚀开裂的可行性解决方案。改变设计包括消除少量腐蚀性成分可能集中的位置。

1.10.1　铀合金的应力腐蚀开裂

铀合金非常容易发生环境强化的开裂,如果加上残余应力,就更容易发生了。在这方面,可以找到大量的参考文献[33];因此,这里只给出了一个简要的概述。

合金元素含量非常低的铀合金,如 U-0.75％Ti 和 U-2.3％Nb,由于水和铀的表面反应会产生脆化的氢,所以其往往对水分最敏感。合金元素含量更多的铀合金,如 U-10％Mo 和 U-7.5％Nb-2.5％Zr,往往对氧最为敏感。应力腐蚀开裂的阈值应力强度范围是 5~40MPa,这与成分、热处理和环境变化过程有关。在极端条件下,裂纹中大量腐蚀产物的形成往往会产生"楔子"效应,导致裂纹尖端的拉应力增大。这种效应经常会导致应力腐蚀裂纹生长的自扩展,甚至发生在局部无宏观应力或有压缩应力的区域。这可能很快就会导致非受力部件的全部失效。

与其他合金体系一样,应力腐蚀敏感性随着材料强度的增加而显著增加[37]。然而,时效硬化过程会降低应力腐蚀开裂的阈值,同时降低残余应力的大小,而残余应力是裂纹扩展的驱动力。

参考文献

[1]　Grenthe I,Drozdzynski J,Morss L,et al. The chemistry of the actinide and transactinide elements[M]. Springer,New York,2011.

[2]　Eriksson O,Wills J. Crystal-structure stabilities and electronic structure for the light actinides Th,Pa,and U[J]. Phys Rev B Condens Matter 45(24):13879-13890,1992.

[3]　Kassner M,Peterson D. Phase diagrams of binary actinide alloys[C]. ASM,Materials Park, OH,1995.

[4]　Blanter M,Glazkov V,Somenkov V. Anisotropy of thermal vibrations and polymorphic transformations in lanthanum and uranium [J]. Phys Status Solidi B 246 (5): 1044-1049,2009.

[5]　Bihan T L,Heathman S,Idiri M,et al. Structural behavior of α-uranium with pressures to 100 GPa[J]. Phys Rev B 67(13):134102,2003.

[6]　Donohue J,Einspahr H. The structure of beta-uranium[J]. Acta Crystallogr B 27:1740-1743,1971.

[7]　Taplin D. The tensile properties and fracture of uranium between 200℃ and 900℃ [J]. J Aust Inst Met 12:32,1967.

[8]　Eckelmeyer K,Dudder GB. Unpublished research on mechanical properties of warm rolled uranium. Sandia National Lab and Pacific Northwest National Lab,1993.

[9] Eckelmeyer K. Uranium and uranium alloys[M]. Davis JR(ed) Properties and selection of nonferrous alloys and special purpose materials-metals handbook, vol 2, 10th edn. ASM International, Materials Park, OH, 1990.

[10] Eckelmeyer KH, Romiy AD, Weirick LJ. The effect of quench rate on the microstructure, mechanical properties, and corrosion behavior of U-6 Wt[J]. Pct. Nb. Met Trans 15A: 1319-1330, 1984.

[11] Eckelmeyer KH, Zanner FJ. Quench rate sensitivity in U-0. 75 wt. ％ Ti[J]. J Nucl Mater 67: 33-41, 1977.

[12] Eckelmeyer KH. Unpublished research on quench rate sensitivity. Sandia National Lab, 1997.

[13] Weirick L. Corrosion of uranium and uranium alloys[M]. In: Metals handbook-corrosion, vol 13, 9th edn. ASM, 1987.

[14] Ammons A. Precipitation hardening in uranium rich uranium-titanium alloys[M]. Burke JJ et al(eds) Physical metallurgy. Brook Hill, Chestnut Hill, MA, 1976.

[15] Eckelmeyer K. Unpublished research on quench rate sensitivity. Sandia National Lab, 1997.

[16] United States National Nuclear Data Center, Interactive chart of nuclides. U. S. Department of Energy, http://www. nndc. bnl. gov/, 2012.

[17] International Atomic Energy Agency IAEA. The live chart of nuclides. http://www-nds. iaea. org/relnsd/vcharthtml/VChartHTML. html, 2012.

[18] Audi G, Bersillon O, Blachot J, et al. The NUBASE evaluation of nuclear and decay properties[J]. Nucl Phys A 729: 3-128, 2003.

[19] Colmenares C. The oxidation of thorium, uranium and plutonium[J]. Solid State Chem 9: 139-239, 1975.

[20] Karkhanavala M. Structural considerations in surface reactions with uranium oxides. Bhabha Atomic Research Centre, Bombay, 1967.

[21] Willis B. Point defects in uranium. Atomic Energy Research Establishment, Harwell, England, 1963.

[22] Waber J. A review of the corrosion behavior of uranium. DOE Technical Report, Los Alamos, NM, 1956.

[23] Loopstra BO, Cordfunke EH. On the structure of alpha-UO_3[J]. Rec Trav Chim Pays-Bas, vol. 85(2): 135-142, 1966.

[24] Rouse KD, Willis BT, Pryor AW. Anharmonic Contributions to Debye-Waller Factors of UO_2[J]. Acta Crystallogr B 24: 117-122, 1968.

[25] Wedemeyer H. Suppl. Ser. Uranium. Gmelin Handbuch der Anorganischen Chemie. pp 1-64, 1984.

[26] Kim KC, Olander DR. Oxygen Diffusion in UO_2-X[J]. J Nucl Mater 102: 192-199, 1981.

[27] Loopstra BO. Neutron Diffraction Investigation of U_3O_8[J]. Acta Crystallogr 17: 651-654, 1964.

[28] Greaves C, Fender BE. Structure of alpha-UO_3 by neutron and electron-diffraction[J].

Acta Crystallogr B 28：3609-3614,1972.

[29] Libowitz GG,Gibb TR. High Pressure Dissociation Studies of the Uranium Hydrogen System[J]. J Phys Chem 61(6)：793-795,1957.

[30] Rundle RE. The hydrogen positions in uranium hydride by neutron diffraction[J]. J Am Chem Soc 78：4172-4174,1951.

[31] Mulford RNR,Ellinger FH,Zachariasen WH. A new form of uranium hydride[J]. J Am Chem Soc 76(1)：297-298,1954.

[32] Haschke JM. Actinide hydrides[M]. Meyer G,Morss LR(eds) Synthesis of lanthanide and actinide compounds. Kluwer,Dordrecht,pp 1-53,1991.

[33] Koger J. Overview of corrosion, corrosion protection, and stress corrosion cracking of uranium and uranium alloys[C]. ASM metallurgical technology of uranium and uranium alloys seminar,Gatlinburg,TN,USA,26 May 1981.

[34] Holden A. N. Physical metallurgy of uranium[M]. Addison-Wesley Publishers,Reading, MA,1958.

[35] Koger J,Armstrong A,Ferguson JE. Effect of aging on the general corrosion and stress corrosion cracking of Uranium-6 wt. % niobium alloy. DOE Technical Report,1975.

[36] Jones D. Principles and prevention of corrosion[M],2nd edn. Prentice-Hall,Upper Saddle River,NJ,p 35,1996.

[37] Eckelmeyer KH. Residual stresses and stress relieving in uranium alloys[M]. Kula E, Weiss V(eds) Residual stress and stress relaxation. Plenum,New York,1982.

参考书目

如果读者想要获得更详细的信息,应该参考下列的全部综述,其中每个主题都被广泛地引用,而不是引用在前几篇综述中讨论过的相关主题的参考资料:

[1] Burke et al(eds)(1976)Physical metallurgy of uranium alloys. Brook Hill. 1974 年维尔会议的会议记录,包含了一系列关于铀和铀合金主题的论文,包括熔化、铸造、成形、焊接、晶体结构、相变、热处理、力学行为、断裂、腐蚀、应力腐蚀、氢脆等。这可能是关于铀合金最常被引用的信息来源。

[2] Eckelmeyer KH(1985)Uranium and uranium alloys. In：Metals handbook,9th edn,vol 9, Metallography and microstructures. 铀及铀合金的金相技术与显微组织综述。

[3] Eckelmeyer KH(1990)Uranium and uranium alloys. In：Metals handbook,10th edn,vol 2, Properties and selection of nonferrous alloys and special purpose materials. ASM.综述了铀及铀合金的热处理、显微组织发展和力学性能。

[4] Eckelmeyer KH(1992)Environmentally assisted cracking of uranium alloys. In：Jones RH (ed)Stress corrosion cracking. ASM.介绍了铀及铀合金中应力腐蚀开裂和氢脆的最新研究进展。

[5] Eckelmeyer KH(1992)Environmentally assisted cracking in uranium alloys. In：Jones RH (ed)Stress corrosion cracking. ASM.铀合金材料性能和评价方法的综述。

[6] Holden N(1958)Physical metallurgy of uranium. Addison-Wesley. 这是一本教科书,概述

了 20 世纪 40 年代和 50 年代对非合金铀的研究。

［7］ Lillard JA，Hanrahan RJ Jr（2005）Corrosion of uranium and uranium alloys. In：ASM handbook，10th edn，vol 13B，Corrosion：materials. 综述了铀及铀合金的一般性腐蚀及腐蚀防护。

［8］ Magnani NJ（1976）Hydrogen embrittlement and stress corrosion cracking of uranium and uranium alloys. In：Advances in corrosion science and technology，vol 6. 对 20 世纪 50 年代中期到 70 年代早期铀及铀合金中应力腐蚀开裂和氢脆的研究进行了全面的综述。

［9］ Metallurgical technology of uranium alloys，vols 1，2，and 3. ASM，1982. 1982 年加特林堡会议的会议记录，包含了一系列关于铀和铀合金主题的论文，包括同位素分离，熔炼，熔融，铸造，成形，焊接，热处理，相变，力学行为，腐蚀，应力腐蚀等。

［10］ Weirick LJ（1987）Corrosion of uranium and uranium alloys. In：Metals handbook，9th edn. ，vol 13，Corrosion. ASM. 综述了铀及铀合金的一般性腐蚀及腐蚀防护。

第2章

铀熔炼和铸造

Edward B. Ripley

摘 要 铀熔炼和铸造是一门迷人的学科。铀具有各向异性和同素异形,并且很容易与氧发生反应。在涉及铀的熔炼和铸造时,需要考虑这些独特的性质。本章将介绍已经证实并可行的方法,包括真空感应熔炼(VIM)、真空电弧重熔(VAR)以及微波(MW)熔炼和铸造。每一种方法都通过了数百个铸件的试验,以保证结果的一致性和可重复性。当对任何一种活性金属或合金体系进行熔炼和铸造时,全面深入理解这些方法都是很有必要的。

关键词 真空感应熔炼,VIM,真空电弧重熔,VAR,微波,MW,铀,熔炼,铸造,电阻加热,活性金属,分批工艺,溶解气体,惰性气氛,真空,模具,涂层,电极,坩埚,绝缘

2.1 前言

将熔融的铀铸造成满足尺寸、力学性能和化学成分要求的铸件时,面临着许多挑战。

第一个挑战就是热量方面。为了获得致密的铸件,必须向熔融的金属铀提供一定数量的额外热量,通常称为过热。过热是指熔化温度和浇注温度之间的差值。铀的熔点是1132℃[1]。如果要实现熔融态的铀在模具中良好的充型,模具应该进行预热(800~1000℃为理想状态),且金属液需要加热到1350~1450℃。这可以确保金属液在充满模具之前不会开始凝固[2]。

第二个挑战是化学成分方面。铀具有很强的化学活性,任何与熔融铀接触的物质都是潜在的污染源,这包括坩埚、模具、硬件设备以及型腔气氛。

第三个挑战是热力学方面。许多有害反应在高温下变得更加具有热力学倾向。由于铀具有各向异性(具有随晶粒取向而不同的性质)和同素异形(具有三种

与温度相关的不同固态相)的特点,当它从室温状态转变为熔融状态时,会面临一些独特的挑战。

同素异形体 α 铀具有正交晶系结构,每个单元晶胞有四个原子,这是铀在室温下的结构。对于 α 铀,晶格参数如下:$a=2.85Å$,$b=5.87Å$,$c=4.95Å$。第一个相变是 α→β 相变,发生在 668℃。β 铀具有四方晶系结构,每个单元晶胞有 30 个原子。对于 β 铀,晶格参数如下:$a=10.76Å$,$b=5.66Å$。第二个相变是 β→γ 相变,发生在 772℃。γ 铀具有体心立方结构,每个单元晶胞有两个原子,晶格参数 $a=3.52Å$。最后的相变是 γ→液态,发生在 1132℃(表 2.1)。

表 2.1 加热和冷却时的相转变

	温度/℃		
	加热	冷却	平均值
熔点	1131.85	1132.15	1132
β→γ	774.7	769.3	772
α→β	672.7	663.3	668

对于超高纯度的铀,加热和冷却时的相转变温度存在一定的差异,其温差大小已从文献中得到验证,但平均值已通过调整来作为能够普遍接受的值。

从实际的情况来看,这些相变温度差异是无法精确测量的。循环加热和冷却过程中的相变温度差异是学术研究中的热点。当这些相变发生时,每个晶胞的原子数量会发生变化,晶胞的尺寸也会发生变化。这些同素异形的转变表现为尺寸的变化。当室温下的 α 铀被加热和熔化时,它经历了三个不同的相转变,但通常更为重要的是熔融金属在模具内凝固时发生的相转变。

铀及其合金具有高活性,为了获得可接受的最终产品,对其加工过程具有独特的要求。三种铸造方法已被证明能获得令人满意的结果。它们分别是真空感应熔炼、真空电弧重熔和微波熔炼。

2.2 真空感应熔炼

真空感应熔炼是最传统,但被广泛接受的熔炼和铸造活性金属的方法,如铀、钛以及许多现代高温合金。这种熔炼和铸造技术是感应加热技术的一种延伸。感应加热的基本原理是由法拉第(Michael Faraday)和亨利(Joseph Henry)在1831 年各自独立提出来的。由于法拉第是第一个发表论文的人,人们普遍认为是他的发现导致了感应熔炼的出现。当导电物体放置在高频的交流电(AC)线圈里就会发生感应加热,如石墨坩埚。线圈通常由铜制成,内部用水或气体来冷却。当交流电流通过线圈时,这些电磁场在石墨坩埚中产生涡流,石墨坩埚中的阻抗将会导致热量产生,这通常被称为焦耳热或欧姆热。坩埚内的金属同时受到坩埚(通过热传导)和感应场的加热。金属熔化后,感应场搅动金属,提高了熔体的均匀性。

铀在高温下会与许多气态物质以及大气发生反应,因此,铀的铸造通常是在真空或惰性环境中进行。在浇注室或外壳中进行浇注有助于控制污染,并减少对工作人员的潜在照射。另外,真空也有助于去除溶解的气体。

铀与大多数耐火材料都具有很高的活性,因此坩埚通常要制备涂层,以防其与熔化的铀发生反应。此外,所有铸造硬件,如模具、浇注棒、过滤器和洗涤器,应不与熔融铀发生反应,或者制备一层涂层。一些实验结果表明,除了那些与熔融铀接触的表面,其他所有表面的涂层都能减少碳的吸附,因为碳可以通过气相进入。在高出铀熔化温度(1132℃)几百摄氏度的情况下,最重要的是选择在熔融铀中具有热稳定性和热力学稳定性的涂层。这是因为金属需要完全熔化,并提供足够的过热来降低黏度,促使金属快速而平稳地流动,以便更好地在模具中充型。

2.2.1　真空感应熔炼技术概述

电磁感应是真空感应熔炼技术的核心。电磁感应是一种神奇的现象,已经在许多领域中得到了应用。为了更好地理解真空感应熔炼,我们至少应该对电磁感应有一个基本的认识。电磁感应可以用于发电和将电能转化为动能。法拉第电磁感应定律可以追溯到 19 世纪 30 年代,是电磁学行为的基本定律。法拉第定律适用于导体中的闭合电路,其可以描述为:"闭合电路中的感应电动势(EMF)等于通过电路的磁通量对时间的变化率"。反之亦然,"所产生的电动势与磁通量的变化率成正比"。因此,如果把一个静止的导体置于一个变化的磁场中,导体内就会产生感应电流。这可以在导体中引起电子的循环流动,称为 Foucault 电流,或者涡流。这些场具有电感,也能产生磁场。因为这些快速变化的磁场有一个固有的阻力,涡流会产生焦耳热或者欧姆热[3](图 2.1)。

真空感应熔炼技术在熔炼和铸造活性金属方面具有许多的优点:

(1) 易于操作;

(2) 精确控制化学成分(通过小批量实现);

(3) 真空处理,氧化损耗低;

图 2.1　一个大型的底部加载真空感应铸造生产线的例子

炉身装卸在一层进行,熔炉在二层操作

（4）降低饱和蒸气压高的污染物；

（5）精确控制温度；

（6）易于去除溶解气体。

作为一种加热技术，感应加热是非常高效的，几乎供给线圈的每瓦电力都被转换成了热量。改变频率可以直接影响感应加热的穿透深度。改变线圈的频率和功率也有助于熔融金属液的搅拌和成分均匀化。当对具有较大厚截面的部件进行加热或者在导电坩埚中加热材料时，使用的频率较低，一般在 $5 \sim 30\,Hz$ 范围内。采用 $60\,Hz$ 三相电源可以有效地搅拌坩埚内的熔融物质。加热穿透的深度会随着频率的增加而减小。在金属中，从 $100 \sim 400\,Hz$ 频率范围内的穿透深度是很浅的。如果频率达到 $480\,Hz$ 或更高，则加热只会发生在微小的部位，也可能只会产生肌肤效应或表面加热[4,5]。

真空感应熔炼是在真空条件下进行的，它非常适合于处理活性金属和对某些气体（如氧气）有很强亲和力的金属。因此，真空感应熔炼技术被广泛应用于特种高性能合金的生产，包括镍基高温合金、核用不锈钢、医用钴基合金、高纯度合金和磁性合金。材料品质和杂质污染是铀熔炼最重要的问题，这也是为什么真空感应熔炼技术特别适用于铀的熔炼和铸造。

真空感应熔炼腔室是通过一系列真空泵抽空以迅速降低内部压力，一般采用水冷却。在一个典型的系统中，会有一个通道区，在这里，感应线圈、热电偶以及与腔室内部传感器、设备的仪表连接的电源需要从腔室外部接通。该腔室需要有足够好的密封性，这样它就可以抽空到操作压力下，通常在 $10^{-3}\,Torr$（$1\,Torr = 1.33322 \times 10^2\,Pa$）的量级，可以通过泄漏率进行检测。该检测是抽真空并固定真空泵，在压力很小或不增加的情况下，让腔室静止一段预定的时间。

另一个需要考虑的问题就是真空泵的选择，特别是使用无油真空泵。当真空泵达到极限真空时，油就会开始向腔室回流。值得一提的是，无论选择哪一种真空系统，漏率检测都是预定检查的一部分，这是至关重要的，因为对于一个足够大的真空系统，任何泄漏都可以通过漏率检测来进行解决。当这种情况发生时，建立良好的真空作用将是明显的，但氧气的分压将高于所指示的腔室压力。仪表可以保持一个良好的真空状态，这也是生产高纯度活性金属所必需的。然而，泄漏的大气中仍然含有大量的氧气、氮气、氢气和其他气体，这些足以污染熔化的金属。

在铸造腔室内部有一个感应线圈，它实际上是真空感应熔炼系统的核心。线圈一般是由几圈铜管组成的，可以承载高频交流电。线圈通常被放置在距离坩埚和被加热或熔化材料尽可能近的位置。在线圈和坩埚之间存在一个绝缘层，以实现热隔离和电隔离。通过线圈的交流电在坩埚内的导电材料中产生涡流，使其加热熔化，或者直接加热坩埚来熔化金属。将含有金属电荷的坩埚置于线圈内。如果大家想象一下线圈产生的磁场线，那么很明显，磁场线最密集的部位在线圈的内部。这并不是说磁场只存在于线圈内部,而是说磁场强度在线圈的内部是最高的。在线圈外部的磁场通常称为杂散场。如果室壁和辅助设备离线圈太近,这些杂散磁场也会加热它们。感应线圈一般采用水冷来防止过热[6,7]。

过热现象不好,其原因有很多,其中最重要的是金属的电阻率随着温度的变化而增加,较高的电阻率会导致线圈过度加热。设计中,包含了在初级和次级冷却回路中加上热交换器,或者线圈是气体冷却甚至是固体金属冷却的。对于熔化过程,线圈通常是多匝设计的,带有绝缘垫片以保持通电线圈之间的间隔。还包括某种类型的支撑结构,可以实现线圈的每一圈相对于坩埚模具和炉子硬件在腔内保持一个相对位置。很多文章甚至书籍都专门介绍了线圈的设计,所以这里没有必要作进一步的阐述。线圈需要由专业人员进行设计,以保证能量从电源到坩埚和金属实现最有效的传递[8,9]。

真空感应熔炼中感应线圈的最新进展就是增加了磁轭。它将吸收一些散布在感应线圈外部的杂散磁场,并将其重新分配到线圈内部,这些能量可以用来加热和熔化金属。磁轭被放置在感应线圈的外部,与开放槽指向坩埚和金属,几乎所有线圈的电流都在近表面流动并面对金属。这改善了线圈到工件的磁力耦合,并显著提高了线圈的效率。这种耦合方式的改进可以使熔化金属所需的功率减少,也可以降低线圈的温度和大幅提高线圈寿命。如果要将磁轭添加到现有的线圈中,要注意线圈的阻抗可能有很大的不同。重要的是要确保采用磁轭后的线圈与适当电源进行匹配。对于多匝线圈,则需要谨慎处理,因为线圈匝间的电压可能很大,如果线圈匝间没有绝缘隔离,就可能会出现短路(图 2.2)。

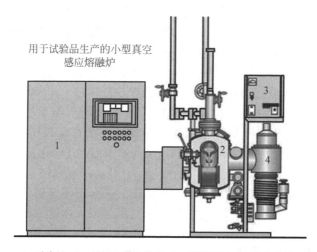

1—功率源;2—坩埚和模具腔室;3—控制面板;4—真空系统。

图 2.2   小规模铸造中的一个小型倾斜浇注真空感应熔炼铸造机的示意图

　　真空感应熔炼中理想的坩埚和模具材料应该对熔融铀具有化学惰性,同时具有良好的导热性、低的热膨胀系数、高温韧性和抗热震性,并且可以在感应场中快速加热(或者是可穿透的,使得金属材料被直接加热)。这些特性可确保坩埚和模具能够快速被加热和冷却。

　　化学惰性可以减少熔体来自坩埚和模具的污染。一个经常被忽视的因素就是模具的外表面。虽然只有坩埚和模具内表面与熔融金属发生了接触,但坩埚和模具内的水分和热击穿产物可以通过气相与熔体发生反应。虽然涂层通常用于保护坩埚和模具的内表面,但坩埚和模具的外表面经常被忽视,并且它是气相化学污染的潜在来源。石墨具有优异的热性能,其价格低廉,易于加工到紧密度公差,且在导体中具有高电阻率,也很容易在表面制备涂层,因此常被用作坩埚和模具材料。石墨与熔融铀会迅速反应,如果要使用石墨,那么金属与坩埚和模具的隔离是至关重要的。在涂层前预先加热石墨也是同样重要的,这样可以确保减少或消除水分和挥发性有机化合物(图2.3和图2.4)[4-8]。

1—功率源;2—坩埚和模具腔室;3—控制面板;4—真空系统。

图2.3　真空感应熔炼铸造机

图2.4　用于铸造活性金属的倾斜浇注系统的真空感应熔炼线圈

　　根据成品的纯度要求和是否存在合金元素来选择模具的涂层是很重要的。通常情况下,悬浮液中的金属氧化物陶瓷与黏结剂被用作模具材料。尽管商业上可用的模具涂料可能适用于某些应用,但对于铀,通常需要配制特定工艺的模具涂层。这通常是一个反复试验法。一些候选材料包括氧化钇、氧化锆、氧化镁、氧化铒或者是它们的组合,没有哪种单一材料是完美的。例如,氧化镁会与熔化的铀发生轻微的反应,并导致熔体的污染和金属氧化程度的增加。如果需要对金属进行酸洗,则氧化锆涂层在铸件清理时可能会有爆炸的危险(图2.5)[10-12]。

　　氧化铒非常昂贵,而且不能形成特别耐用的模具涂层。氧化钇是很适用的材料,而且相对比较耐用。但是氧化钇会发生轻微溶解,经过多次使用后,钇带来的

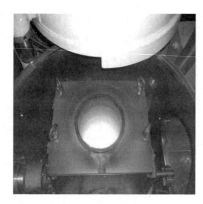

**图 2.5　安装在系统中的如图 2.4
所示的线圈**

坩埚中的熔融金属是这个展示的替代品

污染可能会随着时间的推移而在产品中积累。像锆酸镁这样的复合材料在刷涂时效果很好，并且使用火焰喷涂的效果最好[6]。

考虑到一些陶瓷材料的成本，非接触区域（如模具的外表面）的涂层可以使用更便宜的涂料，如氧化铝，但不能用于坩埚或模具的内表面。另一个需要认真考虑的因素是黏合剂的选择，被烧毁的黏合剂通常是碳污染的来源。模具涂层的厚度也是非常重要的，过量的涂层会导致脱落和污染，而涂层太薄或有气孔也会导致污染[5]。

铸造气氛是铸造出可接受的金属产量和满足所需化学规格的产品的关键因素。顾名思义，真空感应熔炼是在真空中进行。炉内典型的排气需要使用粗泵将压力抽到 1.5mmHg（1mmHg＝1.33322×10^2Pa）。然后使用涡轮分子泵、扩散泵、低温泵或类似的系统将压力抽到 25μmHg（1μmHg＝0.0133322Pa）。当熔化金属时，这些低压需要被保持。要在铸造前对金属进行除气，金属应该被加热到熔点温度以上 50～200℃ 的过热度，以便有效地除气。铸造金属质量的关键是限制泄漏并且消除由模具、炉身组件和炉体材料的废气而造成的气体污染。存在于石墨和绝缘材料中的大气水平的水分会与炉身和模具组件发生反应，导致金属氧化。铸件中碳、氢和其他污染物含量的增加可能是通过气相输送到熔体中的。

精确测量金属铸造时的温度是非常困难的。在理想的情况下，铸造工艺应该有足够的温度变化容忍度以应付 5% 的误差（每 1000℃ 中有 50℃），而且不会产生任何有害影响。然而，实际上，许多铀铸造过程需要更加精确的温度控制。如果位于一个不受到感应磁场影响的位置，使用热电偶是一个很好的解决方案。在 1200～1600℃ 的范围内，热电偶可以精确到 2～4℃。了解感应磁场（包括杂散场）的位置是很重要的，在信号进入放大器之前，仍然可能需要使用屏蔽、双绞线、共模和差分模滤波器来消除干扰。许多系统都有共模抑制电路，但它们通常只在较低的频率下有效。一种策略是暂时关闭感应磁场，让系统平衡几分钟，以获得更精确的测量温度。有一些方便的位置点可以检查测量结果的准确性。在 668℃，772℃ 和 1132℃，分别有相变 α→β(668℃)、β→γ(772℃) 和 γ→熔体(1132℃) 引起的热稳定区。在这些温度下，相变会有一个短暂的热稳定期或平台期，此时温度停止上升并趋于稳定，在相变发生之后，温度会继续上升。知道了这一点，操作人员可以检查温度测量结果，以确保它们在这些非常重要的点上是准确的。如果它们在这些点上是精确的,那么操作者就可以对他们在其他温度下测量结果的准确性有更多的信心(图 2.6)。

图 2.6 具有涂层的模具示例
可以防止模具对金属的污染,便于将铸件从模具中取出

2.2.2 光学高温测量

非接触式光学高温测量法是一种非常好的温度测量方法,因为它不受电磁、微波或感应场的影响。目前有多种类型的光学测温系统。最常见的两种是隐丝高温计和光敏楔形高温计。

隐丝高温计使用的灯丝可以通过引入精确的电流加热到已知值,使其加热并发光。当指示器中的发光灯丝放在热物体上时,它会比被测物体看起来更热(亮)或更冷(暗)。当测量者看着一个物体来确定它的温度时,调节灯丝中的电流直到它消失,在那一点上,温度是通过观察相应的电流与电压刻度来确定的,通常直接读取为温度。

光敏楔形高温计,用户在观察目标时可以旋转高温计外壳上的光敏楔形环,调整外环和内环的对比度,直到两者颜色一致。它应该看起来像一个单独的大点,而不是一个环形里面有个点。由于操作者所看到的光是单色的,读数不受颜色灵敏度的影响,所以很容易得到准确的测量温度。

2.2.3 红外测温仪

还有一组光学温度测量系统,称为红外(IR)测温仪。要理解它们是如何工作的,最好先理解热的基本原理。当一个物体被加热时,物体中的分子就会开始振动。随着温度的升高,分子振动的速度会越来越快。当一个物体的温度高于热力学零度(绝对零度)时,就会发出红外辐射。物体散发的热量有三种来源:

(1) 热被另一物体(如发光物体或光)的表面反射;

(2) 物体的内部温度能传递热量;

(3) 物体的表面能散发热量。

红外测温仪的设计目的是捕获和量化发射的热能,要想保证高的测量精度,需要忽略反射和传输的热能,只测量物体表面发射的热能,这是至关重要的。两个温度完全相同的物体可能看起来有着截然不同的温度,这与它们表面的类型和状态有关。为了获得一个物体温度的准确读数,人们确定发射率作为校正因子。发射率是物体表面发射的辐射能与黑体在相同温度下发射的辐射能的比值。在单色高温计中,这个发射率因子必须已知并且手动输入,或者通过实验确定一个值并输入。

消除这些误差的一个方法是使用高温计,它读取两种颜色或温度,并比较这些温度峰值的比值。利用普朗克定律求解发射率,可以对被测材料的发射率进行修正,从而得到精确的温度测量结果[14,15]。

另一个需要考虑的问题是装载材料的准备。为了便于处理,材料通常被打碎或者切成足够小的碎片,以便放入坩埚。对破碎的金属应该清除任何可能的油或污染物,这可以通过酸洗或其他清洗方法来实现。当一开始就使用干净的金属时,保留在坩埚中的氧化物数量就会减少。有时,如果有高度氧化部分或非常小的部分,一个坚韧的氧化壳可以捕获或保留部分熔融铀,使其无法用于铸造。这减小了金属的成品率,也降低了铸造效率。通过充分清洁装载材料,这些问题就可以得到避免。

当金属在坩埚中熔化,并在加热的模具上方居中时,最后的障碍是倾倒金属并让它流入模具。目前有几种不同的浇注方法,其各有优缺点:

(1) 倾斜浇注;

(2) 爆破盘;

(3) 摩擦盘;

(4) 拉杆机构;

(5) 锥形球端;

(6) 钟形球端;

(7) 无用熔化。

倾斜浇注是配备一个有浇注喷口的非常简单的坩埚,并定位在模具上方,通过倾斜机构,以便金属可以从坩埚浇注到模具。倾斜浇注的优点是操作比较简单,容易控制,具有可预测性。缺点就是它从顶部倒出,所以最先进入模具的部分熔体会漂浮在表面,包括氧化物和渣。这可能会导致污染物被束缚在铸件中。正是如此,这种方法很少用于高性能精密铸件。离心铸造的改进,能够实现高质量生产和致密铸造。如果坩埚的侧面有一个喷口,并且靠近模具,模具的侧面和臂上可以快速旋转,并在熔融金属凝固时保持铸件上的离心力和向心力,就可以实现高质量的精密铸造。对于大多数铀的应用来说,这是不切实际的。然而,它被认为是一种可以生产优质铸件的可行方法。

爆破盘是一个小的碳或陶瓷盘,安装在坩埚的底部位置。当用浇注杆敲击时,它的强度就会减弱并破裂。浇注杆通常有凹槽,以便金属流过。通常还需要有一个小的储槽来捕获碎片,以防止碎片被截留在铸件中或堵塞浇注排出孔。保险片的优点是简单、可靠、价格低廉。而缺点是,浇注杆机构必须降低到熔融池,使得熔融的金属会凝结在浇注杆机构上。解决的办法是让浇注杆降低到熔融的金属中并浸泡几分钟,使得任何凝结的金属能够重新融化。破碎的边缘会暴露在熔化的金属中,有可能出现碎片污染或夹带。(已经对其进行了研究,作为一个实际问题,使用这种方法的化学成分在统计学上与使用其他浇注方法的化学成分是相同的)

摩擦盘类似于爆破盘,但是,圆盘的中心部分是由摩擦来控制的,并且浇注杆会推动它通过。摩擦盘可以有一个较大的顶部,以防止它掉下来。其优点与爆破盘一样,简单、可靠、价格低廉。由于这种方法需要紧密的摩擦配合以防止过早浇注,当机构被激活时,它倾向于排出铸模涂料和暴露碳,还有可能排出铸模涂料碎片而且被束缚在铸件中[15]。

另一种被证明是有效的方法是拉杆机构。拉杆必须被压在熔化的金属中,因为它们比熔化的铀轻。在这种情况下可能发生预浇注,这将对铸件的质量产生不利影响。如果坩埚采用锥形,且浇注杆为球形端,那么浇注杆可以方便地插入锥形,实现理想对中也没有问题。采用其他的方法都需要非常精确地找正角度,如锥度孔中的锥度、套锥或圆孔中的锥形螺塞等都被尝试过,都被证明是不可行的。锥形球端结构简单、可靠,可重复使用,价格低廉。在成百上千的铸件中,它被证明是一种浇注熔融金属简单而有效的方法。

与锥形球端略有不同的是钟形球端。坩埚中的钟形孔比锥形孔具有额外的优势,因为这样的设计能够让熔融金属更好地流动,具有更温和的层流,并且可以减少坩埚中模具涂层的腐蚀。它也能够改变浇注口的形状,以实现更精确的浇注。它具有锥形球端结构的所有优点,但有一个例外,它需要通过设计和计算机建模来优化效果。

最后一种方法仅仅是让金属熔体在坩埚中进行重新凝固。这通常被称为无用熔化。它可以用于巩固和/或创建一个坯料用于进一步的加工。严格来说,无用熔化不是铸造,因为它不涉及浇注熔融金属。但是,它可以将熔融的金属滴入热的模具中。这种方法被称为滴灌铸造,可以用于固结,但通常不会产生高质量的铸件。它的优点是便宜、简单、相对安全。

2.2.4　安全

真空感应熔炼系统运行时,最为关键的因素就是安全。由于是使用高压电源在铸造金属中感应产生低压大电流,所以在金属、线圈和组件之间进行绝缘是很重要的。正确的腔室设计和铸造工艺都需要考虑到人员安全、培训、防护设备,以及对熔融金属、自燃金属和可能导致窒息的惰性气氛的危害的认识。由于涉及电气危险,应该将槽接地和接地检测纳入腔室的设计中。

当操作人员在线圈附近工作时,应切断电源,并且最好将其锁起来。任何接近直接感应场或杂散感应场的金属都会迅速发热。发生了许多的案例,如钢趾鞋、拉链和婚戒等物品给人们造成重大伤害,因为他们未能关闭感应线圈的电源并在无意之中太接近感应场。

2.2.5　真空电弧重熔

真空电弧重熔(VAR)是一种熔炼金属来生产合金和生产重铸用高纯原料的工艺。真空电弧重熔最常用于快速熔化铀和其他具有高熔点温度的活性金属和合金材料。该工艺可以生产具有优良均匀性和高化学纯度的材料。真空电弧重熔很少被用作直接铸造产品,但通常用于生产初始合金和炉料。真空电弧重熔工艺通常用于高价值金属,因为它需要额外的加工步骤,以提高铸造质量或者生产难以制造的特殊合金。

真空电弧重熔工艺中会使用一个导电性的坩埚作为阳极。例如,通常使用水冷铜坩埚。此外,使用一个或多个中心电极(阴极),其可以降低到接触或接近坩埚中的材料。在待熔化金属上方建立一个 $1\sim100\,mTorr(0.13\sim13\,Pa)$ 的真空,利用几千安培的直流电在坩埚中电极和金属之间产生电弧。从这里开始,保持电弧来使金属熔化(图 2.7)[4,5,11-13]。

图 2.7　大规模真空电弧重熔单元的示例

可以制造高纯度合金用于进一步加工

与其他熔炼方法相比,真空电弧重熔有以下几个优点。

(1) 因为可以控制熔融金属的凝固速度,所以能够严格控制金属的微观组织;

（2）许多具有高蒸气压的杂质从熔体中被释放,使得熔体中的杂质浓度降低,从而那些通常认为对金属和合金有害的溶解气体会很快从金属中释放。

（3）消除了中心线孔隙和偏析现象(图2.8)。

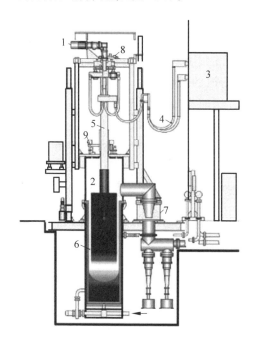

1—电机进料驱动；2—熔炉腔室；3—电源；4—线缆；5—电撞锤；6—坩埚中的水罩；
7—真空接口；8—*X-Y*调节器；9—加载系统。

图 2.8 显示了主要部件的真空电弧重熔系统示意图

2.2.6 电极

电弧熔铀过程中可以使用几种不同类型的电极作为阴极。一般情况下会使用固体钨或含钍钨电极,因为对于铀,钨带来的轻微污染不是一个问题。这些通常都被认为是非消耗性电极,更换前可用于许多熔体的运行。一次运行通常需要在坩埚里放入少量的金属。由于坩埚上有强烈的负电荷,阴极上有强烈的正电流,所以需要在真空中产生并维持电弧。正是电弧提供了熔化炉料所需的热量,这个过程类似于焊接。当金属在电弧中熔化时,电弧可以四处移动以熔化整个表面。在某些使用自耗电极的情况下,当电弧被击中,电弧中的金属会熔化并落到钢坯的熔化表面。随着熔化的进行,下面的金属发生凝固,电极被推进到熔化物的表面,使其足够接近表面来保持电弧的运行。

首先建立一个真空氛围,然后施加电流来引发电弧。当电极被置于熔体之上并且电极被推进熔体池中时,功率会增加。当所需的金属全部熔化时,就可以开始凝固了。在圆底坩埚中,炉料的下表面可能不会保持熔融状态,而是形成外壳或骨架。上表面可以熔化,并形成一个相对光滑的表面。如果钢锭底部的表面光洁度不令人满意,则翻转钢锭并将另一侧进行重新熔化也是很常见的。这能产生完全熔化和均匀致密的钢锭,然后可以用作原料。通常都是处理小批量的材料,因为表面光洁度依赖于维持熔池的表面张力。大量的金属装料可能会造成不完全熔化的问题,所以通常允许熔池冷却和凝固,然后建立一个新的电弧,并在锭子的顶部添加额外的金属并熔化进去。铀和其他难熔金属在比铜熔点更低的温度下熔化,这是可以解释的。当大量的熔融铀倒进铜坩埚时会损坏坩埚,并造成熔体的污染。作为一个实际的工程问题,它是通过冷却坩埚形成一个保护层或渣壳来避免的,即使它在金属融化后在坩埚上迅速凝固也不会出现问题。熔化的铀可以保持熔融状态,并且可以压实和均匀化,而不会对低熔点的铜坩埚造成损伤。

高温金属或难合金金属也可以用同样的方法来制备合金。这种方法的一个明显优点是:在这个过程中,任何挥发性污染物都会被去除掉。电弧可以通过其相对于熔池中心的位置来进行控制。同样地,磁场也可以用来帮助将电弧指向熔池的中心。击弧后,可通过增加功率来提高熔化速度。一般情况下,在电压为 15～30V 时,200～300A 的电流足以制造 2 英寸(in,1in=2.54cm)的铸锭,而 7 英寸的铸锭可能需要 2000A 的电流。

对于高纯度合金,一般是采用消耗性电极。这包括制造出压实的铀棒或合金棒,并将它们注入熔池。这些棒可以是铸造的,也可以是由压实的金属切屑或粉末制成的。这样做的优点是不会向熔池中增加任何污染物,并且通过去除所有挥发性污染物来进一步提高纯度。上述使用钨电极的技术的任何一种,都可以与消耗性电极一起使用来实现优异的效果。另一种方法是使电极能够在电弧中摆动,并与坩埚保持较短的间距。这使得更多的金属被熔化,并通过机械方式来进行混合或搅拌。得到的铸锭通常有一个非常粗糙的底面,然后在铸锭翻转后熔化。可消耗铸锭可以焊接在一起,也可以用导电夹头固定在阴极支架中。有时需要对夹头的外部进行冷却,以防止其熔化或与电极焊接或共晶结合。另一种方法是将电极加工成螺纹并配备一个螺纹阴极夹头。当阴极太短而不能使用时,可以将一个新的阴极螺纹连接在一端,并将阴极拉伸到一个适当的长度。

2.2.7　真空电弧重熔腔室

建造一个真空电弧重熔腔室是为了形成一个真空,而顶部和底部的构造通常是这样的：它们可以绝缘,并可以施加强电流。重要的是能够观察到熔体,能够控制坩埚底部的距离和从中心到边缘的相对位置。腔室的底部作为坩埚应该被冷却;可以使用水或其他合适的冷却介质,如熔盐或类似的混合物。需要注意的是,对于这种类型的系统,其维护和检查是至关重要的。如果出现泄漏,水会被引入熔化的金属中并产生蒸汽,就有可能发生超压或爆炸事故。水也可能有使高浓铀发生中子慢化的危险(图 2.9)。

有一个足够的真空系统并有能力回填惰性气体是一个好方法。实际上使用氩气这种具有低击穿电压和高等离子体电势的气体,提高了真空电弧重熔熔化金属的性能。

图 2.9　显示了操作中主要部件的真空电弧重熔系统现场图

2.2.8　高温测定法和温度测量

与真空感应熔炼和微波熔化相比,真空电弧重熔的热学测量不是那么关键,因为在真空电弧重熔过程中,通常一次只有一部分金属是熔化的。当使用非消耗性电极时,金属被少量的、小批量地熔化。当使用消耗性电极时,电极尖端熔化并滴入坯锭的熔融顶部,形成不断增长的坯锭。使用闭路摄像机来观察熔体或者使用真空密封窗口来直接观察熔体金属是很重要的,这样就能够对电极进行操作(图 2.10)。

图 2.10　用于控制温度的过程和过温高温计

这个配置是针对微波铸造机的,但是微波熔化、真空感应熔炼和真空电弧重熔的设备和设置是相同的

　　高温测量时需要考虑的因素与真空感应熔炼和微波熔炼中的测温类似。应该使用双色高温测定法或屏蔽热电偶进行直接测量,两者都不会污染熔体。由于测温过程的任何时间通常都只有部分坯锭熔化,且熔化部分仅比高熔点合金的熔点高 100℃左右,对于铀,这会在非常拉近 1132℃时发生。

2.3　微波熔炼

　　在所讨论的三种熔炼技术中,金属微波熔炼技术是最新的和更不确定的。在室温条件下,大块金属不容易直接与微波能结合。由于金属是导电的,它们很容易反射入射能量。"金属微波熔炼是违反常识的",这是关于金属在微波场中的行为的常见误解。下面的一些基本原理,使之成为可能。

　　为了能使用微波加热和熔化大块金属,需要三种基本组成部分:多模微波腔、微波吸收陶瓷坩埚和微波透明保温层。金属炉料置于开放式的陶瓷坩埚中,保温层完全覆盖住该开放式坩埚。然后,将保温层和坩埚组件放置到一个高功率多模微波腔中,该微波腔可以均匀地将坩埚加热到所需的温度。当微波能作用于腔体时,能量被坩埚强烈地吸收。坩埚内的金属通过辐射、传导和热坩埚内的对流迅速地加热。保温层通过束缚住坩埚中产生的热量来提高微波系统的能量效率。这样,不能直接被微波能量加热的金属物体就可以轻松而且高效地熔化[14,15]。微波优先被最容易吸收它们的材料吸收。这似乎是显而易见的,但了解这一点可以在问题出现时避免很多挫折。如果把两种能吸收微波且容易加热的东西放在同一个腔室里,那么吸收性能最好的东西会比另一种加热得更高。也有可能出现系统中一个非常小的组件发生过热的情况,而炉身的平衡可能会保持低温。如果在腔室中有电弧或等离子体形成,电弧或等离子体可能会吸收几乎所有的能量,这可能会损坏设备,而且基本上没有能量到达坩埚或模具。如前所述,如果在出现问题时想起这些现象,很可能会节省昂贵的设备费用(图 2.11 和图 2.12)。

图 2.11　铸造炉身、坩埚和隔热材料的现场图

需要加一个盖子;熔化和固化坯锭时无需模具;这就是所谓的"无用熔化"

图 2.12　微波熔炼的铀坯锭实物图

2.3.1　理论

金属是导电的,因此微波能量很容易从金属表面被反射回来。微波只能穿透极微小的深度,在大多数情况下,金属块在微波中是不能直接加热到熔炼或铸造所需的温度的。为了熔炼金属,需要使用一个陶瓷坩埚,它与微波耦合(吸收微波能量)并将微波转化为热量。受热也意味着吸收微波并将其转化为热量。加热坩埚用于将金属从室温加热到其熔点的 2/3 左右。这是通过陶瓷坩埚对微波的介电吸收来实现的。介电常数,尽管名字中有"常数"字眼,但其在温度或电磁频率变化时并不是恒定的。随着温度的升高,陶瓷吸收微波的能力进入下面五种可能的情况之一。

(1) 陶瓷对微波是透明的;它不吸收微波,也不加热。

(2) 随着温度的升高,陶瓷能更好地吸收微波并变得更热,从而进一步增加了其吸收微波的能力。这种行为被称为"热失控"。如果使用这些陶瓷,随着温度的升高,必须降低施加的功率来控制温度。

(3) 陶瓷的吸收能力随温度的变化而降低;因此,随着陶瓷变热,加热变得越来越困难,一旦达到临界温度,通常会形成一个停滞期或温度突然下降。

(4) 陶瓷在达到临界温度之前不会吸收能量,然后它会随着温度的升高,吸收越来越好。

(5) 陶瓷以线性升温的方式加热到系统可以处理的上限,而且吸收不受温度变化的影响。这种线性加热的行为是极其罕见的(图 2.13)。

坩埚位于模具上方,坩埚涂上涂层以防止其与熔融金属发生反应,模具通常由石墨制成,也涂上涂层以防止其与熔融金属发生反应。组成铸造炉身的坩埚和模具被封闭在高温绝缘陶瓷内。这被称为"保温层",它对微波是透明的,但不允许内部产生的热量逸出。有了这种设计,微波可以在腔室内通过绝缘陶瓷并作用在坩埚上。如果微波击中金属或石墨,它们会不停地反弹,直到被坩埚吸收。坩埚加热后,内部的金属通过传导和对流进行加热。由于保温层内产生的热量无法逸逸,导致盒内温度迅速上升,并使模具、浇注棒和金属受热。由于只对保温层里的材料进

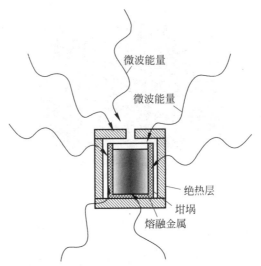

图 2.13 微波能量可以很容易地转移到磁化坩埚中的金属上

行加热,所以这种工艺是一种相对简单和有效熔炼金属的方法。当金属加热时,它刚开始通过欧姆发热机制直接加热,在高温下,许多用于坩埚的陶瓷开始失去吸收能力,所以一个有趣的现象发生了(图 2.14)。

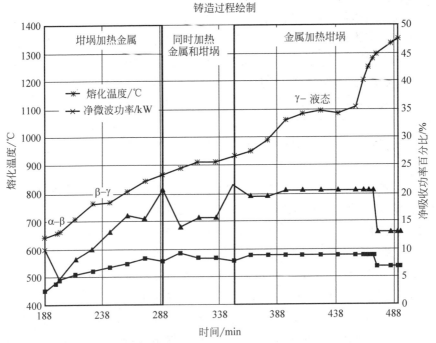

图 2.14 长时间的铸造运行(非常长的缓慢的铸造运行)
显示了温度、微波功率以及坩埚是主要吸收体和金属是更好的吸收体的区域

从室温到熔点的 2/3 左右,坩埚加热,金属和模具通过传导和对流进行加热,所以坩埚是系统中最热的东西。在某一个时刻(每种金属都不一样),金属吸收微波并加热,在那一刻,金属是系统中最热的东西。这样做的优点就是把热量放在需要的地方,并能够最有效地利用电力来提供铸造金属所需的过热。

2.3.2　装备和设置

微波熔炼和铸造活性金属的质量约为 90 磅(lb,1lb＝0.453592kg)或更少,应该有一个足够大的腔室来容纳铸造炉身,并在每一边和顶部留下约 9 英寸的空间。加热腔室应该是微波密闭的,并有足够的观察口(也可以防止微波泄漏)来观察炉身和向下观察熔化物。应配备低真空泵,并能补充惰性气体(图 2.15)[14,15]。

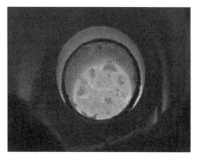

图 2.15　熔融金属铀
需要注意的是保温层和磁化陶瓷坩埚

由于腔室将在正压力下运行,真空被用来减少建立惰性铸造气氛时所需的惰性气体的量。微波源功率应该是 12～24kW,需要知道的是,功率的大小是以堆垛炉身吸收微波的速率来施加的。任何额外的功率都会被浪费在反射功率上,或者会使窗户和波导等部件过热,从而损坏系统。最常用的频率是 2.45GHz。

微波发生器是由几个关键部件组成的。虽然这些工业级微波发生器通常是作为完整的系统购置的,但了解系统中正在使用何种组件也是很重要的。微波发生器的关键部件是电源、磁控管和隔离器。这些组件中的每一种都能显著地影响系统的正常运行。完整的微波发生器由一些专门的组件组成,下面将对每种组件进行讨论。

2.3.3　腔室或微波加热器

微波腔室(也称微波加热器)是一种金属容器,可以容纳浇注炉身和金属,微波能够直接进入其中。常用的类型包括前装金属、抽屉或底部装金属;但是,也可以使用许多特定用途的腔室。金属的构造很重要,以使由腔壁吸收而造成的损失最小化。如图 2.11 所示的腔室都是用铝制成的,铝制的壁损很低,而且价格便宜,易于制造。尽管铝的熔点很低,但这样的腔室可以用来铸造包括钛在内的金属(熔点 1668℃)而不发热。这是因为在保温层中使用的绝缘陶瓷材料具有优良的隔热性能。

在坩埚制动或保温层损坏情况下有热电偶、热联锁或切断,是一个好的解决办法。然而,如果有恰当的防护,这些措施将永远不会被需要。

　　具有某种类型的浇注机构以释放熔融的金属到模具中,这是很重要的。常用的浇注机构有拉杆和爆破盘。与真空感应熔炼一样,这样的选择也是一个实用性和便利性的问题。除了波导以外,任何渗透到微波加热器的设计都要确保微波不会在无意间泄漏出去。这可以通过加入一个穿孔的金属屏蔽来实现,就像家用微波炉那样;或者使用一个足够窄和足够薄的管来防止微波能量逃逸。后一种概念被称为“超越截止的波导”。它应能够在惰性环境下进行抽真空和回填,并保持适度的压力。此外,它的内壁应该光滑,焊缝结实和光滑,容易清洁(图 2.16,图 2.17 和图 2.18)[14,15]。

图 2.16　用于铸造高温活性金属的大型前面加载微波腔室

图 2.17　铀的切屑
在熔化之前要进行清洗、压团和干燥

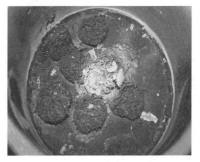

图 2.18　固体氧化物外壳通常被称为“幽灵”
当铀被熔化并倒入模具时,它们被留在坩埚中

2.3.4 电源

电源是微波发生器的关键部件之一。下面描述不同类型的电源。

半波倍压电源(常见于家用微波炉)。这种类型的电源是最简单的,它以交流电作为输入,产生两倍的电压并以直流电作为输出。这些电源相对便宜和简单,但是其寿命和性能也是有限的。它们具有固定的峰值输出,因此可以作为脉冲负载电源运行(图2.19)。

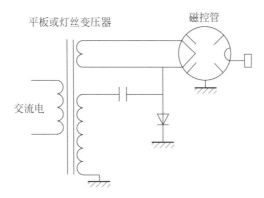

图 2.19 半波倍压电源的简化原理图

全波整流(线性)电源。这种类型的电源以交流电流为输入,并将整个波形转换成恒定极性的输出。这种电源电路的性能比半波倍压电源好得多,可作为定压或变压电源使用。它更复杂,价格更昂贵,但是,高成本可由更好的性能和更长的使用寿命所抵消。这些是质量更好的工业级微波发生器的电源类型(图2.20)。

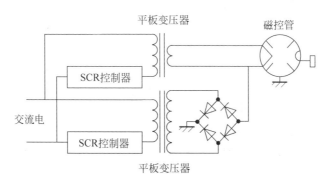

图 2.20 线性或全波整流电源电路的简化原理图

换流器(开关模式)电源。这种类型的电源是这三种电源中效率最高的,但如果没有得到充分的屏蔽,就有可能造成噪声问题。它的优点是能够以脉冲波或连续波形式提供可变输出;此外,它还具有无可比拟的性能,其运行温度明显低于其

他电源。然而,它也更复杂和更昂贵,如果持续使用时间延长,则其使用寿命可能
会缩短。

对于大多数连续的工业级加热应用,线性或全波整流电源是最佳选择,因为它
的使用寿命长,具有最小的复杂性和最高的性价比(图 2.21)。

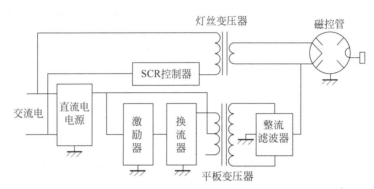

图 2.21　开关模式或换流器电源的简化原理图

2.3.5　磁控管

磁控管运行的理论是基于电子在电场和磁场联合影响下的运动。为了使磁控
管工作,电子必须从阴极流向阳极。它们的轨迹遵循两个基本定律。

(1)电场对电子施加的力与电场强度成正比。电子倾向于从负电势位置向正
电势位置移动。在没有磁场作用的情况下,在电场中的电子会从负极向正极做均
匀而直接的运动。

(2)施加在磁场中电子上的力的方向与磁场方向和电子的运动方向是相互垂
直的。由于受到该力的作用,电子是以弯曲的而不是直线的轨迹运行到阳极。

在磁控管结构的上方和下方添加了永磁体。磁控管是一个空腔,内部有许多
空间。在磁控管的边缘周围是一系列的圆柱形谐振腔。这些空腔沿着内壁方向有
一个开口。电子离开阴极并被内壁吸引,但由于施加了偏磁场,它不能以直线方式
运动到内壁,而是以衰减的螺旋轨迹接近。当电子这样做时,它会在腔体中形成一
个高频共振电磁场。其谐振频率是由腔体的大小来决定的。一个小的输出耦合回
路可以作为天线,使得电磁波通过发射装置从磁控管中出来并进入波导。

2.3.6　环行器或隔离器

高功率微波操作中的一个关键部件是环行器,它由一个隔离器和一个虚拟负
载组成。隔离器是一种可以防止微波重新进入波导而损坏磁控管的设备。它位于
磁控管(微波发生器)和波导之间。它能够让微波在一个方向上不受阻碍地通过,

但是当它们从相反的方向进入时,会被重新定向到固态负载或水负载。虚拟负载的目的是吸收多余的能量,防止微波进入磁控管。反射的微波功率会产生多余的热量,最终会造成对磁控管的灾难性损害。

隔离器的工作原理是在波导上建立一个强磁场。顶部和底部的铁氧体和磁铁的作用是确保进入的微波只能遵循两个基本规则:首先,它们只能在一个方向上进行循环;其次,它们必须一有机会就退出。如果把隔离器想象成为一个有三条路的环形路口,则其中一条路是入口,它的对面是出口,第三条路是死胡同(虚拟负载)。如有车辆在入口处进入环形路口,则它会遵循交通方向行驶,并在可能的第一时间离开环形路口,这个路口就是通向微波加热器的出口。现在,如果汽车试图通过出口返回,它就会朝着交通指引方向进行移动,并抓住第一个出口的机会,在这种情况下,会进入一个死胡同(虚拟负载),然后被吸收。有了这个系统,磁控管就没有被反射功率损坏的危险了(图 2.22)。

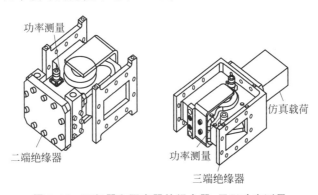

图 2.22　环行器和隔离器的耦合器,用于功率测量

2.3.7　功率测量设备

当使用大功率微波发生器时,很可能将大量的能量投入坩埚和铸造炉身中。相反地,如果它们在无意中过快地吸收了过多的微波能量,就很可能导致设备和组件的迅速损坏。被吸收的能量是很重要的:吸收功率＝正向功率－反射功率。

要想知道吸收功率,则关键的是要知道正向功率和反射功率。这些测量是使用几种测量设备中的一种来进行的。每一种设备都有其用途,这取决于从其他来源获得的信息。

定向耦合器可以在一个方向上测量功率。它可能会存在测量误差,因为它只提供一个方向的信息;而在实际上忽略了相反方向的功率流。一对定向耦合器被称为双耦合器,在每个方向上都各有一个。这样能够在正向和反射(反转)方向进行测量。双耦合器通过显示两个方向的功率流来减少这种测量误差。很多时候，即使在系统的其他位置有正向或反射功率指示，双耦合器也会被使用，因为它们可以被战略性地放置在有需要的位置来提供信息。

非定向耦合器价格便宜，但为了能够有效使用，它们必须被放置在功率只流向一个方向的位置。

反射计比其他类型功率测量装置的成本更高，但是它可以提供更多的信息。其可以用来进行复杂阻抗的测量。对于大多数情况下的应用，反射计是多余的，且收集到的信息是不需要的(图 2.23)。

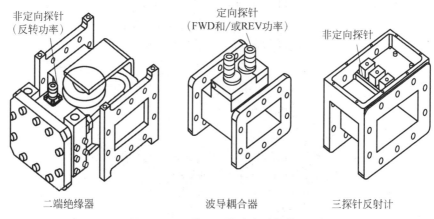

图 2.23　三种不同的功率测量装置

2.3.8　高温测定法

微波系统的高温测定方法与真空感应熔炼的测温方法基本相同。对于微波应用，具有下列特性的产品是首选：

(1) 双色或多色计；

(2) 光斑尺寸小，带有观察窗或相机；

(3) 温度测量范围是目标范围的许多倍，可以用于运行的不同位置；

(4) 根据读取高温计的条件，校正高温计。如果拍摄将通过两个窗口进行，一个是在室温下几英寸的距离，另一个是在 500℃ 下 1 英尺的距离，那么在校准中复制这个设置是一个不错的选择。

另外，还需要注意温度曲线。如果铀在恒定的能量输入下进行加热，将或多或少地实现遵循平滑曲线的连续加热。除了一些明显的例外，由于相变，热稳定将发生在 668℃、772℃ 和 1132℃。其会在平滑的曲线上显示为小的停滞期。这也可以用来检查高温测量的相对准确性，因为这些热稳定或停滞一定会发生，而且总是发生在特定的温度下。知道了这一点，我们就可以校正任何系统误差，与单独依靠双色高温计比,更能精确地测量任何一点的温度。

2.3.9 阻抗匹配设备或调谐器

阻抗匹配最初是为电气工程而开发的,但其也特适用于高功率微波应用。简单地说,阻抗匹配可以使功率传输最大化,使来自负载的反射最小化。

有几种方法可以实现这一目的:

(1)手动三短线调谐器;

(2)自动短线调谐器;

(3)固定光阑;

(4)内波匹配结构。

手动三短线调谐器是一种经济有效的方式,可以最大限度地提高功率应用,同时使反射最小化。调谐器有三个短线,它们实际上是四分之一波扼流圈。它们进入或离开波导,可以消除可能被反射回波导的部分信号。通常情况下,在监测反射功率变化的同时,这些短线会被转到波导中。如果反射功率降低,短线就会进一步进入波导。如果反射功率增加,它就会被撤回。这是在一个系统的方法中实现的,从一个调谐器到下一个,直到达到最小反射功率。通常情况下,这种方法是足够的。然而,通过在一个组合中调整短线就可以获得的最低反射功率,其可能代表局部最小值。但使用不同的组合可能会导致较低的整体反射功率。如果想要获得最佳阻抗匹配,这需要尝试不同的调谐组合,标注的位置(大多数调谐器都有一个千分尺或数字位置指示器)以及标注的绝对最小值。这些都是便宜而且有效的阻抗匹配方法。

自动短线调谐器的工作原理与手动调谐器类似,但它有一个计算机化的程序和内置的反射计,因此可以尝试多种调谐组合,而且在几秒钟内就可以达到绝对的最小值,而不是耗时几分钟进行手动调谐。该系统会不断检查驻波测量结果并进行相应地调整。这个系统比较昂贵,但它的优点是能够根据不断变化的负载进行调整。它也免除了操作人员不断调整操作峰值效率的工作。

对于一个系统变化很少被观察到的稳态系统,一个更便宜的替代方法是在波导中设置阻抗匹配特征,或者在窗口上安装一个光阑。这些波匹配特征必须通过试错法来确定,但使用起来会非常方便。在波导内部使用的典型结构是用铜块或铝块从上到下阻塞波导的一部分,或者用铜块或铝块从一侧到另一侧阻塞波导的一部分,或阻塞一个或多个角。另一种方法是在波导底部或顶部中心壁上放置一个导电的金属球。它的位置很重要,所以先将它大致放到位,然后四处移动,直到它到达正确的位置并被永久安装。还有一种方法,可以在波导和工艺室之间使用光阑或部分开口。光阑通常会阻塞顶部和/或底部,左侧和/或右侧,或一个或多个角。如果使用光阑或波导匹配结构,则不应使用其他阻抗匹配特征(如手动或自动短线调谐器)(图 2.24)。

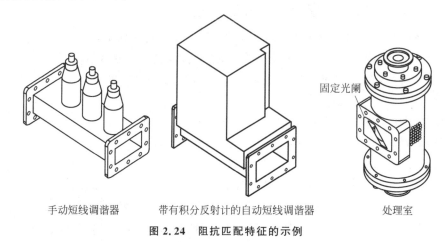

手动短线调谐器　　带有积分反射计的自动短线调谐器　　处理室

图 2.24　阻抗匹配特征的示例

2.4　铸造

2.4.1　保温层

　　保温层是指铸造炉身周围的隔热结构。它通常是由 80％的 Al_2O_3 和 20％的 SiO_2 组成的硬质纤维板。重要的是,它要对有利频率的微波保持透明,并且能够承受高温。良好的密度范围通常为 $30lb \cdot ft^{-3}$,开孔率为 85％。这些是可以作为出发点的一般性指导思路。保温层可以采用完全不同的材料制成,但需要满足以下两个条件:能够让微波畅通无阻地进入盒子和不允许热量逸出。这样就可以产生一个过热的内部环境,使得金属被加热并熔化(图 2.25)。

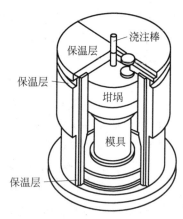

图 2.25　铸造炉身的剖面图
展示了坩埚、模具和保温层

2.4.2　铸造炉身

　　铸造炉身由坩埚、模具和辅助部件(如浇注棒和窗户)组成。如前所述,坩埚是由陶瓷制成的,它能与微波耦合。模具通常由涂有涂层的石墨制成,这种材料可以容纳熔融的金属,而且不会与其发生化学反应。浇注杆通常也是带涂层的石墨材料。

当然,如果目标是简单的熔化和压实,使用一个在一侧具有轻微拔模斜度的底部封闭的坩埚就可以了。用于浇注熔融金属的坩埚应该要设计一个中心孔用于浇注(或者,一个喷口可用于倾斜浇注),侧边有一个浅的锥度,从坩埚的侧面到浇注孔有轻微的拔模斜度。有了这种总体设计,金属可以被熔化;浇注时,金属会完全流出,如果不进行浇注,金属会在坩埚中固化,可以在不破坏坩埚的情况下将其取出。如果发生了这种情况,在重熔之前,通常最好是以打破、剪切或其他方式来减小金属的尺寸。它也可以放置在一个稍微大一点的坩埚里,甚至在重熔前放置在它的旁边。如果在同一个坩埚中简单地将固化的金属重新加热,而不做上述任何一个操作,则当金属被加热时,膨胀可能会使得坩埚发生破裂,导致浇注失败或损坏设备。当然,所有这些组件必须是临界安全尺寸,并减少潜在的临界事故,如果要铸造的金属是可裂变的或者可增殖性的,则必须对整个系统进行评估。

2.4.3 真空和惰性气体补充系统

真空感应熔炼或真空电弧重熔需要除去加热保温层、坩埚或金属时释放出来的所有水分和所有气体。与它们不同,微波是在微正压力下工作的,有少量的气体流动,要做到这一点,则建立一个低真空然后回填惰性气体是一个很好的方法。正压力是很关键的,因为当微波功率作用于降低了压力的气体时,产生等离子体的可能性大大增加。一些气体不太可能产生等离子体,随着压力的增加,等离子体电势会降低。

若要选择一种不太可能造成问题的气体,则查看铸造操作所需气体的 Paschen 放电曲线是大有裨益的。利用惰性"淬火"气体来减少等离子体电势或者阻止等离子体的形成,也可能会出现漏铸的情况。如果出现了等离子体,建议完全关闭电源几秒钟,然后再慢慢打开电源。如果使用淬火气体,它可能会缓解任何进一步的问题。

如果等离子体再次发生,则需要添加更高等离子体电势的气体或淬火气体混合物,如 90% 的 Ar,10% 的 H_2 或 N_2 或任何其他相容的高等离子体电势气体。如果添加淬火气体没有效果,则简单地关闭和重新启动系统也可能会解决等离子体问题。如果产生了等离子体,则重要的是注意观察反射功率的水平,因为等离子体的形成通常是腔室中功率过剩的表现。因为只有吸收功率会加热坩埚和金属,所以反射功率不仅是浪费的,还可能会导致后续的问题(图 2.26)。

Paschen 放电曲线只能反映相对等离子体电势。这些曲线是在不同的条件下推导出来的,所以特定炉身的微波能量与形成等离子体的可能性是不能用数学关

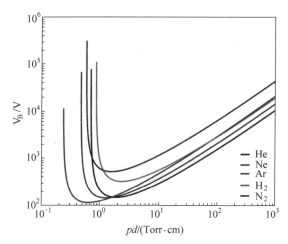

图 2.26   几种气体的 Paschen 放电曲线

系直接推导出来的。但是,在微波应用中,相对的行为和压力趋势是适用的。

2.5   归纳与总结

在考虑加热和铸造铀以及其他活性金属的方法时,必须考虑以下几个因素:

(1) 易于操作;

(2) 维修方便,成本低;

(3) 符合人体工程学;

(4) 污染控制;

(5) 最终产品的化学成分要求;

(6) 铸造材料的力学性能;

(7) 零件的尺寸、形状和复杂程度等;

(8) 关键设备的成本;

(9) 运营成本;

(10) 铸造能力和零件尺寸;

(11) 设备的使用寿命;

(12) 每周的铸件数量。

铸造铀时经常遇到的问题是没有现成的解决办法。每种合金、炉料尺寸、零件类型等,在进入铸造厂之前都将面临独特的挑战。这些信息旨在提供一个简要的概述,使读者了解各种技术的当前状态,并帮助他们确定哪些选项最适合他们的需求。

参考文献

[1] Dahl A,Cleaves H. The freezing point of uranium[J]. J Res Natl Bur Stand 43：513-517,1949.

[2] Baumrucker C,Warren B. Unpublished information,1953.

[3] Sadiku OMN. Elements of electromagnetics,4th edn[M]. Oxford University Press,New York,2007.

[4] Harrington C,Ruehle A. Uranium production technolog[M]y. D. Van Nostrand Co. Inc. ,Princeton,NJ,1959.

[5] Patton F,Googan J,Griffith W. Enriched uranium processing[M]. The Macmillan Co. ,A Pergamon Press Book,New York,1963.

[6] Wilkinson W. Uranium metallurgy,vol I[M]. Wiley,New York,1962.

[7] Wilkinson W. Uranium metallurgy,vol II[M]. Wiley,New York,1962.

[8] Wilhelm H. The casting of uranium rods at Iowa State College[M]. Internal publication(A-4045)：Iowa,1942.

[9] Holden A. Physial metallurgy of uranium[M]. Addison-Wesley,Reading,MA,1942.

[10] Blumenthal B. Melting of high purity uranium [M]. University of Michigan Library Jan,1952.

[11] Googan J,VanDermeer R,Koger J,et al. Metallurgical technology of uranium and uranium alloys,vol. Ⅰ. [M]. ASM American Society for Metals Press,OH,1981.

[12] Googan J,VanDermeer R,Koger J,et al. Metallurgical technology of uranium and uranium alloys,vol. Ⅱ. [M]. ASM American Society for Metals Press,OH,1981.

[13] Googan J,VanDermeer R,Koger J,et al. Metallurgical technology of uranium and uranium alloys,vol Ⅲ. [M]. ASM American Society for Metals Press,OH,1981.

[14] Gupta M,Leong W,Eugene W. Microwaves and metals[M]. Wiley,Asia,2007.

[15] Brooks K,Industrial-Scale Melting of Uranium Using Microwave Energy[J]. Industrial Heating,February 8,2011.

第3章

涂层刀具在铀及铀合金加工中的应用

Mark J. Jackson，Grant M. Robinson，Michael D. Whitfield，Rodney G. Handy，and Jonathan S. Morrell

摘　要　本章讨论了贫化铀及其合金的机械加工。在过去，通常采用未涂层刀具进行机械加工，但是效果并不理想。随着新技术的发展，切削刀具表面上采用阳离子取代的 $Ti_{1-x-y-z}Al_xCr_yY_zN(y=0.03,z=0.02)$ 合金涂层，其相对于目前使用的 TiN 和 $Ti_{1-x}Al_xN$ 涂层具有更好的耐高温氧化性能。对于细晶的 WC-Co 硬质合金刀具，在 Ar 压力为 6×10^{-4} mbar $(0.45\,\mathrm{mTorr},1\mathrm{bar}=10^5\,\mathrm{Pa})$ 环境下，利用可控 Cr 金属离子阴极电弧放电进行原位离子刻蚀，表面通过非平衡磁控溅射的方法沉积 $3\mu m$ 厚度的涂层，有助于提升刀具的使用寿命。金属离子刻蚀促进了各个基底晶粒的初始局部外延，所有的薄膜结构均表现为 $Ti_{0.44}Al_{0.53}Cr_{0.03}N$ 合金的 (111) 方向生长和 $Ti_{0.43}Al_{0.52}Cr_{0.03}Y_{0.02}N$ 合金的 (200) 方向生长。尽管 $Ti_{0.44}Al_{0.53}Cr_{0.03}N$ 合金涂层的柱状微结构与 $Ti_{1-x}Al_xN$ 合金上观察到的结构相类似，但新加入的 2% 摩尔含量的 YN 可以显著细化晶粒并得到等轴晶组织。$Ti_{0.43}Al_{0.52}Cr_{0.03}Y_{0.02}N$ 合金的努式硬度为 $HK_{0.025}=2700\mathrm{kg}\cdot\mathrm{mm}^{-2}$，$Ti_{0.44}Al_{0.53}Cr_{0.03}N$ 合金的努式硬度为 $HK_{0.025}=2400\mathrm{kg}\cdot\mathrm{mm}^{-2}$。通过热重分析测量得到，TiN 的氧化温度约为 600℃，$Ti_{0.466}Al_{0.54}N$ 的氧化温度约为 870℃，$Ti_{0.44}Al_{0.53}Cr_{0.03}N$ 的氧化温度约为 920℃，$Ti_{0.43}Al_{0.52}Cr_{0.03}Y_{0.02}N$ 的氧化温度约为 950℃。铀合金材料的切削加工试验结果表明，掺钇的钛基涂层能够显著提升切削刀具的使用寿命。

关键词　贫化铀，切削加工，涂层刀具，钇(Y)

3.1　前言

铀及铀合金切削加工的难易程度与其合金含量密切相关。贫化铀的加工需求很大，加工过程中也面临着擦伤、磨损、加工硬化、自燃、与冷却液发生反应、与刀具材料发生反应,以及毒性等问题。图 3.1 展示出了铀切削加工过程中的高活性,其在最简单的切削加工中也可能产生大量的火花。

铀合金分为三类,分别是合金元素含量低于 0.4% 的低铀合金,合金元素含量介于 0.4%～4% 的中铀合金,以及合金元素含量高于 4% 的不锈铀合金。

铀是由正交晶系的 α 铀基体组成的,主要夹杂物为碳化物和氧化物。Ti 元素可以增加铀的硬度,Nb 元素可以提升铀的抗腐

图 3.1　铀在密封加工中发生自燃

蚀性能。贫化铀及铀合金可以应用于核武器、热量计平板、弹道穿甲弹、辐射屏蔽、配重和陀螺转子。铀的加工性能主要会受到以下因素的影响:形状记忆特性,各向异性热膨胀系数,易燃性,毒性和放射性。

材料的形状记忆特性是指其在温度变化后可以恢复到初始形状的有趣行为,铀合金比纯铀具有更明显的形状记忆特性。各向异性的热膨胀系数使得铀在热的作用下容易发生扭曲,铀材料受热会在两个晶上向上而不是三个晶上向上发生膨胀。纯铀在两个主晶上向上发生膨胀而在第三个晶上向上发生收缩。在铀材料的切削加工过程中,切削刀具应尽可能保持锋利,切削温度应尽可能低[1]。一般情况下,铀及铀合金能加工到标准车床可加工的公差范围内,$8\mu m$ 量级的公差也是可以实现的。但是,切削刀具必须保持锋利才能保证加工到公差范围内[2]。文献[2]中详细介绍了切削铀及铀合金的加工条件,包括钻孔、攻螺纹、外圆车削、端面车削、铣削等,此处不再赘述。本章末也列出了参考书目,其对于读者研究铀及铀合金的机械加工具有较好的指导价值。

3.2　切削刀具的磨损

切削刀具磨损是刀具切削刃负荷因素综合作用的结果。磨损是由刀具、工件和加工条件相互作用造成的。负荷因素包括力、热、化学和磨蚀作用。

除机械负荷的静态作用,还有来自切屑本身的不同动态作用。金属切削过程中会在切屑表面和刀具侧面产生大量的热。热负荷对刀具材料的影响不可忽略,以及断续加工操作中的脉动热负荷,由此而导致刀具材料的热疲劳。切削刃上典型的磨损区域如图 3.1 和图 3.2 所示。切屑的形成是新鲜金属界面在

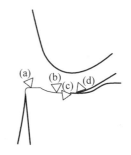

图 3.2　切屑导致的刀具磨损区域[1]

主要因素包括(a)力;(b)热;(c)化学;(d)磨蚀

高温、高压下沿着刀具材料连续产生并受到挤压的过程。该区域使得扩散和化学反应很容易发生(图3.3)。

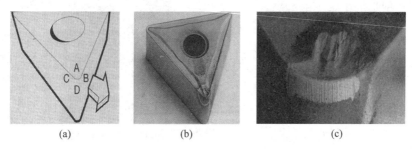

图3.3 (a) 图3.2中切削刀具的磨损区域;(b) 刀具切削刃磨损的光学照片;
(c) 后刀面磨损和前刀面月牙洼磨损[1]

由于作用在切削刃上的多种负荷因素,金属切削加工过程中存在几个主要的磨损机理,分别如下所述。

(1) 扩散磨损:主要受刀具上的化学负荷影响,与刀具冶金成分和涂层材料有关。

(2) 磨料磨损:主要受刀具材料的硬度影响,与切削刀具材料的碳化物含量有关。

(3) 氧化磨损:高温下导致涂层产生裂纹并使涂层失效。

(4) 疲劳磨损(静态或动态):这是热-力耦合作用的结果,容易导致刀具切削刃的崩刃。

(5) 黏附磨损:刀具-切屑接触面在低温作用下容易发生,导致形成积屑瘤,并使得积屑瘤与切削刃不断地断裂。

刀具磨损的分类如图3.4所示。加工质量评定与刀具磨损的发展密切相关,包括去除率、表面粗糙度、刀具寿命、切屑控制等。

图3.5展示了前三种典型的刀具磨损形式,分别是后刀面磨损、月牙洼磨损和塑性变形。后刀面磨损主要是由磨料磨损和切屑相对于刀具运动作用引起的,该磨损形式是正常的并且是渐进性的。月牙洼磨损是由磨料磨损和扩散磨损综合引起的,刀具的高热硬度有利于抑制月牙洼磨损的发生。月牙洼磨损在切削加工中应该尽量避免,因为其改变了刀具的几何结构并使得切削刃口钝化。塑性变形是切削刀具经受了高压、高温作用的结果。

图3.6展示了切削加工刀具的缺口磨损、热龟裂和机械疲劳裂纹。发生在副切削刃的缺口磨损是黏附磨损的一种,也可以由氧化磨损造成。该磨损发生在切削区域的尾部,使得空气可以穿透该区域。主切削刃的缺口磨损是由机械负荷引

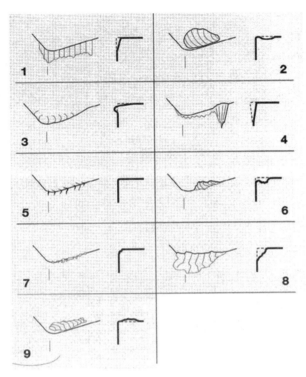

1—后刀面磨损；2—月牙洼磨损；3—塑性变形；4—缺口磨损；5—热龟裂；
6—机械疲劳裂纹；7—崩损；8—断裂；9—积屑瘤。

图 3.4　不同刀具磨损机理作用下的磨损形式分类

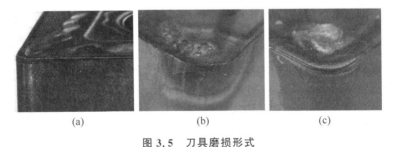

(a)　　　　　　　　　　(b)　　　　　　　　　　(c)

图 3.5　刀具磨损形式

(a) 后刀面磨损；(b) 月牙洼磨损；(c) 塑性变形

起的,会使得切削刃口发生钝化。热龟裂是一种由热循环作用引起的疲劳损伤,刀具材料内产生裂纹,导致加工中的切削刃口逐渐钝化。改变切屑厚度会影响到刀具-工件界面的切削温度,还可能会引起刀具的快速崩刃。在切削力冲击过于频繁的情况下容易产生机械疲劳裂纹。

图 3.7 展示了崩损、断裂和积屑瘤引起的切削刃口磨损。切削刃崩损具有周

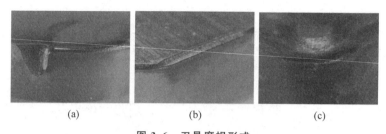

图 3.6　刀具磨损形式

（a）缺口磨损；（b）热龟裂；（c）机械疲劳裂纹

期性,这是由断续加工引入的疲劳而造成的。断裂是刀具材料最为严重的失效形式,通常是由重载或者非常大的切削力造成的。积屑瘤通常会改变刀具的几何形状,从而导致切削力的显著增加。当积屑瘤脱落时,切削力会减小,从而产生了周期性的变载荷,最终导致切削刃的失效。

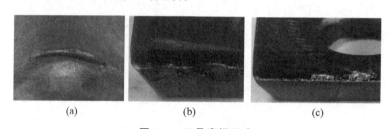

图 3.7　刀具磨损形式

（a）崩损；（b）断裂；（c）积屑瘤

3.3　铀合金的加工

Aris 发表的论文中综述了铀及铀合金的铣削、攻螺纹、钻孔,以及外圆车削、端面车削[2]。铀及铀合金具有良好的韧性和塑性,切削过程中容易形成积屑瘤,夹杂的碳化物也使得其容易发生磨料磨损。对于铀合金的正常切削加工,后刀面磨损是主要的磨损形式[2]。切削刃则通常是机械磨损的,而不是崩损或者缺口磨损。一般情况下,最适合外圆车削、端面车削铀合金和纯铀的是未涂层的碳化钽含量高的硬质合金刀具[2],其组分如下：

（1）74％WC-20％TaC-6％Co；

（2）50％TaC-44％WC-6％Co。

刀具具有 5°~12°的正前角。对于较硬的铀合金,碳化钨硬质合金刀具的效果更好,其主要磨损形式是磨料磨损,而不是刀尖的热失效。在过去,切削加工中涂层刀具的失效主要是由涂层产生裂纹及其过量的磨损造成的。在纯铀的切削加工中,碳化钽含量高的硬质合金刀具具有优异的作用效果,因其刀尖位置可以承受高温。但是,更高含量的碳化钽会减小刀具的硬度,从而引起切削刃口的磨损。外圆车削、端面车削加工铀合金的典型工艺参数如表 3.1 所示[2]。

表 3.1　车削加工铀合金的典型工艺参数[2]

	粗　加　工	精　加　工
背吃刀量/mm	1.27～2.54	0.0025～0.12
切削速度/(m·min^{-1})	30～107	122
进给量/(mm·r^{-1})	0.15～0.2	0.05～0.1

有关亚稳态 $Ti_{1-x}Al_xN$ 涂层的沉积以及微结构性能的最初研究可以追溯到十年前[3-6]。TiN 涂层在干切削和铣削中的应用逐渐增加,这是由于其增强了刀具的高温抗氧化性能。TiN 在约 600℃ 时会迅速氧化并形成金红石结构 TiO_2,其比 TiN 具有更大的摩尔体积,从而导致不连续的碎裂。相比之下,McIntyre 等[7]证明 $Ti_{0.5}Al_{0.5}N$ 在氧气中退火会形成两层稳定的氧化层,上层含 Al 多一些,下层含 Ti 多一些,并且都没有 N。惰性标记试验结果表明,在 $Ti_{0.5}Al_{0.5}N$ 的氧化过程中,Al 会向氧/大气界面外扩散,O 会向氧/氮界面内扩散,两者是同时发生的。

进一步提升刀具高温性能的可行性方法是添加适量的具有更好耐高温氧化性能的合金元素[8]。本节中,我们介绍了利用阴极弧/非平衡磁控溅射沉积方法(CA/UBM)制备的 $Ti_{1-x-y-z}Al_xCr_yY_zN$ 涂层的微结构和抗氧化性能[9,10]。本节也介绍了在干切削加工铀合金过程中利用涂层刀具有助于提升刀具的使用寿命,而且 Y 掺杂涂层比 TiN 和 TiAlN 涂层具有更优的切削寿命。

3.3.1　实验过程

1. 切削刀具涂层的沉积

所有涂层均是在 Hauzer Techno Coating Europe B. V. HTC 1000-4 组合的 CA/UBM 系统上完成的[9]。生长腔室具有 4 个 60cm×19cm×1.2cm 的垂直固定靶(2 个相互作用对,分别距离 100cm),均可以在 CA 模式或者 UBM 模式下工作。系统的真空度优于 10^{-5}mbar($7×10^{-6}$Torr)。3 个辐射加热器组利用附着在基底表面的 2 个铬镍-铝镍热电偶,可以实现生长温度(450℃)的独立闭环控制。本节使用的靶(纯度优于 99.8%)如下：①1 个热等静压 Cr 平板；②2 个铸造 $Ti_{0.5}Al_{0.5}$ 平板；③1 个锻造 $Ti_{0.48}Al_{0.48}Y_{0.04}$ 平板。在 N_2(99.999%)和 Ar(99.999%)的混合气体放电条件下进行溅射,Ar 的流量为 200sccm 并保持恒定,实时调节 N_2 的流量以确保总压力保持在 $3.4×10^{-3}$mbar(2.5mTorr)。

本试验中使用的刀具是细晶共键合碳化钨硬质合金刀具,其表面抛光到表面粗糙度为 Ra=10nm,采用如 Petrov 等工作中描述的方法进行清洗,并安装到有三轴行星转台的基底支架上[10]。靶到基底的平均距离为 25cm。在沉积之前,基底在 1.2kV 的 Cr 引导弧作用下金属离子刻蚀 20min,压力 6×10^{-4} mbar(0.45mTorr)。Cr 作为离子刻蚀剂可以抑制基底上的液滴沉积[11]。利用 UBM 方法沉积得到 0.2μm 厚的 $Ti_{1-x-y}Al_xCr_yN$ 基础层,施加到 2 个 $Ti_{0.5}Al_{0.5}$ 靶的功率是 P_{TiAl}=8kW,施加到 Cr 靶的功率是 P_{Cr}=0.5kW,施加到 TiAlY 靶的功率是 P_{TiAlN}=0。制备 3μm 厚的 $Ti_{1-x-y-z}Al_xCr_yY_zN$ 涂层时,施加到 $Ti_{0.48}Al_{0.48}Y_{0.04}$ 靶的功率为 8kW。$Ti_{1-x-y-z}Al_xCr_yY_zN$ 涂层的性能,与同样工况下沉积相同厚度 $Ti_{1-x-y}Al_xCr_yN$ 涂层以及利用 3 个 $Ti_{0.5}Al_{0.5}$ 靶在 P_{TiAl}=8kW 工况下沉积 $Ti_{1-x}Al_xN$ 层(P_{Cr}=0)的性能进行了比较。在所有的工况下,涂层生长时的基底偏压保持在 −75V。

利用扫描电子显微镜(SEM)扫描了新鲜沉积和退火样品的表面形貌,利用 X 射线衍射(XRD)和横截面透射电子显微镜(XTEM)表征了涂层、涂层-基底界面的微结构和相成分。XTEM 样品是通过机械减薄和离子研磨制备得到的,这如 Petrov 等在文献中的描述[10]。利用 2MeV 氦卢瑟福背散射光谱仪(RBS)和 16keV 的 Ga^+ 初级束流次级中性质谱分析仪(SNMS),测量得到面积平均元素深度剖面图。对配备有场发射源和操作电压为 100kV 的真空发射器 HB5 的扫描透射电子显微镜(STEM)中的 XTEM 样品进行能量色散 X 射线(EDX)分析,可以得到局部成分剖面图。在 STEM 分析过程中,样品被聚焦为直径 1nm 的固定电子束穿过,并在离源角为 40°的位置收集 X 射线谱。利用 MAGIC-V 计算机对原子序数进行修正[12]。大气中的氧化速率利用热重分析仪(TGA)测量得到,实验中保持恒温(800~950℃,5h)和线性温升控制(400~1000℃,温升速率为 1℃/min)。努式硬度值是在 25g 载荷下测量得到的。

2. 加工实验

利用切削加工试验来研究新研发钛基涂层刀具的使用寿命。利用 Taylor 刀具寿命公式来评估试验中未涂层和涂层刀具加工性能,Taylor 刀具寿命公式如下所示:

$$V \cdot T^n = C \tag{3.1}$$

式中,V 是切削速度(单位为 m·min^{-1});T 是刀具寿命(单位为 min);n 是与加工条件和刀具、工件材料成分相关的指数;C 为常数。对于刀具寿命公式,金属样品在特定切削速度下加工,后刀面磨损量达到 0.3mm 所需要的时间就是刀具使用寿命。对于本节的铀合金,采用数控车床来改变切削速度。利用 Emco Maier 数控车床来加工铀合金棒料,棒料直径为 1 英寸,表面粗糙度约为 25μm。切削加工中采用的参数是表 3.1 中粗加工切削参数。最大切削深度为 2.54mm,这样可以产生厚的切屑。利用托盘对切屑进行收集并且在托盘中加入了水冷却液,可以有效避免切屑掉入托盘后发生自燃。这样的干式加工可以用来确认或者否定涂层刀具的有效性。未涂层刀具的组成为94%的碳化钨硬质合金和6%的钴黏结剂。涂层刀具表面具有1000层超晶格涂层且涂层厚度为$3\mu m$。切削加工的合金是含Ti量为0.75%的中铀合金,通常用于反装甲武器中。实验中的最大进给量为$0.2mm \cdot r^{-1}$。刀具为新鲜制备的并且未使用过的锋利刀具。刀具涂层是在Sheffield Hallam大学材料研究所的Bodycote-SHU工厂中制备得到。实验中的初始切削速度为$30m \cdot min^{-1}$。刀具寿命的评估是指刀具后刀面磨损量达到0.3mm的时间。实验中的最大切削速度为$70m \cdot min^{-1}$。

3.3.2 实验结果与讨论

1. 沉积层的微结构、成分和性能

RBS和STEM-EDX的元素分析结果表明,$Ti_{1-x}Al_xN$、$Ti_{1-x-y}Al_xCr_yN$和$Ti_{1-x-y-z}Al_xCr_yY_zN$的组成分别为$Ti_{0.46}Al_{0.54}N$、$Ti_{0.44}Al_{0.53}Cr_{0.03}N$和$Ti_{0.43}Al_{0.52}Cr_{0.03}Y_{0.02}N$(N/金属比为$1\pm0.03$)。XRD中$\theta$-$2\theta$扫描结果表明,$Ti_{0.44}Al_{0.53}Cr_{0.03}N$和$Ti_{0.43}Al_{0.52}Cr_{0.03}Y_{0.02}N$涂层是B1-NaCl中的单相结构,晶格常数$a_0$分别为0.4170nm和0.4220nm。整体峰值强度比较结果表明,$Ti_{0.44}Al_{0.53}Cr_{0.03}N$合金具有很强的(111)取向,并且$I_{111}/I_{\Sigma}=0.84$,但是,2%摩尔含量的YN表现为(200)取向,且$I_{200}/I_{\Sigma}=0.67$。比较起来,随机取向TiN的(111)和(200)强度比分别为0.28和0.37[13]。峰宽会随着YN的添加而显著增加。例如,$Ti_{0.43}Al_{0.52}Cr_{0.03}Y_{0.02}N$(111)峰的半峰全宽是$Ti_{0.44}Al_{0.53}Cr_{0.03}N$的5倍(1°:0.2°)。通过下面的XTEM分析,这主要是由于Y对晶粒细化有强烈的影响。

图3.8(a),(b)展示了不锈钢基底上$Ti_{0.44}Al_{0.53}Cr_{0.03}N$和$Ti_{0.43}Al_{0.52}Cr_{0.03}Y_{0.02}N$涂层的亮场XTEM图和选区电子衍射图(SAED)。涂层-基底界面的分析结果表明,基底晶粒有局部外延,并在厚度超过$100\sim150nm$时,发展为有竞争性的柱状生长结构。类似的界面微结构的形成在Petrov的文献中有详细描述,其在不锈钢基底上沉积$Ti_{1-x-y}Al_xNb_yN$合金并用$Ti_{0.5}Al_{0.5}$进行CA离子刻蚀[10]。在$Ti_{0.44}Al_{0.53}Cr_{0.03}N$涂层中,每个柱状结构都是典型的单晶,在外延柱状长度上有明显的XTEM衬度。涂层中间聚焦$0.5\mu m$直径孔的SAED图,如图3.8(a)所示,和B1-NaCl结构一样,具有相对大晶粒尺寸的环装斑点。

在基础层上的$Ti_{0.43}Al_{0.52}Cr_{0.03}Y_{0.02}N$样品有一个向着具有等轴晶的不明显柱状结构生长的转变。添加的YN通过连续的再成核使得每个柱状结构上的局部外延而发生破裂。类似的微结构可以在TiN涂层经过大量离子辐照损伤再成核以及在$Ti_{1-x}Al_xN$亚稳合金生长的过程中沉淀纤锌矿-AlN相中观察得到[14,15]。

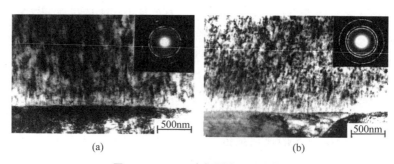

图 3.8　XTEM 亮场图和 SAED 图

不锈钢基底上(a) $Ti_{0.44}Al_{0.53}Cr_{0.03}N$ 涂层；(b) $Ti_{0.43}Al_{0.52}Cr_{0.03}Y_{0.02}N$ 涂层

在目前的实验中,沉积过程中的再成核现象归结于 Y 表面的偏析。和细晶尺寸一样,图 3.8(b)中的 SAED 图展示了具有相近均匀强度的连续宽环。

$Ti_{0.46}Al_{0.54}N$、$Ti_{0.44}Al_{0.53}Cr_{0.03}N$ 涂层的努式硬度为 $HK_{0.025} = 2400kg \cdot mm^{-2}$,和文献中 $Ti_{0.5}Al_{0.5}N$ 的值保持一致[6]。添加的 YN 使得努式硬度增加到 $HK_{0.025} = 2700kg \cdot mm^{-2}$。利用针式轮廓仪测得,所有涂层的表面粗糙度 Ra 为 $0.038 \sim 0.040 \mu m$。VDI Rockwell-C 压痕黏附测量结果证明其具有优异的黏附特性[16,17]。

2. 涂层的氧化行为

图 3.9(a),(b)展示了 TiN、$Ti_{0.46}Al_{0.54}N$、$Ti_{0.44}Al_{0.53}Cr_{0.03}N$ 和 $Ti_{0.43}Al_{0.52}Cr_{0.03}Y_{0.02}N$ 涂层 TGA 氧化速率测量结果。在温升速率为 $1℃/min$ 的情况下,TiN、$Ti_{0.46}Al_{0.54}N$、$Ti_{0.44}Al_{0.53}Cr_{0.03}N$ 和 $Ti_{0.43}Al_{0.52}Cr_{0.03}Y_{0.02}N$ 涂层的快速氧化点分别为 $T_{ox} \approx 600℃,870℃,920℃,950℃$,如图 3.9(a)所示。900℃下的等温测量结果表明,合金化会显著增强其抗氧化性能,如图 3.9(b)所示。实验结果不仅证明了 $Ti_{1-x}Al_xN$ 比 TiN 有更优的抗氧化性能,也表明 $Ti_{1-x}Al_xN$ 中额外添加的少量 CrN 和 YN 会进一步提升其抗氧化性能。通过结合 SNMS、SEM、XTEM 和 STEM-EDX 分析来研究氧化反应过程。

图 3.10(a),(b)是 $Ti_{0.44}Al_{0.53}Cr_{0.03}N$ 和 $Ti_{0.43}Al_{0.52}Cr_{0.03}Y_{0.02}N$ 合金在 900℃退火 1h 后的 SNMS 轮廓。为了展示的清晰性,只列出主要信号(N、O、Ti、Al 和 Fe)。两个样品都显示出两层氧化区域,富 Ti 层接着富 Al 层,和文献中 $Ti_{0.5}Al_{0.5}N$ 氧化的初始状态一致[7]。

图 3.10 表明,添加了 YN 的双氧化层厚度从 $0.8\mu m$ 减小到 $0.6\mu m$。在 $Ti_{0.44}Al_{0.53}Cr_{0.03}N$ 涂层例子中,Fe 基底轮廓在贯穿整个氮化膜时明显变宽,并在自由表面聚集。相反的是,在 $Ti_{0.43}Al_{0.52}Cr_{0.03}Y_{0.02}N$ 涂层中没有检测到 Fe。图 3.11 是 $Ti_{0.44}Al_{0.53}Cr_{0.03}N$ 涂层在大气中更高温度 950℃下退火 1h 的 SEM 和 XTEM 图。图 3.11(a)中 XTEM 样品的大尺度 SEM 图表明,基底发生了大量氧

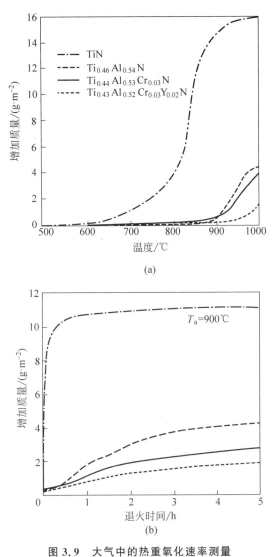

图 3.9　大气中的热重氧化速率测量

(a) 线性温升为 1℃/min；(b) 900℃下等温退火

化并伴随着形成微米量级的空穴。图 3.11(a) 中的下层 1 标记的界面附近的薄膜区域的更高分辨率 XTEM 图如图 3.11(b) 所示，其具有类似沉积氮化层的柱状结构。SAED 图表明该区域在退火后仍然保持着 NaCl 晶体结构。下层 2 的更深对比如图 3.11(c) 所示，包含了部分氧化的柱状氮化物晶粒。由于阳离子的外扩散作用，柱状边界受到刻蚀并出现缺口。在区域 2 以上，几个氧化层(下层 3~6)朝着自由表面有着明显的晶粒尺寸增大。图 3.12 是图 3.11 中样品的典型 STEM-EDX

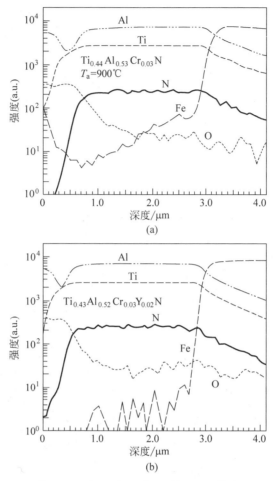

图 3.10　在 900℃ 退火 1h 的 SNMS 轮廓

(a) $Ti_{0.44}Al_{0.53}Cr_{0.03}N$；(b) $Ti_{0.43}Al_{0.52}Cr_{0.03}Y_{0.02}N$

成分深度轮廓图，其可以揭示复杂成分的分布顺序。基于 XTEM、SAED 和 STEM 的结果，以及之前深入研究过的 $Ti_{0.5}Al_{0.5}N$ 氧化过程[7]，图 3.12 中的轮廓可以解释如下：上面 3 个子层相当于 $Ti_{0.5}Al_{0.5}N$ 在 $T_{ox} > 900℃$ 下长时间退火的氧化结果[7]。在初始形成富 Al/富 Ti 双氧化层上经过大量的 Ti 外扩散产生了金红石结构的大柱槽 TiO_2 晶体(图 3.11(a)，(d))。初始的连续细晶粒双氧化层通过再结晶化而变得粗糙且多孔，如图 3.11 所示。因此，该阶段下的氧可以快速进入 STEM-EDX 轮廓中第二富 Al/富 Ti 双氧化层区域。第二阶段氧化的新型特征是第二富 Ti 氧化子层的下界面有约 15at% 的 Cr 聚集和上界面有约 25at% 的 Cr 聚集。这也能够证明基底退火过程中的外扩散作用。事实上，基底靠近涂层-基底界面处的 Cr 含量从初始的约 18at% 显著减小到低于 10at%。Cr 的外扩散与基底内部形成空穴密切相关。钢中 Cr 和 Fe 的损失是基底靠近界面处形成空穴的主要原因(图 3.11(a))。也对相同退火工况下的 $Ti_{0.43}Al_{0.52}Cr_{0.03}Y_{0.02}N$ 涂层进行了类似的分析。图 3.13(a)中的 SEM 图表明,与 $Ti_{0.44}Al_{0.53}Cr_{0.03}N$ 相比,其在少量氧化情况下仍然保持紧实。退火样品界面(图 3.13(b))和上层区域(图 3.13(c))的 XTEM 图表明,涂层-基底界面仍然是不平整的,$Ti_{0.43}Al_{0.52}Cr_{0.03}Y_{0.02}N$ 微结构并不受退火的影响。基底和涂层的 SAED 图与刚沉积的涂层基本一致。图 3.13(d)中的 XTEM 图表明,氧化层的微结构是紧实且厚度为 $100\sim150nm$ 的部分结晶氧化覆盖层和较紧实、粗糙(晶粒尺寸约为 100nm)的多晶下层。$Ti_{0.43}Al_{0.52}Cr_{0.03}Y_{0.02}N$ 涂层的氧化层厚度约为 $0.4\mu m$,而 $Ti_{0.44}Al_{0.53}Cr_{0.03}N$ 在 950℃ 退火 1h 的氧化厚度超过了 $3\mu m$。大部分氧化层在 XTEM 制样过程中会发生剥落,其只在图 3.13(a)中的右上角可见。

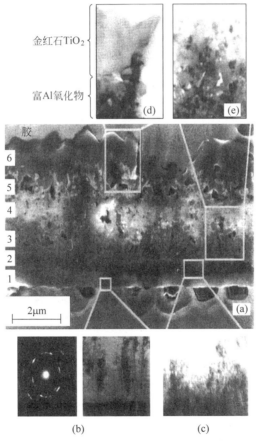

图 3.11　$Ti_{0.44}Al_{0.53}Cr_{0.03}N$ 涂层在 950℃ 下退火 1h 的 SEM 和 XTEM 图

(a) XTEM 样品的大范围 SEM 图；(b)～(d) 1 层以下标示区域的高分辨率 XTEM 图、SAED 图

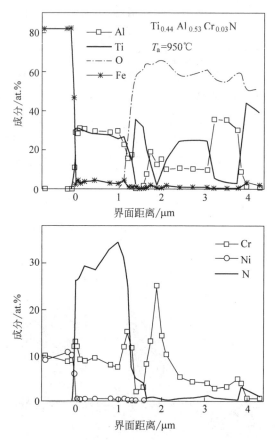

图 3.12　图 3.11 中横截面样品的 STEM-EDX 成分深度轮廓图

图 3.14 是图 3.13 中 $Ti_{0.43}Al_{0.52}Cr_{0.03}Y_{0.02}N$ 涂层-基底界面和氧化区域横截面样品的典型 STEM-EDX 成分深度轮廓图。沉积涂层的界面宽度(Fe、Al 和 Ti 信号从饱和值的 15% 变化到 85% 的距离),与沉积样品一致,约为 15nm。

$Ti_{0.43}Al_{0.52}Cr_{0.03}Y_{0.02}N$ 涂层-基底界面基础层中 Cr 和 Fe 的浓度分别约为 12at.% 和 5at.%,并且在厚涂层中有明显的下降。氧化区域的剖面也表明在富 Ti 氧化层的两边都有 CrO_x 聚集的富 Al/富 Ti 双层。在这种情况下,氧化双层更薄,Cr 的浓度也显著减小($<$10at.%)。YO_x 在富 Ti 和富 Al 氧化子层界面处聚集,而不是在更低的富 Ti 氧化物-氮化物界面处。退火 $Ti_{0.43}Al_{0.52}Cr_{0.03}Y_{0.02}N$ 涂层晶界的 STEM-EDX 成分轮廓表明,Y 有明显的偏析。例如,如图 3.13(c) 中 A-A 路线标示,边界处 Y 元素的轮廓分布增加了 2 倍,涂层晶界处大量 Y 和 YO_x 的出现对于减少涂层氧化速率具有重要的影响,原因是其抑制了阳离子外扩散和 O 的内扩散。

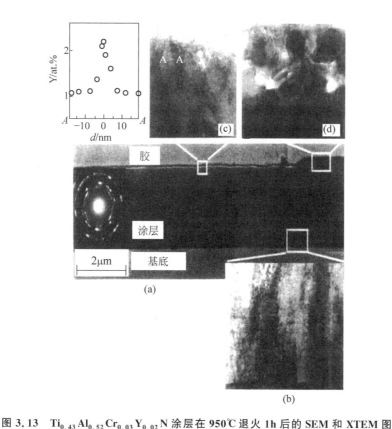

图 3.13　Ti$_{0.43}$Al$_{0.52}$Cr$_{0.03}$Y$_{0.02}$N 涂层在 950℃ 退火 1h 后的 SEM 和 XTEM 图

(a) XTEM 样品的大范围 SEM 图；(b)～(d) 标示区域的高分辨率 XTEM 图,SAED 图对应了氮化层；插图(c)中沿着 A-A 线的 STEM-EDX 轮廓展示了 Y 的分布

3. 切削刀具寿命和磨损行为

通过测量加工使用后刀具的后刀面磨损量作为刀具寿命的判定,比较未涂层刀具和涂层刀具的使用寿命,不同切削速度的切削工况如 3.3 节中所述。刀具寿命实验结果如表 3.2 所示。在 3.3 节中的切削工况下,观察发现刀具的主要磨损形式为后刀面磨损。通过以上数据可以得到每种刀具在实验参数下的 Taylor 刀具寿命公式,如下所示。

(1) 未涂层刀具(WC-Co)：$V \cdot T^{0.28} = 30$；

(2) TiN 涂层刀具(WC-Co)：$V \cdot T^{0.30} = 34$；

(3) Ti$_{0.46}$Al$_{0.54}$N 涂层刀具(WC-Co)：$V \cdot T^{0.35} = 38$；

(4) Ti$_{0.44}$Al$_{0.53}$Cr$_{0.03}$N 涂层刀具(WC-Co)：$V \cdot T^{0.37} = 42$；

(5) Ti$_{0.43}$Al$_{0.52}$Cr$_{0.03}$Y$_{0.02}$N 涂层刀具(WC-Co)：$V \cdot T^{0.39} = 51$。

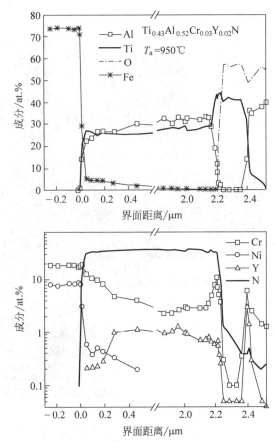

图 3.14 图 3.13 中界面和氧化区域横截面样品的 STEM-EDX 成分深度轮廓图

表 3.2　切削实验中刀具寿命

切 削 刀 具	主轴转速/(m·min^{-1})	寿　　命
未涂层刀具(WC-Co)	30	1min
	50	9s
	70	3s
TiN 涂层刀具(WC-Co)	30	1.5min
	50	16.5s
	70	5s
Ti$_{0.46}$Al$_{0.54}$N 涂层刀具(WC-Co)	30	2min
	50	27s
	70	10.5s
Ti$_{0.44}$Al$_{0.53}$Cr$_{0.03}$N 涂层刀具(WC-Co)	30	2.5min
	50	37s
	70	15s

续表

切 削 刀 具	主轴转速/$(m \cdot min^{-1})$	寿　　命
$Ti_{0.43}Al_{0.52}Cr_{0.03}Y_{0.02}N$ 涂层刀具（WC-Co）	30	3.9min
	50	63s
	70	27s

当前的实验结果表明,涂层中通过添加少量的 Cr 和 Y 元素,刀具寿命会显著增加。该作用与 3.3.2 节中的利用不同浓度 Cr 和 Y 元素进行涂层的氧化行为是一致的。和其他材料相比,刀具寿命公式表明,加工铀合金的刀具寿命比加工常用工程钢的低很多,原因是工程钢具有良好加工性能的微结构。铀合金的加工性能和奥氏体不锈钢相似,在相对高的切削速度下具有很低的刀具寿命。铀的难加工性能是由于铀材料的塑性会受到温度影响以及它的加工硬化现象导致的。铀的加工特性和含 Mn 量为 13wt.％的奥氏体钢相似[18]。实验结果表明,铀加工中刀具磨损形式表现为后刀面的逐渐磨损。

但是,值得注意的是,上述的切削刀具寿命实验公式是在粗加工状态下完成的,其对于精加工中的刀具寿命评估并不适用。

3.4　结论

$Ti_{1-x}Al_xN$ 合金中加入 3mol％的 CrN,对涂层的硬度和微结构没有明显影响。$Ti_{1-x}Al_xN$ 合金保持柱状结构,单柱结构包含了比垂直距离更大的单晶。加入 2mol％的 YN,使得涂层硬度增加,$HK_{0.025} \approx 300kg \cdot mm^{-2}$,涂层生长中 Y 的偏析促进了连续的再成核,导致晶粒的细化和更平衡的等轴晶结构。

大气下的热重分析结果表明,TiN 的快速氧化温度起点约为 600℃,$Ti_{0.43}Al_{0.52}Cr_{0.03}Y_{0.02}N$ 则增加至 950℃,$Ti_{0.46}Al_{0.54}N$ 则增加至 870℃,$Ti_{0.44}Al_{0.53}Cr_{0.03}N$ 则增加至 920℃。三种合金的初始氧化反应过程相似,均形成了富 Al 表面氧化物和富 Ti 亚层氧化物。钢基底上 $Ti_{0.44}Al_{0.53}Cr_{0.03}N$ 涂层在950℃退火 1h,会导致阳离子外扩散的大量氧化,在涂层-基底界面处形成空穴和低密度的柱状边界。在涂层-基底界面处靠近基底侧也发现存在空穴,这是由于 Cr 和 Fe 的迅速外扩散,而 Cr 的迅速外扩散中遭遇氧化涂层里富 Ti 层的阻止并在临近晶界处聚集。作为有力的对比,仅添加 2mol％ YN 而形成的 $Ti_{0.43}Al_{0.52}Cr_{0.03}Y_{0.02}N$,将氧化层厚度从大于 $3\mu m$ 减小至约 $0.4\mu m$,原因是其显著抑制了基底的外扩散。退火后的 STEM-EDX 轮廓图表明,Y 在氮化物晶界处偏析,这可以解释 $Ti_{0.43}Al_{0.52}Cr_{0.03}Y_{0.02}N$ 合金增强的抗高温氧化性能,因为 Y 和 YO_x 可以有效抑制阳离子向自由表面的扩散和氧元素向涂层的渗透。

涂层刀具的切削加工性能有利于延长其加工铀合金材料时的切削使用寿命。Ti 基涂层刀具的性能可以通过超晶格涂层来进一步增强,其可以确保在加工铀合金时热疲劳裂纹不会影响刀具的正常切削加工。涂层刀具的应用与加工奥氏体不锈钢具有类似的刀具寿命。尽管如此,精加工过程中的刀具寿命研究还需要进一步地开展实验来进行验证。

致谢

作者感谢施普林格出版社允许复制本文(许可编号:2922220397554,2012 年6 月4 日):M. J. Jackson 和 G. M. Robinson,使用涂层刀具切削加工贫化铀,材料工程与性能,15,2006,161-171,已经更新以反映贫化铀及其合金的切削加工进展。版权由施普林格出版社保留,并发表"施普林格科学+商业授权:M. J. Jackson 和 G. M. Robinson,使用涂层刀具切削加工贫化铀,材料工程与性能,15,2006,161-171,任何与材料一起展示的原始(第一)版权声明。"

参考文献

[1] Metal Cutting Technology-Technical Guide, published by Sandvik Coromant, Section A (Turning),A1-A153,Sweden,2010.

[2] Aris J. Metals handbook-machining[M]. Aris J(ed) Machining of uranium and uranium alloys,vol 16,9th edn. ASM International,Materials Park,OH,pp 874-878,ISBN0-87170-007-7,1989.

[3] Knotek O,Böhmer M,Leyendecker T. Structure and properties of Ti and Al hard compound films[J]. J Vac Sci Technol A 4:2695-2710,1986.

[4] Jehn H,Hofmann S,Rückborn V-E,et al. Morphology and properties of sputter (Ti,Al) N layers on high-speed steel as a function of deposition temperature and sputtering atmosphere[J]. J Vac Sci Technol A 4:2701-2705,1986.

[5] Münz W-D. TiAlN films:an alternative to TiN coatings[J]. J Vac Sci Technol A 4:2717-2725,1986.

[6] Håkansson G,Sundgren J-E,McIntyre D,et al. Microstructure and physical properties of polycrystalline metastable $Ti_{0.5}Al_{0.5}N$ alloys grown by d. c. magnetron sputter deposition[J]. Thin Solid Films 153:55-62,1987.

[7] McIntyre D,Greene JE,Håkansson G, et al. Oxidation of metastable single phase polycrystalline $Ti_{0.5}Al_{0.5}N$ Films[J]. J Appl Phys 67:1542-1553,1990.

[8] Münz W-D. Oxidation resistance of hard wear resistant $Ti_{0.5}Al_{0.5}N$ coatings grown by magnetron sputtering deposition[J]. Werkstoffe Korros 41:753-754,1990.

[9] Münz W-D,Schulze D,Hauzer FJM. A new method for hard coatings-arc bond sputtering[J].

Surf Coat Technol 50：169-178，1992.

[10] Petrov I，Losbichler P，Bergstrom D，et al. Large scale fabrication of hard superlattice films by combined stress arc evaporated unbalanced magnetron sputtering[J]. Thin Solid Films 302：179-192，1997.

[11] Münz W-D，Smith IJ，Lewis DB，et al. Droplet formation on steel substrates during cathodic arc steered metal ion etching[J]. Vacuum 48：473-481，1997.

[12] Colby JW. Quantex-ray instruction manual[M]. Kevex，Foster City，CA，1980.

[13] JCPDS International Center for Powder Diffraction Data. Powder diffraction file for tin [6-642]. Swarthmore，PA，1989.

[14] Petrov I，Hultman L，Helmersson U，et al. A newly developed ion implanter for industrial applications[J]. Thin Solid Films 169：299，1989.

[15] Adibi F，Petrov I，Hultman L，et al. Low energy ion irradiation during growth of TiN. J Appl Phys 69：6437，1991.

[16] VDI-Richtlinien 3198. Beschichten von Werkzeugen der Kkaltmassivumformung. Beuth Verlag，Berlin，1992.

[17] Jackson MJ，Robinson GM. Machining depleted uranium using coated cutting tools[J]. J Mater Eng Perform 15：161-171，2006.

[18] Yemel'Yanov VS，Yesstyyukhin AI. The metallurgy of nuclear fuel-properties and principles of the technology of uranium[M]. Thorium and Plutonium，Pergamon Press，Oxford，1969.

参考书目

[1] Aris J. Metals handbook-machining[M]. Aris J（ed）Machining of uranium and uranium alloys，vol 16，9th edn. ASM International，Materials Park，OH，pp 874-878，ISBN0-87170-007-7，1989.

[2] Boland JF，Sandstrom DJ. Mechanical fabrication，heat treatment and machining of uranium alloys[M]. Publication LA-UR-74-113，Los Alamos Scientific Laboratory，Los Alamos，Mexico，On behalf of the US Atomic Energy Commission，Contract ♯ W-7405-Eng，36，1974.

[3] Conboy J，Shevchik P. DU chip recovery program-phase I：a machining study for the production of contaminant-free chips[M]. Report ♯ AD-A131 389/9，South Creek Industries，Inc.，July 1983.

[4] Denst A，Ross HV. How to machine uranium[M]. Am Machinist 99(16)：95-97，1955.

[5] Fuller JE，Lynch JK. Machining study of a uranium-4 wt. ％ niobium alloy[M]. Report ♯ RFP-1743，Rocky Flats Plant，Rockwell International，November 1971.

[6] Hurst JS，Read GM. Machining depleted uranium[M]. Publication Y-SC-39，Union Carbide Corporation，Nuclear Division，Y-12 Plant，Oak Ridge，Tennessee，April 24，1972.

[7] Latham-Brown CE，Porter F. Atmosphere assisted machining of depleted uranium（DU）penetrators[M]. Report ♯ AD-A182 138/8/XAB，US Army Armament Research，Development

and Engineering Center

［8］ Machining and Grinding of Ultra High Strength Steels and Stainless Steels［M］. AEC/ NASA Handbook SP-5084，for US Army Missile Command，Authored by Battelle's Columbus Laboratories，Battelle Memorial Institute，Columbus，OH.

［9］ Morris TO. Machining of uranium and uranium alloys［M］. Paper presented at the Uranium Technology Seminar，American Society of Metals，Gatlinburg，TN，1-31 May 1981.

［10］ Olofson CT，Meyer GE，Hoffmanner AL. Processing and applications of depleted uranium alloy products［M］. Report ＃ MCIC-76-28，pp. 60-83，Metals and Ceramics Information Center，Battelle Columbus Laboratory，Columbus，OH，September 1976.

［11］ Stephens WE. Uranium machining［M］. Technical Paper MR 67-222，American Society of Manufacturing Engineers，Dearborn，Michigan，May 1967.

［12］ Wright WJ. The machining of nuclear materials［M］. Production Engineer 46(11)：638-650，1967.

第4章

铀及铀合金的磨削

Mark J. Jackson, Micheal D. Whitfield, Grant M. Robinson, Rodney G. Handy, and Jonathan S. Morrell

摘　要　关于铀及其合金的磨削研究还不是很深入,现有的磨削工艺参数和砂轮结构与磨削性能之间的关系也已经过时。自 30 多年前最初的关于铀磨削的论文被发表以来,磨削技术,以及磨料、黏结系统的发展都非常迅速,以至于以前发表的数据都不是很可靠。因此,本章叙述了磨料颗粒技术的最新进展,并涵盖了由前期生成数据提出的建议,以及如何使用新型的磨料和黏结系统来改进这些数据。

关键词　铀,铀合金,磨削,磨料颗粒,砂轮

4.1　前言

4.1.1　碳化硅

碳化硅(SiC)是第一种人工合成的磨料颗粒,并引领了 20 世纪的制造业。1891 年,Edward G. Acheson 博士首次实现 SiC 的大规模合成,并将其命名为“金刚砂”,它最初被小批量生产,并作为磨削宝石的钻石粉的替代品进行出售,价格为 880 美元每磅(这是 1891 年的美元价格)[1]。随着工艺的不断优化,1938 年,其价格急剧下降至 0.10 美元每磅。现在(2013 年),其价格约为 0.80 美元每磅。这一工艺的核心是艾奇逊电阻加热炉,它是对 1885 年获得专利的考莱斯间歇式电炉的改造,其中的石英硅砂和石油焦炭是在 2400℃左右的温度下发生反应[2]。整个反应可以由碳热还原方程来描述:

$$SiO_2 + 3C \longrightarrow SiC + 3CO$$

这种电炉的生产工艺是通过在装有原料的水平床或槽上放置一个大的碳电阻棒并施加一个大电流来实现的。原料中还含有锯屑,可以增加孔隙度来帮助释放

CO 和盐,以便于去除铁杂质。整个过程大约需要 36h 到 10d 的时间,通常能产出 10~50t 的产品。从 SiC 形成开始,因为没有发生熔化,所以其一直保持为固体状态(SiC 在 2700℃ 升华)。纯 SiC 是无色的。有两种等级的 SiC 应用于磨料颗粒——"绿色"和"黑色"。绿色 SiC 是由沙子和焦炭的原始混合物制成的,它的纯度更高;黑色 SiC 是由回收原料来生产的,包括以前的加热炉循环中的非晶 SiC;黑的颜色来自于铁杂质。绿色和黑色的 SiC 产品也可以通过与碳棒的距离来进行分类,即使是使用回收原料,更靠近电极的位置仍然会生成绿色 SiC。

　　艾奇逊法在这几十年来基本上都没有改变。因此,制造厂选址的主要动力是廉价、可容易获得的电力,最常见的是水力发电。最初的艾奇逊炉是由尼亚加拉瀑布的发电站来驱动的,但是北美的生产现在受到运营成本的严重挑战;目前,全球的 SiC 制造业由中国主导,其占据了近一半的市场。其他具有较高磨料颗粒产量的国家包括巴西、俄罗斯和越南。最近,捷克、西班牙和不丹的产量也已经跟上来了,但是大部分的产品是用于其他应用而不是磨料。SiC 在坦克装甲和防弹衣、窑具的耐热体、高温电子设备、航空发动机部件以及电子领域线锯等方面的应用前景,引发了人们对其制造工艺和材料性能的研究。SiC 是常规磨料中最硬的,室温下的努氏硬度为 $2500\mathrm{kg} \cdot \mathrm{mm}^{-2}$,表面努氏显微硬度为 $2900\sim3100\mathrm{kg} \cdot \mathrm{mm}^{-2}$。显微硬度会随着温度的升高而降低,如图 4.1 所示[3,4]。

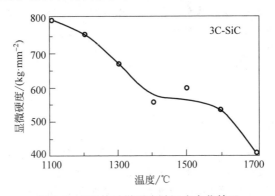

图 4.1　SiC 的显微硬度随温度变化情况

　　绿色 SiC 是一种高纯度的 SiC 材料,通常含有大于 98.5％ 的 SiC。其晶体类型为 α 相 SiC,呈现出六边形层状结构。黑色 SiC 的纯度较低(95％~98％),由 α 相组成,既有六边形,也有菱形。绿色 SiC 稍硬一些,但也更易碎,其棱角也更大。因此,绿色 SiC 被用于磨削硬金属,如冷硬铸铁辊,钛,金属和陶瓷切削刀具材料。黑色 SiC 更多地被用于磨削软的有色金属和非金属,如橡胶、木材、陶瓷和玻璃。

　　这两种 SiC 都比熔融氧化铝颗粒更脆(图 4.2)。SiC 与铁具有反应性或溶解性,这使得它不能用于磨削铁质材料。在较高的温度下,它也容易发生氧化。SiC的热性能如图 4.3 所示[5]。SiC 的需求非常大,以至于磨料颗粒的价格在过去几年中急剧上涨,由于能源成本和非磨料应用需求的增加,预计这一趋势也将会持续。这也给磨料行业提出了一个重大挑战,即寻找可替代的磨削解决方案,如聚合氧化铝颗粒。

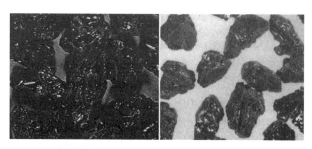

图 4.2　黑色和绿色 SiC 的示例

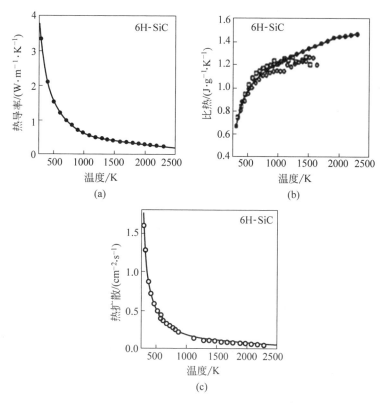

图 4.3　SiC 的热学性能,κ,C_p 和 $(\kappa C_p)^{1/2}$

4.1.2 熔融氧化铝

继艾奇逊法合成 SiC 之后,20 世纪初磨料技术的第二次重大创新是 1904 年诺顿(Norton)公司的 Aldus C. Higgins 发明了用于生产电熔氧化铝(或称"人造刚玉")的希金斯电弧炉[6]。在此之前,砂轮制造商使用的是以矿物金刚砂和刚玉形式存在的天然氧化铝,但其化学和机械性能的变化使得砂轮配方难以得到控制。目前金刚砂磨料的使用仅限于涂布纸。

天然铝土矿是所有熔融氧化铝颗粒的原料(图 4.4)。它的氧化铝含量高达 60%,主要以三水铝石($Al(OH)_3$)、勃姆石(γ-AlO(OH))和一水铝石(α-AlO(OH))的形式存在,并含有氧化铁针铁矿和赤铁矿、黏土矿物高岭石,以及少量锐钛矿和二氧化钛。澳大利亚是世界上最大的铝土矿产出国,几乎占世界产量的三分之一,其次是中国、巴西、几内亚和牙买加[7]。铝土矿、焦炭和铁是用于熔炼制造棕刚玉(BFA)的直接原料,这是一种含钛量高达 4% 的磨料系列。铝土矿还可以通过 1887 年由俄罗斯的 Karl Bayer 发明的拜耳法在熔炼前进行提纯。在这种情况下,铝土矿在压力容器中与氢氧化钠溶液加热到 150~200℃。铁渣(赤泥)经过滤分离后,通过冷却溶液和细晶氢氧化铝沉淀得到纯三水铝石。三水铝石经过煅烧转化为氧化铝。拜耳法几乎去除了原来铝土矿中所有的天然杂质,但在提纯后的煅烧氧化铝中留下了 0.1%~0.4% 的苏打(Na_2CO_3)。这是生产白刚玉(WFA)及其磨料系列的原料。拜耳法制造白刚玉相对于铝土矿法制造棕刚玉,其原料成本提高了约 5 倍。希金斯电弧炉由一个薄的钢或铝炉壳和一个重的金属炉床组成。外壳的外面有一堵水墙流过来充分冷却外壳,以保持外壳的完整性,内部与一层薄薄的氧化铝结合在一起,这是由于其具有极低的导热性。钢在过去是常用的外壳材料,因为它具有相对较高的熔点,但现在铝材料是首选,特别是在白刚玉的熔炼中,因为它可以防止生锈污染导致的变色。将原料倒入炉底,并在炉底放置碳启动棒。然后,2~3 个竖直的大碳棒被放下来接触原料并施加大电流。启动棒被迅速消耗掉,但产生的热量可以熔化铝土矿,使之成为电解液。在接下来的几小时里不断地添加原料,使熔体的总量增加到 20t。电流是通过调节电极的高度来进行控制的,这些电极最终也会在这个工艺过程中被消耗。棕刚玉熔化的反应条件是由于添加的焦炭与杂质中的氧发生反应生成一氧化碳,将二氧化硅还原为硅,将氧化铁还原为铁,并与新添加的铁结合,形成一个重的、高流动性的硅铁相。由于高温作用,二氧化硅也会以烟尘的形式损失掉。此外,钛的含量可以通过还原为硅铁合金中析出的钛来进行调整。一个典型的 30t 的熔化量可能需要大约 20h 来完全填充和熔化锅炉中的原料,对应的冷却时间可达 4 天并是定向的。熔体的绝缘外层在坩埚旁边淬火并高度微晶化。当热量从坩埚中心流出时,在径向上有一个大的晶状、树枝状生长区域向中心凝固。锅炉具有高的轮廓,纵横比约为 1∶1。杂质将集中形成在铸锭的中心和底部的液相中。冷却后,必须将铸锭打碎并进行手工分选,以去除主要的杂质。另外,铁和硅铁随后在破碎期间用磁力分离器进行去除。

由于仅有的碳来源于电弧和起动杆,所以一般不考虑减少白刚玉熔化的反应条件。最大的问题是,来自于拜耳法原料中的残余苏打会转化成 β-氧化铝钠,其在氧化铝中结晶成柔软的六边形层状结构。由于 β-氧化铝钠的熔点比氧化铝低,它将再次富集在铸锭最后凝固的那部分。希金斯炉从最初的 1～5t 的小容量设计,发展到今天的 40t,炉缸直径达 3.5m(12 英尺),电源功率高达 4MV·A(1V·A=1W)。生产 1t 棕刚玉需要 2.2MV·A 时,生产 1t 白刚玉需要 1.5MV·A 时。然而,随着产能和效率需求的不断增加,人们开始转向于使用更大的倾斜炉,其直径达 6m,可以将熔化的氧化铝倒入带有水冷炉的锅中。这些熔炉使用高达 10MV·A 或更大的电源,每 4h 可浇注 24t,同时还可以保持更为一致的重复批次的化学反应。与倾斜炉配合使用的浇注罐的设计对晶粒结构和化学成分有重大影响(图 4.5)。例如,将白刚玉熔体浇注到一个高轮廓的锅炉中,其冷却过程和产出类似于希金斯炉,即具有较大的氧化铝结晶尺寸和枝晶生长,分馏后的 β-氧化铝钠含量很低。

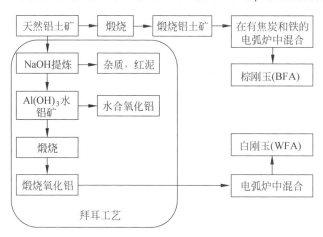

图 4.4　熔融氧化铝的加工路线

然而,当倒入一个冷炉床上具有低轮廓的锅炉中(纵横比≪1),其冷却速度更快,具有更精细的结晶氧化铝结构,β-氧化铝钠的含量分布更均匀。在深槽中冷却白刚玉铸锭时,由于温度梯度大,使得 α-氧化铝以枝晶习性结晶,其由沿着热梯度延伸的互生菱形组成。这种类型的晶体是由菱面体边缘比平面生长速度快得多而引起的(图 4.6)。由这种材料制成的磨料颗粒会沿着确定的平面以相对较大的碎片形式发生断裂,但是其会自行刃磨。

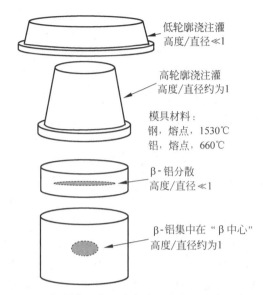

低轮廓浇注灌
高度/直径≪1

高轮廓浇注灌
高度/直径约为1

模具材料:
钢,熔点,1530℃
铝,熔点,660℃

β-铝分散
高度/直径≪1

β-铝集中在"β中心"
高度/直径约为1

图 4.5   浇注罐设计及对应的 β-氧化铝钠含量的分布

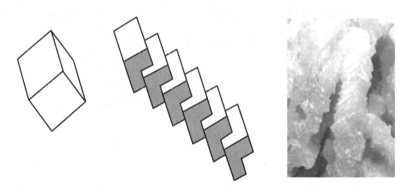

α-铝的斜方六面体晶体   含有堆垛菱面体的树状 α-铝晶体

图 4.6   白刚玉颗粒的结构特征

在低轮廓槽中结晶会表现出更少的定向生长结构,其晶粒尺寸更细,从而会导致颗粒断裂时产生的碎片更小;由于 β-氧化铝钠的污染程度较高,这种材料也会软 10% 左右。对于倾斜浇注炉中的棕刚玉熔体,每次都要倾泻大约 25% 的炉料,而大多数硅铁都聚集在底部,它可以在许多次定期倾泻中发生累积,直到它被"深度倾泻"转到一个有沙床的轨道车上。大型浇注炉生产其产品的质量和一致性往往会更好,因为采用常规的浸渍样品检测,其每吨的成本更低,特别是避免了钛的过度减少。浇注模倾向于低轮廓,所得晶粒为枝晶和细小等轴 α-氧化铝的混合物,同时伴随有硅铁夹杂物。有关晶粒熔炼和加热炉的进一步讨论,请查阅 Wolfe[8],

Lunghofer[9]和加拿大白色装备公司[10]的文章。"刚玉"的熔化开始于一百多年前的五大湖岸边,利用尼亚加拉瀑布的廉价水电来实现。现在,熔融氧化铝在很大程度上已经被更先进的陶瓷技术和制造技术所取代,但在北美只有3家工厂,仅占全球产能的5%。在过去的12年里,通过在铝土矿附近的集成制造和采用最大容量的倾斜浇注炉,中国的熔融氧化铝(尤其是白刚玉)产能已经增加到超过美国地质调查局(USGS)公布数据的60%[11,12]。东欧、印度、韩国和南美在世界市场上的地位也在不断提高。低成本的电力供应、熔炉容量、质量控制和原材料采购成本,应该是影响彼此相对竞争地位的主导性因素。

熔融氧化铝颗粒的性质既取决于熔化过程和化学成分,也与随后的粉碎过程有关。铸锭首先被劈开和筛选,然后在钢颚式巴马克和锤式破碎机中进行预粉碎。所有这些过程都是高冲击性的,并且会产生严重的碎裂,导致颗粒尖锐、有缺陷、各向异性,其形状一般像纱条。钢衬或橡胶衬球磨机的后续加工有通过磨圆颗粒边缘来减小颗粒尺寸的趋势。通过这种方式,可以在一定程度上控制其形状,使同一材质的形状或者是具有角度的或者是块状的。基于颗粒的可用性可以分为棕刚玉系列和白刚玉系列。

棕刚玉:用含有2%～4%的二氧化钛来增强其韧性。它仍然是砂轮上使用最为广泛的磨料,用于磨削高抗拉强度材料,粗磨、去毛刺和刮花,以及切削低合金、铁质材料,通常被视为行业的"主力"。棕刚玉是一种坚硬的、锋利的块状磨料。根据加工工艺的不同,颗粒通常有50%左右的单晶,根据其形状的堆积特性,可以表现出高、中、低密度。晶粒也可以在定型后进行煅烧,通过退火处理在破碎过程中产生裂纹来增加其韧性。这种材料有时被称为烧蓝的棕刚玉,因为颗粒由于杂质的表面氧化而改变了颜色。在特殊涂层中也可以得到应用,如硅烷(用于树脂黏结砂轮,以抑制冷却剂的相互作用)或红色氧化铁(用于树脂和橡胶黏结砂轮,来增加表面积)。

低钛("轻"或"半脆")棕刚玉:具有1%～2%含量的二氧化钛,应用于需要比白色氧化铝稍硬的磨料的黏合或涂层。钛含量的减少降低了磨料的韧性,但增加了脆性。低钛棕刚玉通常用于凹陷的中心轮、切割轮,以及需要冷却和快速切割的热敏性金属、合金等的表面和外圆磨削。可以像常规棕刚玉一样对低钛棕刚玉颗粒进行类似的后处理和表面处理。

白刚玉:这是标准的多晶结构,含有β-氧化铝钠杂质,是熔融氧化铝系列中最易碎的颗粒。它比棕刚玉要硬得多。最常见的应用包括磨削刀具、高速钢和不锈钢(图4.7)。

单晶白刚玉:它是在深浇注熔炉中产生的单晶颗粒,不含有β-氧化铝钠杂质。这是氧化铝颗粒系列中最硬和最脆的,最常用于磨削刀具和对热非常敏感的高合金钢。

图 4.7 白色、粉红色和红色熔融氧化铝颗粒的示例

粉色氧化铝：它是白刚玉在熔化过程中加入了 $<0.5\%$ 的氧化铬产生的颗粒，比普通白刚玉略硬，常用于磨削非硬化高合金钢（图 4.7）。

红宝石色氧化铝：它是白刚玉中添加 3% 的氧化铬产生的颗粒，韧性超过粉色氧化铝（图 4.7）。

可以推断，按照以下的排列顺序，它们在韧性上有一定的增加，但硬度会有所下降：

单晶白刚玉→白刚玉→粉色白刚玉→红宝石色白刚玉→轻棕刚玉→棕刚玉→烧蓝的棕刚玉。

一般来说，砂轮制造商将混合各种类型和大小的颗粒，以便结合其各自的特性。除了铬，其他的金属氧化物添加剂也被研究过，包括钒和铍，但发现它们没有商业价值。

烧结氧化铝：它是 20 世纪 50 年代由未熔透氧化铝生产而成的一种颗粒。现存在几种基于原始铝土矿和拜耳法加工过的氧化铝的制备方法。最常见的是将原始铝土矿原料磨成 $<5\mu m$ 的颗粒；与黏合剂的混合物首先被挤出形成杆状，在绿色状态下被切割成短圆筒或锥形结构；然后用铝土矿中的天然杂质作为烧结剂，在 1350～1500℃ 的回转窑中进行焙烧（图 4.8）[13]。这种方法得到的颗粒非常坚硬，

图 4.8 烧结挤压的棕刚玉颗粒示例图

特别是在技术允许的情况下生产的尺寸相对较大的颗粒(8♯～20♯),并且该材料在坯料调质和其他粗磨操作中取得了巨大成功,直到氧化铝-氧化锆颗粒的出现。现在它仍被用作为氧化铝-氧化锆的混合组分,特别是在不锈钢的磨削中。

4.1.3 氧化铝-氧化锆

　　氧化锆是一种高温耐火材料,其韧性比氧化铝好,但是也更软。它的熔点也比氧化铝更高,如果以希金斯炉来进行熔炼,在控制方面的要求会更高。幸运的是,从制造的角度来看(而不是从磨削的角度来看),氧化锆的导热系数非常低(像氧化铝),这使得希金斯熔合方法仍然是可行的。然而,从氧化锆-氧化铝体系的液相曲线(图 4.9)[14]可以看出,这两种材料结合后,氧化锆含量保持在 65% 以下,其熔点与单独的氧化铝相当或者更低。这使得氧化铝-氧化锆复合熔化过程的控制相对容易,包括从倾斜炉中浇注。

　　至少从 20 世纪 50 年代中期开始,人们就对氧化锆作为一种潜在的

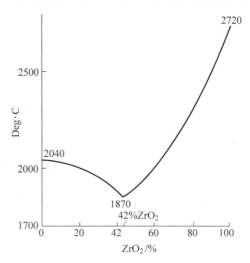

图 4.9　氧化锆-氧化铝体系的相图

磨料颗粒或颗粒成分的研究兴趣愈加明显,例如[15,16],部分原因是一种被称为斜锆石的纯度相对高的形式作为重金属开采的副产品而开始大量生产,特别是在俄罗斯、巴西和南非等国开采铀矿过程中。另一种更常见的氧化锆来源是在美国、澳大利亚和巴西发现锆英石砂(硅酸锆 $ZrSiO_4$)。可以通过将锆英石砂与焦炭、铁和石灰熔化而进行精炼,直到二氧化硅被还原并分离成密度更大、黏度相对较低的硅铁液体。通过在熔合物中加入拜耳法制备的氧化铝,就可以用类似的方法生产氧化铝-氧化锆。氧化锆具有一个有趣的性质,在一定的晶体尺寸并且受到约束的情况下,它是亚稳态的。纯氧化锆的晶粒尺寸上限为 0.1～0.3 μm。通过加入少量的碱性氧化物如 CaO、MgO,或稀土氧化物如 Y_2O_3、CeO_2,这一极限尺寸可以提高到微米范围。在没有约束的情况下,四方晶系转变为单斜晶系,其体积显著增加了约 6%。如果一个活跃断裂的裂纹与一个四方晶系相交,它就会释放约束,但在这个过程中,体积膨胀到单斜晶相,耗散了裂纹尖端的扩展能力。其结果是颗粒的 K_{IC} 断裂韧性增加了一个数量级。

　　氧化锆熔融颗粒比氧化铝熔融颗粒更有技术优势,特别是当非常粗的颗粒应

用于粗磨时,这在 20 世纪 60 年代中期得到认可,但其成本也高得令人望而却步,尽管氧化铝-氧化锆的共混物显示出了优势[17]。人们还认识到,由于细氧化锆晶体在氧化铝基体中均匀分散,氧化铝-氧化锆共晶具有很强的结构。然而,共晶中任何多余的氧化铝或氧化锆将增长到一个相当大尺寸的晶体,这取决于熔体中的冷却速度。因此,快速淬火被认为是加工路线的必要先决条件[18]。这需要比以前快了两个数量级的 $100\,^\circ\!C\cdot s^{-1}$ 的淬火速率。在 20 世纪 60 年代末和 70 年代,人们曾经多次尝试开发一种可行的工艺[19-27],包括使用各种惰性冷却介质或炉膛板,但是只有诺顿公司的 Scott[28,29] 开发的一种工艺被证明在商业和技术上都是行之有效的。其原始专利的工艺流程如图 4.10 所示。在电弧倾斜炉中,熔融的氧化铝-氧化锆被倒入几个相对较厚的石墨或铁散热器板下面的相对较薄的空间,然后在卸料站被分离的金属板排出。其结果是制备得到四方氧化锆含量高的具有精细结构的 α-氧化铝。氧化锆呈棒状(或片状),平均直径小于 $0.3\mu m$。固化的熔体由晶胞或晶群组成,宽度一般为 $40\mu m$ 或者更小。微结构取向相同的晶胞群会形成颗粒,通常包括 2~100 个或更多的晶胞或晶群[30]。图 4.11 是 TEM 显微照片,显示出了较大晶胞内细小的棒状氧化锆结构[31]。

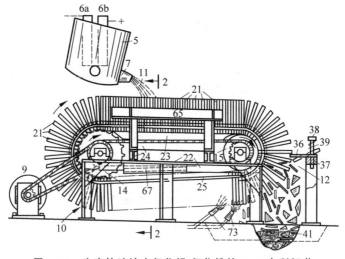

图 4.10　生产快速淬火氧化铝-氧化锆的 Scott 专利细节

凝固后,材料按照标准工艺被做成产品颗粒,包括破碎、碾磨和整形。根据加工能量的不同,尤其是最终颗粒尺寸的不同,加工过程会导致四方晶系向单斜晶相的转变。最小的颗粒将失去其四方晶系增韧的大部分,有利于这种类型的颗粒应用于粗粒度、粗加工操作。

绝大多数砂轮中使用的氧化铝-氧化锆颗粒里面含有 25% 的氧化锆;根据粉碎方法不同,以 ZF 或 ZS 刚玉的商品牌号进行销售;通过热压树脂黏结,常用于粗

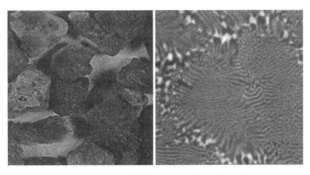

图 4.11　熔融氧化铝-氧化锆颗粒及其棒状氧化锆结构的 SEM 照片

钢、钛、镍合金坯料的修整或铸件粗加工。颗粒尺寸也可以粗至 4♯（0.26″或 6.8mm），或作为单一颗粒类型，或与其他混合，包括挤压烧结棕色氧化铝（用于精抛光）、SiC（磨削钛）或普通氧化铝。坯料调质是一种非常强烈的磨削形式。在现代化的设备上，砂轮转速可达 80m·s^{-1}，主轴功率可达 500 马力（hp，1hp＝735W）。工件从熔炉出来后经常是发红的。磨削的金属去除率非常高，在钢材料上可以超过 2500lb·h^{-1}（Q'≈40in^3·in^{-1}·min^{-1} 或者 400mm^3·mm^{-1}·s^{-1}），在钛材料上可以超过 400lb·h^{-1}（Q'≈12in^3·in^{-1}·min^{-1} 或者 120mm^3·mm^{-1}·s^{-1}），远远超过了其他大多数的金属去除工艺。其他应用还包括使用时速可达 6 英里（10km·h^{-1}）的特殊列车对轨道进行原位打磨，用来消除疲劳裂纹。在这些过程中，热冲击产生的裂纹可以使磨料颗粒自锐化。这些过程中最引人注目的可能是，砂轮被黏结剂和颗粒强化，加工温度低于 200℃，但磨削时的界面温度可能会远远超过 1000℃，甚至达到金属的熔点。由于颗粒本身的导热性能极差，才阻止了颗粒基体周围黏结剂的迅速降解，而高温则会侵蚀磨削界面上颗粒之间的黏结剂，从而为切屑留有间隙。也生产了含有 40％氧化锆的共晶氧化铝-氧化锆颗粒，以 NZ Plus，NZ®，NZP® 和 NorZon® 品牌进行销售。它主要用于涂层应用，相比于砂轮中的颗粒，这需要不同的硬度（－）和韧性（＋）的性能以及形状的平衡。

4.1.4　工程化的氧化铝磨料

通过除简单的熔炼和粉碎之外的其他工艺，工程磨料具有从亚微米到微米量级的可控晶粒尺寸的微结构。这些技术中包括溶胶-凝胶/烧结和团聚技术。可以生产一系列的颗粒类型，在可控的微米或亚微米量级上发生微断裂，并具有微整形的能力，与熔融氧化铝颗粒相比，它们可以提高砂轮寿命和工艺控制性。

1.“陶瓷”溶胶-凝胶磨料

首先是烧结挤压氧化铝颗粒系列，然后是快速冷却熔融氧化铝-氧化锆颗粒，它们的发展和商业上的成功，对磨料生产企业在颗粒晶体尺寸控制的重要性的研究计划方面产生了重大的影响。此外,对于氧化铝颗粒,人们已经发现,在熔融材料中,每个磨料颗粒的宏观尺寸相当于一个单晶,将晶粒尺寸减小到微米或理想的(<0.5μm)晶体结构,可以显著提高颗粒的硬度等性能(图 4.12)[32]。

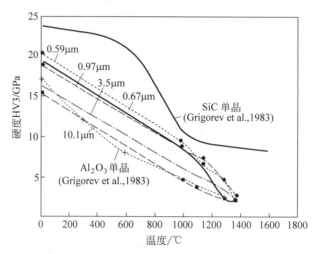

图 4.12　晶粒尺寸对氧化铝颗粒硬度的影响

这种反应是通过所谓的"溶胶-凝胶"方法烧结分散良好的亚微米前驱体,从较细的颗粒中巩固微观结构,而不是使用传统的熔炼或烧结工艺,因为它们在冷却和结晶速度上普遍存在限制。这使得 α-氧化铝基亚微米、高度均匀和完全致密的晶粒结构得以固化。这种新工艺的出发点是从最初开发用于生产线性醇的 Ziegler 工艺的改进版本中生产薄水铝石,γ-氢氧化铝(γ-AlO(OH))[33]。这种材料为亚微米级窄粒度粉末,与水和适当的酸性分散剂混合形成无团聚的氢氧化铝(Al$_2$O$_3$·H$_2$O)溶胶-凝胶,分散剂的粒径约为 100nm。然后将溶胶-凝胶脱水/成形并烧结(图 4.13)。

工艺中要克服的最大障碍就是在烧结过程中保持均匀的亚微米晶粒尺寸和完全致密化。在 1400~1500℃焙烧标准商用的薄水铝石溶胶-凝胶会产生大量的孔隙度和粒径大于 1μm 的相对较大的颗粒。这是由于,从过渡 τ-氧化铝相到 α-氧化铝相转换的高活化能导致了快速的生长速率不可控的稀有成核。当试图在较低的温度下控制生长速度时,如 1200℃,则只会导致更大的晶粒尺寸和更高的孔隙率。目前有两种方法可以降低活化能,来控制晶粒尺寸和致密化程度。第一种是通过使用改性剂来创造双重或多重复合结构,第二种是通过使用催化剂来控制生成单一 α-氧化铝结构(图 4.14(a))。早期的专利中报道使用了氧化镁[34],它在烧结后形成了 α-氧化铝的双重复合结构和体积约占 25%的铝酸镁尖晶石结构,如图 4.14(b)所示。需要注意的是细小的针状尖晶石结构和仍然相对粗糙的 α-氧化

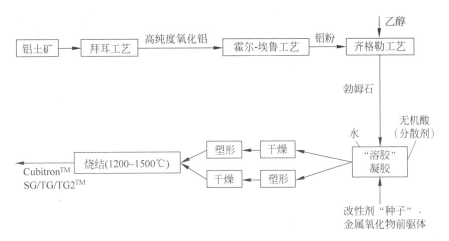

图 4.13 "陶瓷"氧化铝颗粒的生产路线

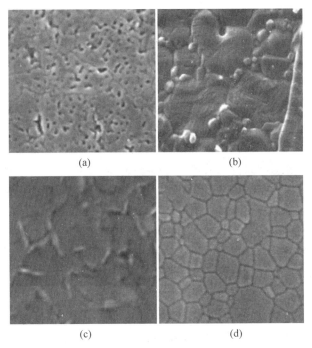

(a)　　　　　　　　　(b)

(c)　　　　　　　　　(d)

图 4.14 (a) 无改性剂的由薄水铝石制备的烧结氧化铝的微观结构(图片尺寸为 3μm×
3μm)；(b) 有氧化镁改性剂的由薄水铝石制备的烧结氧化铝的微观结构(图片
尺寸为 3μm×3μm)；(c) 由薄水铝石和氧化镁、氧化钇、氧化镧、氧化钕改性剂
制成的烧结氧化铝的微观结构(1.5μm×1.5μm)；(d) 有晶种剂的由薄水铝石
制备的烧结氧化铝的微观结构(1.5μm×1.5μm)

铝相。这种特殊的颗粒主要用于低强度涂层磨料的应用。后来,许多专利也报道了使用各种改性剂的不同多相体系,包括氧化锆、氧化锰、铬、氧化镍和许多稀土氧化物。一种含有氧化镁、氧化钇和其他稀土氧化物(如镧和钕)的特别有效的材料来产生致密和坚硬(19GPa)的颗粒。在图 4.14(c)中,微观结构显示了较细的 α-氧化铝相(尽管与原材料相比仍然相对粗糙),其具有由改良剂形成的针/板状亚微米"磁铅石"型结构[35]。

由改性剂生成的结构与钢筋混凝土中提升强度的钢筋相类似。这种特殊的颗粒是 3M™Cubitron™321 颗粒[36]。另一种控制结晶速率的方法是在溶胶-凝胶中"播种"纳米尺寸(<100nm)的 α-氧化铝或与 α-氧化铝相匹配的其他晶体结构材料,如 α-氧化铁或各种钛酸盐。添加 1%~5% 的晶种剂可使成核位点数从 $10^{11} \cdot cm^{-3}$ 增加到 $10^{14} \cdot cm^{-3}$,并形成异相成核条件,晶体平均尺寸约为 400nm(图 4.14(d))[37,38]。这类颗粒以 Norton SG™ 的商标进行商业性出售。这种精细晶体尺寸的一个限制,就是其与制造砂轮的标准陶瓷黏结剂的表面活性。黏结剂必须在低于 1000℃ 的温度下烧结,而不是用于熔融氧化铝磨料的旧黏结剂的 1200℃[39]。

对比图 4.15(a)~(d)可以看出,单相成核的微观组织比多相组织更细小,使得其会更硬、更韧。当作为磨料颗粒使用时,它的寿命预计会更长,但需要更高的微破裂力,或者在混合物中应以较低的浓度进行使用。多相颗粒会更容易切割,也更少与高温陶瓷黏结剂发生反应。然而,与熔融氧化铝相比,这些区别相对于该系列磨料的整体性能的差异来说是比较小的。

此外,还可以很容易地通过调整砂轮配方和颗粒形状来进一步地优化性能。溶胶-凝胶制造可以实现更大的操作性和颗粒形状的控制性。标准的破碎和研磨方法可以产生典型的强块状或弱棱角形状结构。通过对软的、干燥的预烧结材料进行特殊处理,可以进一步增加棱角(图 4.16)。正如预期的那样,这些颗粒也相对较弱,但如果在相对较低磨削力的涂层应用中定向使用,则是非常有效的。

然而,更有趣的是一种新技术[40],它可以生产出具有特殊长宽比的矩形棱柱,而且具有光滑的、表面无缺陷的"蠕虫"外观(图 4.14(d))。

诺顿(Norton)公司使用的 TG™ 颗粒的纵横比为 5,TG2™ 颗粒的纵横比为 8[41]。这些颗粒不仅保持了高韧性,而且它们也有一个非常低的堆积密度。典型的块状颗粒可充填约 50% 的体积;纵横比为 8 的颗粒的堆积密度接近 30%。这使得最终制造的砂轮具有一个非常高水平的渗透性和极好的冷却剂进入性。由于韧性、形状和冷却剂供应的能力,其在高温硬质合金(如 Inconel 合金或者 Rene 合金)上的加工去除能力超过(CBN)立方氮化硼颗粒一个数量级。

SG 类型磨料的最新发明是一种名为 Quantum™ 的颗粒,它保持了 SG 磨料系列颗粒的亚微米晶体尺寸和相关硬度,但可有效控制夹杂物的水平,促进了微断

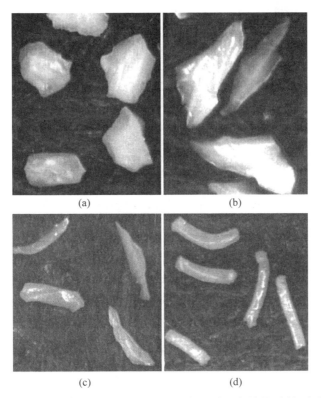

图 4.15　（a）磨碎制备的坚硬块状陶瓷颗粒；（b）压碎制备的易碎的、有棱角的颗粒；
（c）在绿色状态下压碎产生的弱极角颗粒；（d）挤压制备的 TG2^{TM} 陶瓷颗粒
（Courtesy Saint-Gobain 磨料颗粒）

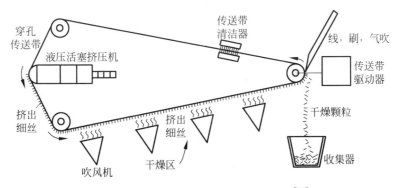

图 4.16　生产挤压陶瓷颗粒的制造工艺[62]

裂,降低了磨削力(图 4.17)。这也可以使得颗粒被微整形,以产生尖锐、断裂但持久的切削刃,修整深度在 $5\sim15\mu m$ 范围内。

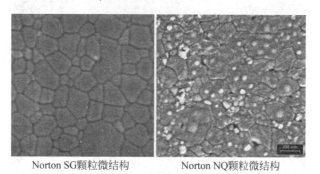

Norton SG颗粒微结构　　　　Norton NQ颗粒微结构

图 4.17　Norton SG 颗粒与 Norton NQ 颗粒的微观结构的比较

2. 团聚颗粒

到目前为止,本书已经涵盖了由熔融、粉碎、化学沉淀、烧结和磨碎所产生的颗粒。前一种工艺生产的颗粒大小与晶粒尺寸相当,即 $50\sim200\mu m$,而后者生产的晶粒尺寸在 $0.2\sim5\mu m$ 范围内。工程颗粒系列的最新版本是通过融合、粉碎、团聚、烧结和再粉碎来生产"团聚"颗粒。所得到的颗粒具有可控的晶粒尺寸,弥补了 SG 颗粒和熔融颗粒之间的空白。晶粒的大小、形状和化学性质是由最初的粉碎过程来进行控制的,由此生产的颗粒的磨削性能有可能出现很大的变化。不仅如此,SG、NQ 和 Vortex 颗粒在同一个砂轮上的混合应用表现出了一系列非凡的颗粒性能,而这些特性才刚刚开始被优化。

例如,人们发现,团聚颗粒的堆积在制造的砂轮结构中具有自然高水平的孔隙度,使它们非常适合于间歇进给磨削(图 4.18)。此外,在初始粉碎过程中产生的非常尖锐的破碎晶体,结合团聚黏结剂的强度控制,使得晶体能够可控断裂,限制磨损平面的形成,从而对热敏性材料进行非常冷的磨削。这使得团聚颗粒砂轮结构非常有望替代 SiC。

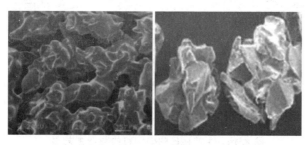

图 4.18　Norton Vortex^{TM} 团聚氧化铝颗粒

4.2　磨削实践

　　文献中报道了对铀及其合金的加工的快速停止实验（Morris（1981），参考书目）。
虽然该工作没有从定性的角度对铀的加工进
行全面科学的表征分析，但值得注意的是，在
大切削深度的加工条件下，产生切屑分段，并
形成了如图4.19所示的连续切屑。

　　本书认为，对铀及其合金的切屑形成过
程进行全面而有特色的科学研究，将有助于
更好地理解切屑的形成和流动机理，还可以
尝试预测在切削和磨削加工过程中的热剖
面，以获得最佳的切削深度，从而防止切屑
在周围环境中着火。刀具的特性可以通过

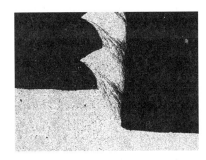

图4.19　用快速停止装置得到的铀切削
　　　　加工过程中的分段的连续切屑

分析技术来预测，而这些分析技术尚未被应用于与铀的加工和磨削相关的问题中。

　　Morris（1981，参考书目）提供了一种铀合金产品的磨削参数。Morris指出，使
用中等粒度的、柔软的、开放式结构的陶瓷砂轮最适合进行铀合金的精密磨削，而
无心磨削操作则需要使用开放式结构的中型砂轮。两种砂轮均采用SiC颗粒（绿
色）作为磨料。Morris提供的实验数据如表4.1所示。

表4.1　铀合金表面精密磨削和无心磨削的磨削参数

磨 削 参 数	精 密 磨 削		无 心 磨 削	
磨料类型	常规SiC，绿色		常规SiC，绿色	
颗粒尺寸	中等（46～80）		中等（46）	
砂轮等级	软（G或H）		中（I或J）	
结构	开放式（11-13）		开放式（10）	
结合	玻璃（V）		树脂（B）	
操　作	粗加工	精加工	粗加工	精加工
进给量				
纵向进给	0.005	0.002	0.005[a]	0.002[a]
横向进给/in	b	b		
工件最终进给/ipm			75～125	75～125
速度				
平台/ipm	b	b		
砂轮/sfpm	3000～5000	3000～5000	5500～6000	5500～6000
磨削液	2%～5%磨削液抑制剂和水		可溶性油（30：1），大量溢出	

备注：a. 直径上的去除量，in；b. 控制横向进给、平台进给、旋转速度防止工件燃烧。

　　在 Hoffmanner 和 Meyer[42] 进行的另一项关于影响铀合金磨削的研究中,采用不同类型的砂轮和磨削液,对溶液处理和溶液时效的铀合金进行磨削,监测其磨削比和磨削功率[42]。由图 4.20 可知,磨削比随横向进给速度增加而减小,表面质量与砂轮的类型有关。图 4.21 表明(来自他们的研究[42]),磨削材料所需的功率随着进给速度的增加而增加,这也与砂轮和磨削液的等级有关。本章鼓励读者阅读参考文献[42],因为作者在切入式无心磨削模式下磨削铀合金方面进行了非常深入的研究。

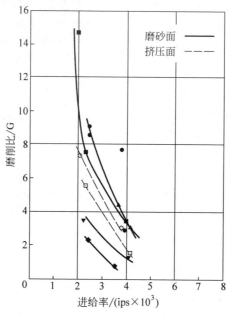

图 4.20　对于采用特定磨削液的溶液处理和溶液时效试样,磨削比与进给率的关系[42]

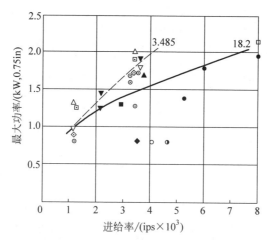

图 4.21　对于具有特定磨削液的溶液处理和溶液时效试样,最大功率与进给率的关系[42]

除了介绍磨削参数对工艺性能的影响,Hoffmanner 和 Meyer[42]还提供了一些经济数据,揭示了砂轮类型和磨削液的每种组合对降低每个部件磨削成本的贡献。他们的研究结果表明:

(1) 良好的润滑性能是磨削铀合金过程中所必需的;

(2) 硫和氯的添加剂可以提高氧化铝砂轮的性能;

(3) 磨削液中添加磷和硼可以增强铀合金的磨削量;

(4) 在磨削铀合金时,单程磨削比双程磨削更有效;

(5) 最小修整时间和高进给速度是降低磨削成本的关键;

(6) 用氧化铝磨粒制成的陶瓷砂轮可以有效地应用于切入式无心磨削。

4.3 讨论和结论

本章重点讨论了与铀及铀合金有关的磨料颗粒的发展和磨削实践。由于大多数已发表的关于铀磨削的研究都发生在 20 世纪 70 年代后期和 80 年代早期,所以磨粒和黏结系统方面的新进展可能为改善这些材料的磨削提供了机会。在生产团聚颗粒方面的最新进展可以实现在不产生大量热量的情况下进行磨削操作。通过与高强度玻璃陶瓷黏结系统的结合,这些研究成果能推动铀及铀合金磨削的进一步发展。

致谢

作者感谢施普林格出版社允许复制自己的材料,这些材料发表在施普林格出版社出版的《磨料加工》中,是由 M. J. Jackson 和 M. P. Hitchiner 发表的关于磨料工具和黏结系统的章节(许可号码:2972251046327,2012 年 8 月 18 日)。本文发表于"施普林格出版社科学＋商业授权:《磨料加工》,第 1～423 页,由 Mark J. Jackson 和 J. Paulo davvim 编辑,施普林格出版社,纽约,2010 年 11 月,ISBN 978-1-4419-7301-6"。

参考文献

[1] Acheson EG. Production of artificial crystalline carbonaceous material. US Patent 492767,1893.

[2] Cowles AH,Cowles EH. US Patent 319945,1885.

[3] Kern EL,Hamill DW,Deem HW,et al. Mater Res Bull,(Special Issue 4) S25-S32,1969.

[4] Kern EL,DW, Hamil HW, et al. Sheets,Proceedings of the International Conference on

Silicon Carbide,University Park,Pennsylvania,PA,USA,20-23 October 1968.

[5] Nilsson O, Mehling H, Horn R, et al. Determination of the thermal diffusivity and conductivity of monocrystalline silicon carbide[J]. High Temperatures-High Pressures 29: 73-79,1997.

[6] Tymeson MM. The Norton Story. Publ. Norton Co. ,1953.

[7] Wikipedia. Bayer Process. Online encyclopedia reading. Accessed 20 Aug 2012.

[8] Wolfe LA,Lunghofer EP. New fused alumina production in South Korea and Australia. 13th Industrial Minerals International Congress, Kuala Lumpur, Malaysia, 26-29 April 1998.

[9] Lunghofer EP,Wolfe LA. Fused brown alumina production in China. Posted: August 6,2000 http://www. ceramicindustry. com/copyright/77d58fabca9c7010VgnVCM100000f932a8c0. Accessed 24 Sep 2009.

[10] Whiting Equipment Canada Inc. Metallurgical equipment. Commercial brochure,2009.

[11] U. S. G. S. Geological Survey. Mineral commodity summaries. Reston,Virginia,2009.

[12] U. S. G. S. Geological Survey. Minerals Yearbook Abrasives. Manufactured Abrasives, Reston,Virginia,2008.

[13] Wellborn WW. Synthetic minerals-the foundation stone of modern abrasive tools. AES Magazine 31(1): 6-13,1991.

[14] Coes L. Abrasives[M]. Springer,New York,p 65,1975.

[15] Polch. US Patent 2769699 11,1956.

[16] Robie NP. Abrasive material and method of making same. US Patent 2877104, 10 Mar 1959.

[17] Foot DG. Mixture of fused alumina and fused granules in bonded abrasive articles. US Patent 3,175,8943/30,1965.

[18] Marshall DW. Fused alumina-zirconia abrasives. US Patent 3181939,4 May 1965.

[19] Cichy P. Apparatus for producing oxide refractory material having fine crystal structure. US Patent 3,726,6214/10,1973.

[20] Richmond WQ,Cichy P. Apparatus for producing oxide refractory material having fine crystal structure. US Patent 3,861,849,21 Jan 1975.

[21] Richmond WQ,Cichy P. Semi-continuous process for producing oxide refractory material having fine crystal structure. US Patent 3,928,515,23 Dec 1975.

[22] Sekigawa H. Process for manufacturing high strength Al_2O_3-ZrO_2 alloy grains. US Patent 3,977,132,31 Sep 1976.

[23] Ilmaier B,Zeiringer H. Method for producing alumina and alumina-zirconia abrasive material. US Patent 4,059,417,22 Nov 1977.

[24] Cichy P. Continuous process for producing oxide refractory material. US Patent 4,061, 699,6 Dec 1977.

[25] Ueltz HFG. Fused alumina-zirconia abrasive material formed by an immersion method. US Patent 4,194,887,25 Mar 1980.

[26] Richmond WQ. Process for making oxide refractory material having fine crystal structure.

US Patent 4,415,510,15 Nov 1983.

[27] Richmond WQ. Oxide refractory material having fine crystal structure and process and apparatus for making same. US Patent 4,439,895,3 Apr 1984.

[28] Scott JJ. Progressively or continuously cycle mold for forming and discharging a fine crystalline material. US Patent 3,993,119,23 Nov 1976.

[29] Scott JJ. Method of producing abrasive grits. US Patent 4,070,796,31 Jan 1978.

[30] Rowse RA,Watson GR. Zirconia-alumina abrasive grain and grinding tools. US Patent 3,891,408,24 June 1975.

[31] Bange D,Wood B,Erickson D. Development and growth of sol gel abrasives grains[J]. Abrasives Magazine June/July,pp 24-30,2001.

[32] Webster JA,Tricard M. Innovations in abrasive products for precision grinding[C]. CIRP Innovations in Abrasive Products for Precision Grinding Keynote STC G,23 August 2004.

[33] Bauer R. Process for production of alpha alumina bodies by sintering seeded boehmite made from alumina hydrates. US Statutory Invention Disclosure H000189,June 1 1987.

[34] Leitheiser MA,Sowman HG. Non-fused aluminum oxide-based abrasive mineral. US Patent 4,314,827,9 Feb 1982.

[35] Wood WP,Monroe LD,Conwell SL. Abrasive grits formed of ceramic containing oxides of aluminum and rare earth metal,method of making and products made therewith. US Patent 4,881,951,21 Nov 1989.

[36] Bange D,Wood B,Erickson D. Development and growth of sol gel abrasives grains[J]. Abrasives Magazine,June/July,pp 24-30,2001.

[37] Cottringer TE,van de Merwe RH,Bauer R. Abrasive material and method for preparing the same. US Patent 4,623,364,18 Nov 1986.

[38] Schwebel MG. Process for durable sol-gel produced alumina-based ceramics,abrasive grain and abrasive products. US Patent 4,744,802,17 May 1988.

[39] Rue CV. Vitrified bonded grinding wheels containing sintered gel aluminous abrasive grits. US Patent 4,543,107,24 Sep 1985.

[40] Pellow SW. Process for the manufacture of filamentary abrasive particles. US Patent 5,090,968,25 Feb 1992.

[41] DiCorletto J. Innovations in abrasive products for precision grinding. Conference Precision grinding and finishing in the global economy-2001,Oak Brook,IL,1-3 October 2001.

[42] Hoffmanner A,Meyer G. Optimization of centerless plunge form grinding of a uranium alloy[C]. ASM Conference Volume on "Machinability Testing and Utilization of Machining Data",ASM International Materials and Metalworking Series,Oak Brook,IL, 297-324,1979.

参考书目

[1] Aris J. Metals handbook-machining[M]. Aris J(ed) Machining of uranium and uranium alloys,vol 16,9th edn. ASM International,Materials Park,OH,pp 874-878,ISBN0-87170-

007-7,1989.

[2] Boland JF,Sandstrom DJ. Mechanical fabrication,heat treatment and machining of uranium alloys[M]. Publication LA-UR-74-113,Los Alamos Scientific Laboratory,Los Alamos, Mexico,On behalf of the US Atomic Energy Commission,Contract ♯ W-7405-Eng, 36,1974.

[3] Conboy J,Shevchik P. DU chip recovery program-phase I: a machining study for the production of contaminant-free chips[M]. Report♯AD-A131 389/9,South Creek Industries, Inc.,July 1983.

[4] Denst A,Ross HV. How to machine uranium[M]. Am Machinist 99(16): 95-97,1955.

[5] Fuller JE,Lynch JK. Machining study of a uranium-4 wt. % niobium alloy[M]. Report ♯ RFP-1743,Rocky Flats Plant,Rockwell International,November 1971.

[6] Hurst JS,Read GM. Machining depleted uranium[M]. Publication Y-SC-39,Union Carbide Corporation,Nuclear Division,Y-12 Plant,Oak Ridge,Tennessee,24 April 1972.

[7] Latham-Brown CE,Porter F. Atmosphere assisted machining of depleted uranium (DU) penetrators[M]. Report ♯ AD-A182 138/8/XAB,US Army Armament Research, Development and Engineering Center.

[8] Machining and Grinding of Ultra High Strength Steels and Stainless Steels[M]. AEC/ NASA Handbook SP-5084,for US Army Missile Command,Authored by Battelle's Columbus Laboratories,Battelle Memorial Institute,Columbus,Ohio.

[9] Morris TO. Machining of uranium and uranium alloys[M]. Paper presented at the Uranium Technology Seminar,American Society of Metals,Gatlinburg,TN,1-31 May 1981.

[10] Olofson CT,Meyer GE,Hoffmanner AL. Processing and applications of depleted uranium alloy products[M]. Report ♯ MCIC-76-28,pp 60-83,Metals and Ceramics Information Center,Battelle Columbus Laboratory,Ohio,September 1976.

[11] Stephens WE. Uranium machining[M]. Technical Paper MR 67-222,American Society of Manufacturing Engineers,Dearborn,Michigan,May 1967.

[12] Wright WJ. The machining of nuclear materials[J]. Prod Eng 46(11): 638-650,1967.

第5章

铀 的 加 工

Brajendra Mishra,Nathan R. Gubel,and Rahul Bhola

摘　要　由于铀矿中铀的浓度通常很低、化学成分复杂,以及许多铀矿的性质不同,所以铀提炼工业的经济性回收往往比较困难。物理浓缩技术(浮选、重力、电磁等)在铀材料方面只取得了非常有限的应用。人们已经设计了用于回收铀的方法,以便于经济地处理大量矿石。铀是一种电正性很强的金属,因此,大多数的直接高温化学方法是不适用的,而且,工艺过程往往涉及现代水法提取冶金技术。在本章中,将阐述铀提取过程的一些重要特征,着重强调所涉及的化学原理。

关键词　由生产方法获得的资源,铀回收,铀加工,铀化学,铀浸取,溶液法,离子交换,酸浸,碱浸,溶剂浸出,溶剂萃取,凝胶萃取,沉淀,铀矿石,薄膜分离

5.1　前言

2003 年,一些国家首次报告了其由不同生产方法获得的铀资源的分布情况(不考虑使用的类型)[1],例如,露天或地下开采、原位浸出、堆浸以及其他未说明的方法。图 5.1 和图 5.2 分别描述了在各种类别下,铀生产的确实可靠资源和估算附加资源-Ⅰ类,诸如<40 美元/kgU、<80 美元/kgU 和<130 美元/kgU。

5.1.1　按生产方法分类的资源

几个国家给出了对已知的传统铀资源(等于确实可靠资源加上估算附加资源-Ⅰ类)的生产量的估算,<40 美元/kgU 的产量为 1858984t,相比 2001 年增加了22%;<80 美元/kgU 的产量为 2178355t,相比 2001 年增加了 13%,这足以满足到 2020 年的铀材料需求[1,2]。

1. 按生产方法的世界产量的百分数分布

1998—2003 年以来不同生产方法获得的铀产量的百分数分布,如图 5.3 所示[1]。

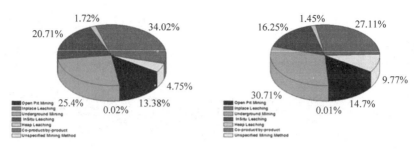

生产的确实可靠资源(<40/kgU)　　　　生产的确实可靠资源(<80/kgU)

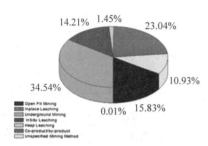

生产的确实可靠资源(<130/kgU)

图 5.1　在各种类别下铀生产的确实可靠资源

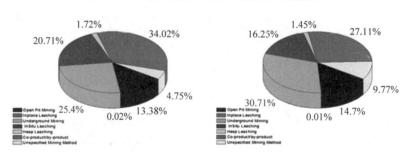

估算附加资源-I类(<40/kgU)　　　　估算附加资源-I类(<80/kgU)

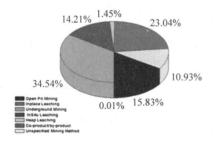

估算附加资源-I类(<130/kgU)

图 5.2　在各种类别下铀生产的估算附加资源-Ⅰ类

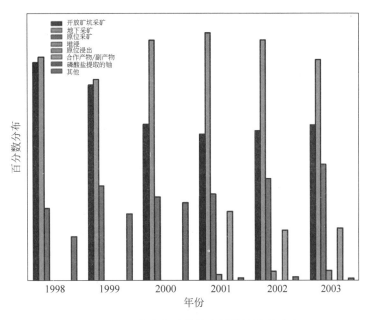

图 5.3 不同生产方法的铀产量的百分数分布

2. 产能规划

为了帮助制定未来铀材料可用性的规划,国际原子能机构成员国提供了到
2020 年的预期产能规划。这包括各国已有的和交付的生产中心,以及计划中的和
未来的生产中心到 2020 年生产<80 美元/kgU 类别的计划,其为目前正在生产或
在不久的将来计划生产的铀产量[1,3]。

5.2 浸出

浸出操作的目的是将矿石中的铀提取到溶液中(通常是水溶液),在溶液里就
可以将铀从其他金属中回收和提纯。浸出通常是矿石化学处理方法的第一步,目
前所有的矿石化学处理方法都涉及用酸或碱试剂对矿石进行某种类型的分解。从
大多数矿石中提取铀,采用酸浸法通常比用其他浸出方法更彻底,因此这种方法在
大多数工厂中得到使用。

从矿石中直接富集铀是非常困难的[4,5],主要有下列几个因素。首先,铀只能
从矿物的无用基体中选择性地进入溶液中。其次,铀一般是分散在巨大的岩石中,
使得浓缩流程通常是无效和非常昂贵的。最后,较低的铀元素浓度意味着要处理
大量的岩石来量化可使用铀元素的含量。

由于在铀处理中遇到的各种困难,所以人们建立了一个标准的处理规程[6],其中包括以下几个加工步骤:①将存在于矿石固体基质中的元素浸出到液相中;②对液体进行浓缩和提纯,获得铀萃取物;③将浓缩的物质沉淀到合适的中间化学物中,最终萃取提纯铀材料。

固体(如含有各种金属、氧化物、氢氧化物、硫化物、硒化物、碲化物、砷化物、磷酸盐、硅酸盐、氯化物和硫酸盐的矿石)溶解到由酸、碱和其他溶剂组成的液体介质中,这是浸出过程的基础[5,6]。根据矿物的性质,浸出过程可分为物理浸出、化学浸出、电化学浸出或电解浸出,如图 5.4 所示。

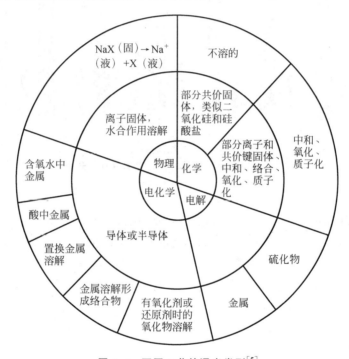

图 5.4 不同工艺的浸出类型[5]

具有导体或半导体氧化物的铀的浸出过程主要是电化学方式。在化学性质上,铀矿物可分为单氧化物、多氧化物、水合氧化物、简单硅酸盐和水合铀盐。因此,当将铀矿物的化学性质及其易浸性与浸出相结合时,铀矿物可分为四价矿、六价矿、磷酸盐和杂项矿、难熔矿和铀碳矿[5,7]。如前所述,铀矿物溶解过程的选择取决于铀矿物的分类,并且已经总结于表 5.1 中。

铀在自然界中主要以氧化物形式存在,而且几乎从不以其单体形式存在。它可以与氧以任何化学计量比相结合,但是,最常见的形式为 UO_2(沥青铀矿(uraninite))和 U_3O_8(沥青铀矿(pitchblende))。

表 5.1 铀矿及其在酸中的溶解反应[5]

类 型	化合价	自然存在形式	矿物分类（依据化合价）	溶 解 性
A 类 氧化物				
UO_2	4	沥青铀矿	初级	无氧化剂时，在稀 H_2SO_4 中不溶解
U_2O_5	5	没有自然存在形式		无氧化剂时，在稀 H_2SO_4 中部分溶解
U_3O_8	4,6	沥青铀矿	次级	无氧化剂时，在稀 H_2SO_4 中部分溶解
UO_3	6	只与 K_2O,V_2O_5 结合存在	次级	无氧化剂时，在稀 H_2SO_4 中完全溶解
B 类 多重氧化物(高温材料)				
$(Fe,Ce,U)(Ti,Fe,V,Cr)_3(O,OH)_7$	4[a]	铈铀钛铁矿	[b]	只在强酸中溶解
$(U,Ca,Fe,Th,Y)_3Ti_5O_{16}$	4[a]	钛酸铀矿	[b]	只在强酸中溶解
C 类 磷酸盐				
$Ca_5(PO_4)_3(F,Cl,OH)$	4	磷灰石	初级	基体受侵蚀才溶解
$CaAl_3(PO_4)_2(OH)_5H_2O$	4	纤磷钙铝石	初级	基体受侵蚀才溶解
D 类 碳酸盐				
$UO_2 \cdot CO_3$	6	菱铀矿	次级	无氧化剂时，在稀酸中溶解；在水中不同程度溶解

备注：a.这些矿物中的铀的化合价是 4 价态，由于风化，也会存在 6 价态铀；因此，这些多重氧化物类型包含了铀(4 价)和铀(6 价)，以及 Ti、Fe、V、Th 和其他稀土元素。b. 由于化合价态，不能直接地分为初级或次级或者混合态；但是，它们可以被确认为高温矿物材料。

5.2.1 酸浸

酸浸是指在高温下用硫酸处理磨细的铀矿矿浆，其通常是在有氧化剂的情况下进行的[5,7,8]。对于大多数含沥青铀矿的矿石，硫酸是最有效的，而且不需要像碳酸盐浸出法那样将矿石破碎成小颗粒将富铀矿石置于浸出溶液中，硫酸可以腐蚀与沥青铀矿密切相连的其他矿物。由于大量基体相对于碱浸的耐溶度，酸浸可获得更高的金属产率。酸浸工艺的主要要求是矿石基体中应含有低量的酸消耗剂，如石灰。与其他类似技术相比，酸浸有几个优势，例如，需要粗磨矿石、更短的浸出时间、更温和的试剂浓度、更高的产额、适中的温度范围，以及随后使用离子交换和溶剂萃取流程处理含铀溶液。

1. 酸浸化学氧化还原

当用硫酸处理铀矿时,矿石中的许多非铀成分也会溶解并悬浮在溶液中。因此,必须把铀从这些杂质中分离出来,以提高元素产量。可利用铀酰离子的选择性,因它与含氧阴离子(如硫酸盐、碳酸酯和硝酸盐)形成稳定的化合物,所以可实现分离[9]。如果矿物中含有 4 价铀,则需要在浸出过程中加入氧化剂。如果矿石中不含 4 价铀,但含有其他还原剂,包括矿石提取过程(采矿、破碎、磨削等)中产生的金属铁,那么添加氧化剂也是可取的。

在酸浸过程中保持适当的氧化环境,这对铀的高产是至关重要的[2,5]。酸浸中使用的两种主要氧化剂是二氧化锰(软锰矿)和氯酸钠,尽管它们都不能直接氧化铀。氧化过程中所涉及的化学反应如下:

$$2Fe^{2+} + MnO_2 + 4H^+ \longleftrightarrow 2Fe^{3+} + Mn^{2+} + 2H_2O$$

$$6Fe^{2+} + ClO^{3-} + 6H^+ \longleftrightarrow 6Fe^{3+} + Cl^- + 3H_2O$$

$$UO_2 + 2Fe^{3+} \longleftrightarrow UO_2^{2+} + 2Fe^{2+}$$

铀酰离子与硫酸的后续反应形成的硫酸铀酰物质如下:

$$UO_2^{2+} + SO_4^{2-} \longleftrightarrow UO_2SO_4$$

$$UO_2SO_4 + SO_4^{2-} \longleftrightarrow UO_2(SO_4)_2^{2-}$$

$$UO_2SO_4 + SO_4^{2-} \longleftrightarrow [UO_2(SO_4)_3]^{4-}$$

上述化学反应表明,改变含铀溶液中含氧阴离子的浓度,使铀表现出两性分子特性。在高硫酸盐浓度的存在下,铀含阴离子络合物的热力学稳定性远高于铀氧化物。因此,这些离子的存在只是增加了浸出反应的驱动力,而与存在的质子无关。

铀元素浓缩和提纯的两个重要方法是离子交换(采用强碱性阴离子交换树脂处理酸和碱的浸出液,其选择性地吸附阴离子铀络合物,并将浸出液中存在的其他阳离子排除)和溶剂萃取(采用阴离子和阳离子萃取剂处理酸浸出液,铀酰含氧阴离子的最终结果取决于沉淀剂的 pH 范围,大于 1.2 则沉淀砷酸铀酰,大于 1.9 则沉淀磷酸铀酰)。[10]

2. 矿物(pH)的化学反应和浸出参数

在铀矿石的酸溶期间,在氧化条件下,沥青铀矿(uraninite 和 pitchblende)符合要求的溶解发生在 pH 为 1.5～2.0 范围。由于在矿石的提取过程中会引入各种其他污染物,所以铀的优先溶解需要对浸出液的 pH、时间和温度进行仔细的优化[4,5]。

脂铅铀矿、深黄铀矿、水合盐和水合硅酸盐(水硅铀矿和硅钙铀矿)在 pH 为 1.5～2.0 范围内溶解。铜铀云母和钙铀云母需要低 pH 酸液,而含有钛和锆的混合氧化物矿物几乎不与酸发生反应。此外,非铀矿物,如石英,对传统的酸浸不发生反应;

而白云石,作为一种碳酸盐矿物,在浸出过程中消耗了大部分的酸。硅酸盐,如黑云母、绿泥石、丝云母和各种黏土矿物,在 pH 为 1.5～2.0 下溶解铀矿石时有不同的反应结果[5]。

以下总结了从铀矿石中回收铀元素时起重要作用的几个浸出参数。

(1) 需要适当的酸浓度使矿石溶解到溶液中。当 pH 为 1.5～2.0、游离酸浓度为 3～7g/L 时,晶质铀矿、沥青铀矿和其他氧化铀矿物的溶解效果较好。难熔矿物(如铈铀钛铁矿和钛铀矿)可能需要高达 50g/L 的游离酸浓度。

(2) 工业上可能会使用几种氧化剂,如 MnO_2、$NaClO_3$、O_2、Caros 酸和 H_2SO_5,这与氧化程度、所用底物和浸出过程中发生的处理步骤有关。氧化剂的使用及其在浸出操作中的有效性,可以通过电动势测量来进行例行的监测。在浸出过程中,氧化剂的利用及其成本是一个重要的决定因素。

(3) 温度会影响浸出过程中的反应动力学过程。高温会增加氧化剂和酸的消耗。在浸出过程中的温度需要小心地平衡,因为酸的稀释和碳酸盐矿物的放热可能会增加热量。腐蚀动力学反应随温度升高而增加,因此也需要进行适当的考虑。

(4) 时间是一个自变量,通常与温度和其他变量一起考虑,以充分平衡浸出过程中的最终热力学和动力学参数。

(5) 颗粒的大小是影响解离度和反应的重要参数。与较粗的颗粒相比,较细的颗粒更容易悬浮,因为其具有更大的比表面积、更高的反应速率和更短的反应时间。

3. 浸出过程模式/过程图

酸浸液中固液相的不同接触模式有其自身的优点和缺点,因此需要对其进行优化以获得更高的铀产量[7]。铀资源有两种搅拌方法,机械式(在圆柱形钢或钛罐中,带有垂直轴的电机驱动的叶轮罐体可能有一个平底和夹套以保持最佳反应温度,最佳的固液比是通过循环流和脱水设备之间的平衡使用来维持的)和气动式(采用高压压缩空气来进行搅拌),帕丘卡(Pachuca)是气动搅拌蒸汽系统的一个例子,它是一个圆柱形钢容器,内衬为木材或者是橡胶,高度约为 15m,底部为 60° 的锥形体,中心的垂直管两端都是开放的,当容器内装入浆料时,垂直管可以向容器内提供压缩空气,从而实现浆料的均匀搅拌。运行时间长,运行和维护成本低。帕丘卡示意图如图 5.5 所示。

两段逆流浸出(图 5.6)是传统单段浸出的一种改变,在提高铀的提取率、减少浪费和减少试剂消耗方面具有优势[5,9]。在浸出的第二阶段加入了强酸和氧化剂。在第二阶段之后进行固液分离,含有铀和未使用试剂的基础浸出液返回初级阶段。未使用的固体在第二阶段被废弃。在初级阶段,新鲜的固体在没有添加酸的情况下聚集在一起。接下来的固液分离步骤生产浓缩的基础溶液,通过离子交换或溶剂萃取进一步净化,将未使用的固体重新投入第二浸出阶段。

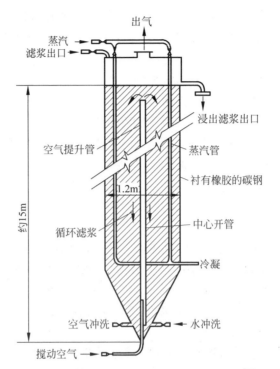

图 5.5　气动浸出工艺中使用的帕丘卡示例[5]

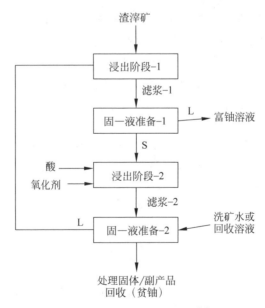

图 5.6　两段逆流浸出工艺[5]

高固体含量的酸固化是两阶段浸出的另一种选择。在这个过程中，干矿石被磨成 2mm 的颗粒，与硫酸混合，堆在一起固化一段时间，随后，混合后的固体与水混合，搅拌，产生的基础溶液通过过滤从其他固体中分离出来。

5.2.2　碱浸

碱性浸出（碱浸）是用碱处理矿石，主要是碳酸钠溶液。碱性浸出法利用高稳定性的碳酸铀酰化合物溶解废基质中的铀，可用于初级或次级铀盐[5]。碱浸工艺有几个优点，例如，可以从浸出液中沉淀纯铀，试剂消耗相对较低，处理溶液的腐蚀性很小。此外，其浸出液还可以再生并用于进一步的浸出步骤。

碱浸也有一些缺点。与酸浸相比，它需要将矿石磨得更细，并且需要更高的温度和压力来获得有效的铀产量。

1. 碱性浸出化学与帕丘卡浸出

在帕丘卡槽中使用碳酸盐试剂进行的碱浸，其与前面描述的酸浸非常相似。碱性碳酸盐浸出过程示意图如图 5.7 所示。在 30g/L 碳酸钠和 20g/L 碳酸氢钠的溶液中，在固体密度 55%～60% 的条件下磨碎至 74μm，在 71℃ 下约 100h 可获得高的铀产量。在高压（140kPa）和高温（91℃）下使用深的帕丘卡槽可以显著缩短浸出时间，提高铀的回收率[12,13]。

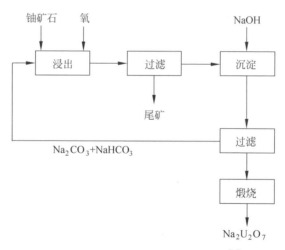

图 5.7　碱性碳酸盐浸出工艺示意图[5]

该过程中发生的化学反应可以表示为

$$UO_2 \longrightarrow UO_2^{2+} + 2e^-$$
$$UO_2^{2+} + 3CO_3^{2-} \longrightarrow [UO_2(CO_3)_3]^{4-}$$
$$1/2O_2 + H_2O + 2e^- \longrightarrow 2OH^-$$

浸出过程可以总结为

$$UO_2 + 3CO_3^{2-} + H_2O + 1/2O_2 \longrightarrow [UO_2(CO_3)_3]^{4-} + 2OH^-$$

由于在碳酸盐浸出过程中有羟基离子的生成,所以反应总是在碳酸氢钠离子(碳酸氢钠)的存在下进行,碳酸氢钠离子起到缓冲作用,可防 pH 的增加和重铀酸盐的沉淀。整个过程可以用以下流程图总结:

$$2Na_4UO_2(CO_3)_3 + 6NaOH \longrightarrow Na_2U_2O_7 + 6Na_2CO_3 + 3H_2O$$

UO_2 的氧化电势为 320mV,氧在其中起着有效的作用。在碳酸盐浸出过程中保持氧化条件,这对于防止亚铁和铁离子在各种采矿过程中被提取而影响铀的生产是很重要的[5]。

2. 工艺参数

铀盐由砷酸盐、磷酸盐、硫酸盐、钒酸盐、钼酸盐和碳酸盐组成,其可溶于碳酸盐溶液[14]。硅酸盐需要更高的温度才能溶解。如果矿石在浸出前先在炉中焙烧,则钒酸盐和酸性氧化物(P_2O_5)可改善铀的溶解度。

5.2.3 压力浸出

在专门的压力反应器(高压釜)中的高压情况下进行的浸出称为压力浸出[5,6]。它可以在室温、中等温度,或在更高和更接近溶液沸点的温度下,在开放或封闭的反应堆中进行。在这两种情况下,氧都以氧化剂的形式存在,可以通过增加氧的分压来增加浸出率。

对于铀,酸碱加压浸出都可以在较高的温度下进行,以提高铀的回收率。

1. 酸压湿法冶金

高压湿法冶金可以成功地用于含硫化物铀矿,因为硫化物在高温高压以及含氧环境下会自动转化为硫酸。预期的化学反应可以总结如下,硫化物在较高的温度和压力下会以更快的动力学速率进行。

$$2FeS_2 + 7O_2 + 2H_2O \longrightarrow 2FeSO_4 + 2H_2SO_4$$
$$2FeS_2 + 7.5O_2 + H_2O \longrightarrow Fe_2(SO_4)_3 + H_2SO_4$$
$$4FeSO_4 + 2H_2SO_4 + O_2 \longrightarrow 2Fe_2(SO_4)_3 + 2H_2O$$
$$UO_2 + Fe_2(SO_4)_3 \longrightarrow UO_2SO_4 + 2FeSO_4$$

在这种高温高压条件下,铁、钼、钛等元素形成水合氧化铁或硫酸盐的沉淀,从而进一步促进游离酸的形成,降低了酸的总消耗量。

立式和卧式高压釜均可用于压力浸出。总溶液中固体含量为 $40\% \sim 50\%$,其在高压 600kPa、温度为 70℃下反应 4h 就可以提供足够的产量。

立式高压釜是在顶部装有涡轮式机械搅拌器的巨大不锈钢罐。料浆在蒸汽盘管加热罐或热交换器中进行预加热处理。废气通过几个回收容器来去除多余的泡沫/冷凝物并回收余热。

另一方面,卧式高压釜是机械搅拌的不锈钢罐,内衬为铅或者是橡胶,其具有四个内部腔室,每个腔室都有独立的涡轮搅拌器。酸浆需要连续地从高压釜内的一个隔间流动到另一个隔间。

与立式和卧式高压釜相比,压力反应管可以实现极短的保持时间、高热效率和低成本投资。浆料被泵入一个外部加热的厚壁管并从腔室的另一端出来。隔膜活塞泵的技术发展能够维持 $10000 \sim 20000kPa$ 的高压,使得这种反应器的应用成为可能。

2. 碱压湿法冶金

碱压湿法冶金通常采用碳酸铵代替碳酸钠,并在 $700kPa$ 下进行碱性浸出。碳酸铵在溶液中分解,碳酸铵-铀酰配合物在常压下加热至 $100℃$ 分解,使浸出液直接汽提,化学反应如下:

$$(NH_4)CO_3(液) \longrightarrow 2NH_3(气) + CO_2(气) + H_2O(液)$$

$$(NH_4)_4UO_2(CO_3)_3(液) \longrightarrow 4NH_3(气) + 3CO_3(气) + UO_3 \cdot 2H_2O$$

气态氨和二氧化碳可以在浸出过程中进行回收和循环利用。

5.2.4 新的浸出技术

1. 溶剂浸出

在这个过程中,用少量的酸浸湿矿石,然后用溶剂提取铀。磷酸三丁酯(TBP)可用于从之前用酸浸湿的矿石中提取铀[15]。在少量酸的情况下,将矿石捣碎并在 $100℃$ 下固化几小时,然后添加硝酸盐并在恒定搅拌速度下进一步添加 TBP。然后,基础液可用于铀回收,洗掉固体残渣来回收 TBP。

已知的其他几种方法也有助于从矿石中提取更多的铀,包括盐酸-丙酮体系或类似的二异辛基磷酸。

2. 生物浸出

利用单细胞微生物的潜力从矿石中回收铀元素的浸出方法称为生物浸出[16,17]。这些单细胞生物(细菌)根据它们的生长需求(自养生物、异养生物)、氧需求(需氧、厌氧)、它们减少的矿物类型(减少硫化物、减少铁)以及形状和大小(杆菌、球菌、弧菌等),被划分成不同的类别。生物浸出在铀提取的许多商业应用中都是成功的。

铀与硫化矿物和黄铁矿矿物的结合,使这些生物还原剂在从矿石中提取铀的过程中发挥了很好的作用[9]。氧化亚铁硫杆菌是浸出和提取铀的主要生物之一。它主要通过三种机制(直接、间接和电流方式)单独或同时工作来发挥作用,并总结如下。

直接机制是利用细菌附着在矿物上,并由内在产生的酶破坏其晶格[17,18]。这种酶的降解将金属从矿石中浸出。

间接机制是利用细菌代谢过程中产生的中间体来溶解硫化矿,可以表示为

$$MS + Fe_2(SO_4)_3 \longrightarrow MSO_4 + 2FeSO_4 + S°$$

电流机制是基于电化学中的电流耦合原理,在两个不同阶段的硫化物(存在电势差)彼此紧密接触,产生电势差,而且,通过电子运动导致氧化还原反应,并在阳极处浸出纯金属。

这些反应可以总结如下:

$$MS \longrightarrow M^{2+} + S° + 2e^- (氧化-阳极)$$

$$O_2 + 4H^+ + 4e^- \longrightarrow 2H_2O(还原-阴极)$$

氧化亚铁硫杆菌促进硫转化为硫酸盐,并实现阳极溶解不间断地进行[19,20]。具体到铀的浸出,酸性硫酸铁作为氧化剂,是导致溶解过程的重要细菌代谢物。在含有细菌参与的铀制造过程中,酸性硫酸亚铁浸出液的连续氧化是整个过程的关键。

生物浸出是一个非常缓慢的过程,有几个因素会影响其速率,如高黄铁矿含量,有利于细菌生长和作用的铀矿物,寄主岩石对浸出溶液和气体的渗透性,以及矿石中基本成分的缺乏和矿石中存在可以提供营养来维持微小生物生存的矿物质[21-23]。

3. 原位浸出(ISL)

1)方法

工业上通常采用在地壳内部的矿物沉积位置进行溶解开采或浸出,不用去除主体岩石或上覆岩石,以提取低丰度的可溶盐矿床,如碳酸钾、氯化钠、硫酸钠和碳酸盐,其就开采成本和费用而言已被证明是合理的。

原位浸出[7,24]具有以下几个优点:最小的地表扰动、消除传统采矿程序产生的废物、最小的采矿作业危险(如磨矿和破碎)[8],以及地面工序产生的废物最少,使得其可以用经济效益高的方式安全地处理。但是,低回收率和存在污染地下水的风险是它的主要缺点。

原位浸出主要涉及两种技术(图5.8)。首先,当矿体暴露或埋藏时,需要在矿体上喷淋。

2)参数

有几个参数对原位浸出回收铀起着重要的作用,如下所述[5,7]。铀矿应该在一个水平多孔层中,在它下面有一个不透水的非多孔层,岩床中不应当有任何破碎结构,矿石必须在静止的地下水位以下,已知通过矿石的自然水流的方向和速度铀矿物必须适合于原位浸出处理,而且,矿体必须有足够的大小,以保证提取过程中

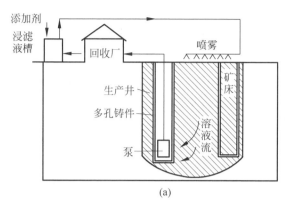

(a)

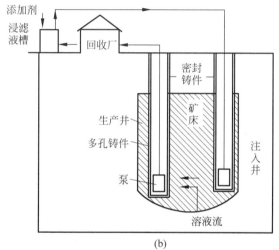

(b)

图 5.8　原位浸出作业

(a) 裸露矿体；(b) 地下矿体[5]

所涉及的巨额费用是合理的。

使用溶解开采方式回收铀需要以每间隔 10～20m 的几何图形进行钻井。井的分布可以是方形、矩形、蜂窝形或不规则,角落的井可用来注入浸出液,中间的井可用来泵出用于处理的原浆。

通过套管和泵固井,使井只在矿石中理想的位置开启。对于铀来说,使用酸或碱的溶解过程主要是促进矿石中自然形成的 4 价态铀转变为 6 价态铀。

3) 原位浸出(ISL)系统

ISL 系统已在多个领域内应用于处理具有特殊性能的工作。如碱浸、酸浸、铀回收和地下水恢复。

碱性浸出包括碳酸氢盐浸出,用于处理含有耗酸成分的矿石。碳酸氢铵是早期

ISL 试剂之一。另一个系统使用苏打灰和二氧化碳与地下水混合,在 pH 为 7.5～8.0 范围内形成碳酸氢盐。矿体的整体化学反应可以概括为

$$UO_2 + 1/2O_2 \longrightarrow UO_3$$

$$UO_3 + 2HCO^{3-} \longrightarrow UO_2(CO_3)_2^{2-} + H_2O$$

类似地,黄铁矿物(FeS_2)可以浸出亚铁离子硫酸钠和碳酸氢钠,其中亚铁离子可以作为铀的氧化剂。

在原位浸出过程中,再沉淀和共沉淀对铀的整体回收有重要影响。污染物元素的沉淀有利于从原浆溶液中消除污染物,但是,钙与硫酸盐(或钒酸盐、钼酸盐和砷酸盐)的沉淀可能固定并堵塞床层,阻止铀在回收过程中的流动[7]。因此,对于富硫酸盐体系,这需要定期用 HCl 清洗床层,并使用碳作为钼和钒的活性吸附剂,以增加溶液中的铀收率。酸浸系统具有溶液中铀浓度高、氧化剂要求低、使用寿命和回收期短、副产物回收潜力大诸多优点。

在铀回收的过程中,稀铀溶液通过现场管道的通道收集到一个单一的槽中进入离子交换系统,在那里它要经过活性炭过滤器。碳酸氢铀一旦被加入,氯化物就会被释放出来并使得其含量上升,从而影响交换过程。从单元流出的废液将与地下水一起被处理,并使用一个太阳能蒸发池来暂时存储溶液。

地下水修复是重大的环境问题,需要得到适当的处理:防止和控制浸出液渗漏到周围环境(通过井场模式和对使用井监测),并在浸出过程(抽除多余的水,洗涤和化学处理)完成后将地下水恢复到可接受的安全标准。地下水的恢复主要涉及三种技术:地下水清扫(将浸出区的污染水清除并由外部淡水取代)、溶液处理(从地下水中回收的溶液通过电渗析或反渗透处理后再注入)和化学沉淀(注入适当的化学物质以中和沉淀污染物)。使用单一或多种技术的方式来充分恢复环境。一旦所有的开采工作完成,该场点就会被恢复到以前的状态。所有的油井都要封堵,埋在地下的管道要拆除,地表要美化、种植,并在监测了足够长的一段时间之后,才能将其向公众开放使用。

4)商业考虑

铀存在地区的地质构造通常包括泛滥平原、三角洲构造和浅海潟湖沉积。容矿岩为富含铀矿火山灰的沙和砂岩[12]。源自深层碳氢化合物的气态硫化氢可以作为很好的还原剂从火山灰中析出铀。

铀的高放射性能力和主矿床的多孔性,要求对拟开采地点的几英里范围内进行详尽的调查,这不仅对环境很重要,而且对检查拟开采过程的可行性也很重要。

一旦浸出过程完成,就必须将浸出过程中使用的试剂泵出,直到在岩石床上使用的试剂全部耗尽。试剂需要得到充分处理,井中需要注入新鲜的、未受污染的水。

5）渗透式 ISL

在渗透式 ISL 中，矿石在注入前是通过在地下采矿或者爆炸破碎方式制备的[7]。在爆破作业之后，这些孔可用于给料、储存和排出矿物溶液。它不仅可以应用于爆炸破碎，还可以基于相同的原理，应用新的自动化的、低辐射暴露的变体，如液压解聚集。

4. 堆浸或倾倒浸出

目前，硫酸溶液堆浸铀与生物浸出的结合，又重新引起了科学家新的兴趣[16,24]。在这个过程中，将该区域的所有植被清除，平整成斜坡，压实，并覆盖一层沥青。将破碎的矿石倾倒在沥青层上，然后将浸出液喷在上面。浸出液往下渗滤，通过收集、加工和精制，以提取铀。图 5.9 的示意图总结了这一过程。

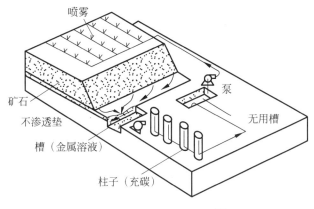

图 5.9 矿床堆浸示意图[5]

5.3 浸出液处理和参数

铀浸出液是含有阳离子和阴离子的复杂混合物。与含铝、铁、钛、镁、钒、镧系元素和大量二氧化硅的酸浸铀浸出液相比，碱性浸出溶液相对纯净。不管采用何种技术，溶液中的铀浓度都很低[4,6,9]。溶液需要使用离子交换技术（树脂或溶剂）进行处理、提纯和浓缩。离子交换是非常有选择性的和定量的。这两个步骤都包括两个阶段：吸附阶段（浸出液与有机相接触）；洗脱离子的交换和溶出（前一步中的有机溶剂与合适的水介质接触，将铀离子从有机相移到液相并选择性地提取铀）。这些工艺具有高度的选择性，以至于在最终的浓缩产品中，铀的浓度可以增加 10 倍，然后再进一步加工得到金属铀。对于铀萃取来说，离子交换过程是一种物理化学方法，而溶剂交换主要是一种化学方法，它有几个优点，例如，减少溶液的体积，通过进一步的化学处理回收铀并生产高纯度的铀金属块，在元素的定量生产方面非常有选择性。

5.3.1　离子交换

1. 前言

离子交换过程主要是水溶液和与溶液接触的不溶性固体之间相同电荷符号的离子可逆交换。从铀矿开采之初,就开始使用合成离子交换树脂,从金属浓度不超过某一特定范围的酸性和碱性稀溶液中回收铀元素。

由于树脂结构、交换技术和树脂技术的进步,工业上采用的连续交换方式可以回收大量的高纯度铀。虽然过程中的每一步都很重要,但如下所述,吸附和洗脱起着更为关键的作用。

2. 吸附和洗脱原理

用于铀工业的合成树脂是由具有离子交换功能的季胺聚合物组成的珠状半刚性凝胶,其化学结构如图 5.10 所示。

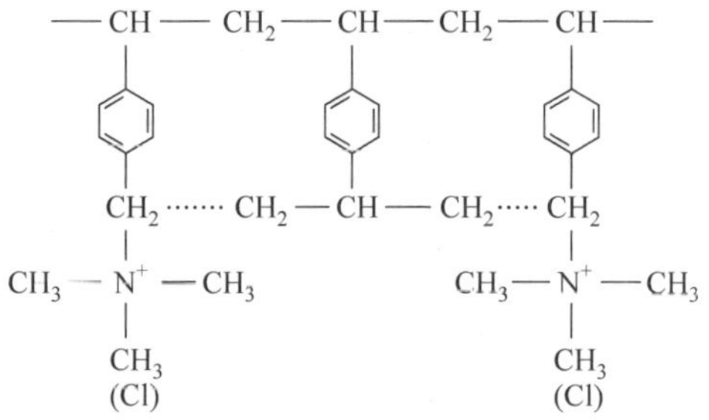

铀在酸性溶液中存在的不同形式包括铀酰离子(UO_2^{2+})、不带电的中性硫酸络合物($UO_2(SO_4)$)和带负电荷的络合物 $[UO_2(SO_4)_2]^{2-}$ 和 $[UO_4(SO_4)_3]^{4-}$。因此,铀表现为一种两亲性材料,可以被阴离子和阳离子络合物吸附,但阴离子络合物更有利,因为只有少数离子被该方法吸附,

图 5.10　离子交换树脂的化学结构[5]

包括砷酸盐、高锰酸盐、铬酸盐、钒酸盐、钼酸盐和铁离子。这些离子可以被还原成其他形式,不会随着铀一起回收[25]。

由于阴离子的形成,硫酸根离子浓度是从酸性硫酸浸出系统吸附铀的最重要因素。平衡条件下,当硫酸盐与铀的比例小于 2 时,铀的吸附量会增加。过量的硫酸盐离子会与树脂上的活性位点竞争,从而导致吸附减少。H^+ 离子浓度对铀在树脂上的吸附也有重要作用,它可以维持溶液中最佳的硫酸根离子浓度。吸附的最佳 pH 在 2.0～2.5。正六价铀比正四价铀更容易被吸收。碳酸盐在碱性浸出液中的作用类似于硫酸盐在酸性浸出液中的作用。

一旦离子被充分吸附到树脂上,树脂需要再生以继续保持离子交换机制,因此,洗脱就出现了。在某些情况下,洗脱是在一个步骤中进行的,而洗脱的树脂再生则是在另一个步骤中完成的。例如,弱酸树脂通过 Cu^{2+} 和 Ni^{2+} 来负载[25]。

3. 化学反应

铀离子交换的化学过程可以通过以下一系列化学反应来表示[6]。化学过程开

始于硫酸在酸浸溶液中的平衡反应,表示为

$$HSO_4^- \longleftrightarrow H^+ + SO_4^{2-}$$

$$UO_2^{2+} + SO_4^{2-} \longleftrightarrow [UO_2(SO_4)_2]^{2-}$$

$$[UO_2(SO_4)_2]^{2-} + SO_4^{2-} \longleftrightarrow [UO_4(SO_4)_3]^{4-}$$

因此,几个离子相互竞争以占据交换树脂上的活性位点,从而需要用于铀的特定条件,以使铀在树脂中优先站位:

$$4R^+X^- + [UO_4(SO_4)_3]^{4-} \longleftrightarrow (R^+)_4[UO_4(SO_4)_3]^{4-} + 4X^-$$

$$R^+X^- + HSO_4^- \longleftrightarrow R^+HSO_4^- + X^-$$

$$2R^+X^- + SO_4^{2-} \longleftrightarrow (R^+)_2SO_4^{2-} + 2X^-$$

其中,R=固定离子交换位点;X=可移动种类。

铀处理中的特征洗脱反应也可归纳如下:

$$(R^+)_4[UO_4(SO_4)_3]^{4-} + 4X^- \longleftrightarrow 4R^+X^- + UO_2^{2+} + 3SO_4^{2-}$$

$$R^+HSO_4^- + X^- \longleftrightarrow R^+X^- + HSO_4^-$$

$$(R^+)_2SO_4^{2-} + 2X^- \longleftrightarrow 2R^+X^- + SO_4^{2-}$$

对于碳酸盐浸出液中的碱性溶液,所涉及的离子有钠离子、碳酸盐离子、碳酸氢盐离子以及与碳酸盐的铀络合物,主要反应可以概括为

$$4R^+X^- + [UO_4(CO_3)_3]^{4-} \longleftrightarrow R_4UO_2(CO_3)_3 + 4X^-$$

$$R^+X^- + HCO_3^- \longleftrightarrow RHCO_3 + X^-$$

$$2R^+X^- + CO_3^{2-} \longleftrightarrow R_2CO_3 + 2X^-$$

当溶液中碳酸氢根离子浓度增大时,树脂对铀的吸附能力显著降低,这是因为碳酸氢根离子比碳酸根离子有更强的铀吸附亲和力。当碳酸盐溶液被回收利用时,大量的其他离子也倾向于逐渐累积,并倾向于使铀在树脂上的吸附降低。

常用的洗脱剂为氯化钠或硝酸铵,对碳酸盐体系的主要洗脱反应可表示为

$$R_4UO_2(CO_3)_3 + 4X^- \longleftrightarrow 4R^+X^- + UO_2^{2+} + 3CO_3^{2-}$$

洗脱液用碱处理或用酸中和可沉淀成铀。当某些离子固定在树脂上而洗脱不能使树脂再生用于铀回收时,也可能发生树脂中毒,例如,在酸浸系统中,钒酸盐、钼酸盐和硫酸铀酰络合物会堵塞树脂的活性位点。另一种洗脱系统可用于从树脂活性部位去除掺入的离子。

4. 离子交换材料/设备

主要有两种离子交换材料:无机类包括铝硅酸盐(常被称为沸石),有机类包括磺化煤、带有固定离子基团的长烃合成树脂(弱酸阳离子交换剂、强酸阳离子交换剂、弱碱阴离子交换剂、强碱阴离子交换剂)[9]。

自开始铀的处理以来,人们已经开发了各种类型的离子交换设备,它们可以分为固定床塔、矿浆树脂(RIP)系统、筛混合 RIP、悬浮床塔、流化床和连续离子交换

系统,以下将分别进行描述。

1) 固定床塔

在固定床柱中,进料溶液被送入垂直安装的圆柱形罐中,罐内内衬合适的材料,包括一个填充的树脂床,它位于破碎的岩石或沙子的床上。溶液通过与树脂床上方的圆柱体相连的柱进出。在传统的设计中,树脂是静态的,溶液流动并通过适当的阀门布置进行循环。该过程如图 5.11 所示。

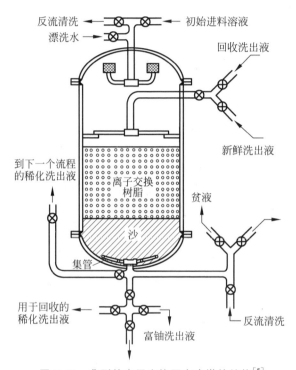

图 5.11 典型的离子交换固定床塔的结构[5]

固定床塔系统需要巨大的资金投入、大型压力塔、复杂的阀门系统,以及在塔内安装初始树脂。传统设计的革新已成功应用于工业中,其中树脂是流体并装载在一个单独的洗脱系统中,可提供足够的柱空间并可使树脂有效再生[5]。

2) 矿浆树脂系统

RIP 系统特别适用于处理过滤和沉淀性能较差的矿石[7]。它可以处理中密度至高密度的浆体,并具有若干优点,如低资金投入和操作成本,因为在净化前取消了浆体的预过滤,并减少了洗涤过程中的可溶铀损失。下面对不同类型的 RIP 系统进行了总结。

(1) 矿浆树脂篮。

在这种技术中,树脂以小球的形式被包装在立方体的篮子中,篮子由孔隙率约

为 $600\mu m$ 的不锈钢筛网包围,悬浮在脱砂浸出浆中,如图 5.12 所示。

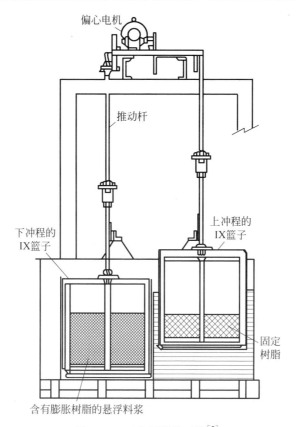

偏心电机

推动杆

下冲程的
IX篮子

上冲程的
IX篮子

固定
树脂

含有膨胀树脂的悬浮料浆

图 5.12　矿浆树脂篮系统[5]

吊篮通过电机驱动曲轴连接,可在装有浆液的矩形槽内以 10～12 冲程/min 的固定速度上下移动。篮子的运动不仅在树脂基体中为溶液留出了新的空间,而且还保持了细浆颗粒的悬浮状态,保持了浸出液与珠子的充分接触[5]。一个槽里的一组篮子构成了一个储库,任何加工业中都包含了许多储库。当箱子中的铀饱和时,要么将其排干,并通过箱子的其余部分串联冲洗;要么将内容物排到进料槽,然后将进料切换到下一个箱子。然后,在使用硝酸盐溶液进行的洗脱过程中,将饱和箱子添加到另一个的末端。

使用 RIP 洗脱液沉淀铀与柱状体系相似,只是后者需要预先分类。

(2) 筛混合 RIP。

在这一过程中,浸出浆料从离子交换树脂床逆流而出,该过程涉及将离子交换树脂珠混合到脱砂浸出浆料中,以从浸出液中吸附铀。在一个单独的系统中筛选饱和珠,然后再循环加载贫瘠的树脂。在工业中,将砂泥分离与洗涤循环相结合已经是常规做法,给料被分成细浆和粗浆。粗浆被冲洗后加入细浆形成 RIP 进料。在处理过程中,泥浆和树脂通过一系列搅拌向相反的方向运动。每个阶段的排放都经过筛选,多个阶段的逆流运动会导致一端的树脂饱和而另一端的废水耗尽。饱和树脂在类似的体系中进一步洗脱。空气搅动在每个阶段都提供了必要的停留时间,并提升过量的树脂用于进一步的筛选。整个过程如图 5.13 所示。

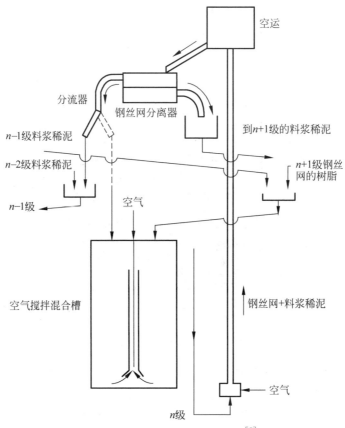

图 5.13　混合型树脂矿浆系统[5]

（3）悬浮床塔。

在悬浮床塔中,树脂负载发生在向上流动的流化模式,而洗脱发生在通过填充床的下行模式下。这个过程以一种非常类似于篮型 RIP 的循环模式运行。树脂塔底部装有不同尺寸的石英层,以控制浸出液的流动。石英砂床上方的压缩空气入口有助于在反冲洗模式下的泥浆分散。床塔顶上有筛网,以防止树脂珠在向上流动模式下的损失。

（4）流化床。

一个流化床由一个垂直的柱组成,它被水平穿孔板划分为几个部分,如图 5.14

所示。

操作过程中,浆料以向上流动的方式进料。当浆料向上移动时,它使树脂珠液化并装载铀。吸附循环完成后,向前流动会停止,树脂就会沉淀到板上。液体然后反向流动,这个阶段的树脂被转移到下一个阶段。给料的向前流动恢复,并产生了反向的流动。刚洗脱过的树脂进入萃取柱的顶部,随着它不断向下移动而变得满载,直到它从底部柱子离开。负载的树脂在静态柱中单独洗脱。

通过这样一个系统的处理过程取决于几个因素,如柱的宽度,树脂体积,溶液流速,树脂柱内的空隙,平衡等温线,浸出溶液中的铀浓度,温度和与树脂接触的时间[5]。

希姆斯利(Himsley)连续离子交换系统是流化床的一种革新,在工业上经常使用,其中包括在部分负载树脂上额外加载铀,然后从较高饱和树脂中洗脱铀。它清除树脂中的杂质,并产生一种洗脱液,该洗脱液可以产生纯化的可以减少洗脱液消耗的黄色圆盘。这使得更多的铀被吸附到树脂上,从而获得更高的收率。

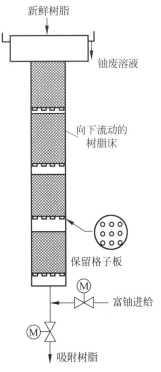

图 5.14 提取铀的连续离子交换树脂系统[5]

5. 铀溶液处理

铀的离子交换工艺可分为 6 个步骤:①吸附;②冲洗;③反冲洗和沉淀;④洗脱;⑤洗脱后的反冲洗;⑥静置。下面将对每一步进行详细描述。

1)吸附

在此工艺中,含铀溶液要通过一连串离子交换树脂床。通过串联放置几个塔柱来从液体中饱和树脂,这个循环过程可实现铀被连续吸附到使用的塔柱中。该工艺的循环过程如图 5.15 所示。它还取决于多种因素,如液体中的铀浓度、流速和树脂的容量。

2)冲洗

当串联的第二个塔床开始渗出铀时,进料循环停止,淡水以吸附过程中使用的初始流量通过第一塔床来冲洗第二个塔床。这不仅去除了填充体积大于树脂体积的空隙的基础液,而且通过水解降低了树脂的酸度。

3)反冲洗和沉淀

离子交换树脂是一种强聚电解质,它可以絮凝一些杂质,这些杂质绕过过滤和

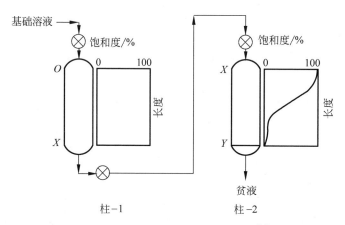

图 5.15　双塔工艺中铀的吸附特征[5]

澄清装置而在塔床的顶部以固体形式聚集,经常导致床层的压降而影响铀的加工。通过引入淡水进入塔床中,床层被液压膨胀,这使得去除絮凝固体变得更加容易。该过程会持续到溢出的污水澄清为止,然后让树脂床沉淀下来并进行下一个洗脱过程。

4）洗脱

利用 1M 的硝酸钠或氯盐的酸化溶液在树脂上洗脱吸附的铀。与洗脱中使用的其他盐相比,硝酸盐虽然昂贵,但是有更高的加工效率。初始洗脱液中铀浓度高,其用于沉淀高纯铀具有很好的经济性,后半部分含稀铀的洗脱液可进行回收。洗脱过程分为 5 个阶段,如图 5.16 所示。

在第 1 阶段,塔床接收早期循环的洗脱液,从空隙中置换含硫酸盐、硫酸氢盐和铁的水;第 2 阶段接收前一个循环的洗脱液,从树脂中置换大部分的脱附铀;第 3 阶段接收初始洗脱液;第 4 阶段接受新鲜洗脱液以实现最大的铀去除率;第 5 阶段接收淡水,从空隙中去除洗脱液离子。

5）洗脱后的反冲洗

在用硝酸盐洗脱后,残留在树脂空穴中的离子和离子交换塔床顶部的离子通过反冲洗的方式得以去除。这个步骤还有助于去除树脂床上的任何固体。

6）静置

它是循环操作转换到下一个循环之前的最后一个阶段。在这一阶段,通常会将废石转入塔床中,以确保可交换的活性位点转化为硫酸氢盐。

5.3.2　溶剂萃取

1. 前言

溶剂萃取(又称为液-液萃取,有时也称为液-液分配)自早期铀加工开始以来

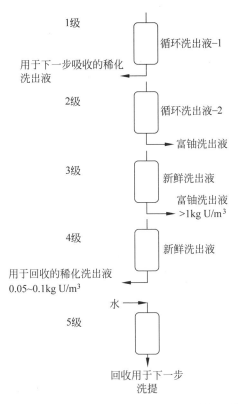

1级　循环洗出液-1

用于下一步吸收的稀化洗出液

2级　循环洗出液-2

富铀洗出液

3级　新鲜洗出液

富铀洗出液
>1kg U/m³

4级　新鲜洗出液

用于回收的稀化洗出液
0.05~0.1kg U/m³

水

5级

回收用于下一步洗提

图 5.16　一种负载固定床身树脂塔的多级洗提系统[5]

一直在使用。一般情况下,溶剂萃取被认为适用于大型铜厂、一些常见金属,以及冶金和化学领域的多种其他情况。工业的不断进步使其得到了发展,适用领域也不断扩大。在刚才提及的铜冶金方面,可以进一步说,在溶剂萃取作为一种可行的商业化工艺出现之前,没有任何方法可以回收来自弱源的铜。溶剂萃取在铜的提炼过程中涉及弱铜源的浸出,最终得到相对纯净、浓缩的铜溶液,浓缩后很容易通过电化学手段获得铜。因此,溶剂萃取在铜冶金中经常提到,其已经弥合了弱铜溶液和电解沉积之间的差距。这种方法的好处是巨大的,因为如果不是采用溶剂萃取法,则大部分的铜都不适合开采或者未被开发。

图 5.17 展示了一个通用的溶剂萃取过程。该过程需要两种不相溶的相(有机相和液相)接触。有机相与离子交换过程中的树脂相非常相似,因此,溶剂萃取过程也被称为液体离子交换。在萃取的第一步中,当两相直接接触时,液相中的铀就会转移到有机相中,例如,通过机械搅拌器进行搅拌。达到平衡后,两相密度的差异使得它们在沉淀器中可以有效分离。

有机相可能含有微量的共萃取杂质,这些杂质可以在"洗涤"步骤中被分离出

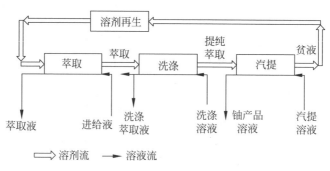

图 5.17 通用的溶剂萃取过程[5]

来。在这个过程中,将含水洗涤溶液与有机物(即初始萃取物)混合。杂质被转移回水相中,而铀则完整地保留在有机相中。然后将提纯后的萃取物进入洗提阶段。在洗提阶段,萃取物与精心选择化学成分的水相进行接触,使铀转移到水相中。洗提工艺会产生含铀溶液和经过洗提的干净溶剂。然后用典型的化学沉淀法对纯铀溶液进行铀回收处理。

在萃取阶段产生的萃取水流通常称为萃余液,通常用于回收其他有价值的副产物,或在适当的污水处理后作为废物排放。在其他溶剂萃取过程中,洗涤操作可能被绕过,这取决于所产生的溶剂选择性、给料液中存在的杂质或所需的纯度。在萃取步骤中,萃取操作产生的溶剂在回收之前通常要进行再生。萃取、洗涤和洗提的每一步通常都是逆流往复的[25]。

2. 过程化学

铀的独特之处在于它可以从浸出溶液中以阳离子、络合阴离子或中性络合物的形式提取。铀以下列形式存在于硫酸浸出的水介质中:UO_2^{2+},$[UO_2(SO_4)_2]^{2-}$,$[UO_2(SO_4)_3]^{4-}$ 或者 UO_2SO_4。任何一种物质的提取都会导致平衡的变化,从而形成更多的被提取的物质,直到达到中间相平衡。在溶剂萃取中使用的溶剂根据提取的铀络合物的类型分为三类。

(1) 以阳离子形式(UO_2^{2+})萃取铀的第一类萃取剂的主要成分是烷基磷酸、氨甲基磷酸和烷基次磷酸。最常见的是二乙基己基磷酸,一般缩写为 D2EHPA 或 DEHPA[26]。铀酰离子与两个二聚体反应形成络合物,萃取反应如下所示:

$$UO_2^{2+}(aq.) + 2(RH)_2(org.) \longleftrightarrow UO_2(R_2H)_2(org.) + 2H^+(aq.)$$

从交换反应的性质来看,随着酸度的增加,萃取过程显著减少。除铀以外,还可以提取铁等其他杂质。水相的酸度会影响铀和铁的分离。其选择性也可以通过改变氧化价态来改变,例如,铁的还原态表现出较低的萃取率。可以用强酸或碳酸溶液从 D2EHPA 中提取铀。用盐酸汽提将铀转化为氯络合物,这往往具有较低的提取率。碳酸酯溶出涉及以下这些反应：

$$UO_2(R_2H)_2+3Na_2CO_3 \Longleftrightarrow 2NaR_2H+Na_4UO_2(CO_3)_3$$
$$2(RH)_2+Na_2CO_3 \Longleftrightarrow 2NaR_2H+H_2CO_3$$

在使用的 pH 水平下,碳酸钠溶出会导致其他金属的不溶性氢氧化物的形成,并最终导致它们的沉淀。这种沉淀是有利的,因为它消除了萃取剂中可能干扰后续萃取步骤的杂质积累。酸性萃取物也可以用 HF 溶液萃取。将溶剂与加入了还原剂的 HF 接触会导致氟化铀的沉淀,如 $FeSO_4$。所生产的 UF_4 纯度可能不高,但生产成本低。

(2) 第二类为碱性萃取剂,阴离子配合物形式的铀([$UO_2(SO_4)_2$]$^{2-}$,[$UO_2(SO_4)_3$]$^{4-}$),包括仲胺或高分子量三烷基叔胺。

胺的交换反应类似于阴离子交换树脂的交换反应。在硫酸盐介质中,阴离子通过如下反应形成硫酸盐和硫酸氢盐：

$$2R_3N+H_2SO_4 \Longleftrightarrow (R_3NH)_2SO_4$$
$$(R_3NH)_2SO_4+H_2SO_4 \Longleftrightarrow 2(R_3NH)HSO_4$$

铀的交换涉及下列反应：

$$2(R_3NH)_2SO_4+UO_2(SO_4)_3^{4-} \Longleftrightarrow (R_3NH)_4UO_2(SO_4)_3+SO_4^{2-}$$
$$2(R_3NH)HSO_4+UO_2(SO_4)_2^{2-} \Longleftrightarrow [R_3NH_2]_2UO_2(SO_4)+2SO_4^{2-}$$

也可以用纯碱溶液进行洗提,反应如下：

$$(R_3NH)_4UO_2(SO_4)_3+5Na_2CO_3 \Longleftrightarrow$$
$$4R_3N+Na_4UO_2(CO_3)_3+2H_2CO_3+3Na_2SO_4$$

虽然在选择胺萃取剂时会考虑到铀,但有些金属(如钼)比铀更容易萃取,因此可以通过选择性洗提来实现分离。用氯从溶液中除去铀,然后用氢氧化钠除去钼。与使用树脂分离类似,任何存在的 HSO_4^- 离子都可能竞争萃取剂,因此使得在低 pH 水平下往往会导致铀的萃取减少。

(3) 第三类萃取剂的主要成分是醚、三烷基磷酸酯和三烷基氧化膦,它们萃取中性络合物,这是铀在水溶液中存在的一种形式。萃取的机制大体上可以表示为

$$UO_2(NO_3)_2+1TBP(aq.) \Longleftrightarrow UO_2(NO_3)_2(TBP)_2(org.)$$

高浓度的硝酸盐离子将使平衡向右移动,从而加强铀的提取。相反地,从加载的有机物中洗提铀可以通过与水的接触来实现,因为低硝酸盐浓度会使平衡向左移动。磷酸三丁酯(TBP)萃取的一个显著优点是易于用软化水进行萃取;与给料溶液中存在的其他离子相比,其另一个优点是对铀的萃取可能具有较高的选择性。TBP 工艺生产的产品一般具有较高的纯度。三烷基膦氧化物也是中性化合物,能够从硫酸盐浸出溶液中提取铀络合物。但其萃取性能低于烷基磷酸。碳酸盐溶液

也可以通过氧化膦萃取铀[27]。浸出液最重要的特性是铀的价态(或氧化态)、阳离子的性质和阴离子的性质。

浸出液中可能含有六价铀酰形式的铀,也可能含有四价铀酰形式的铀。TBP、伯胺和一些仲胺的还原反应系数较高,但叔胺和一些仲胺的反应强度不足以萃取铀酰等含铀配合物。烷基正磷酸因其与硫酸盐溶液提取这两种形式的能力几乎相同而闻名。

水相中的阴离子决定了可萃取铀络合物的类型和所需萃取剂的类型。

铀浸出液通常含有一些阳离子杂质,如铁、钒、钛等,它们对萃取过程有复杂的影响,涉及分离因子和萃取系数。例如,铁和钒很容易在低酸条件下提取,而从未污染的溶液中提取铀受酸的影响较小。若浸出液中铀要从铁和钒中分离出来,则较低的酸度可以降低铀的萃取系数。铁的氧化状态可能是一个重要的因素。三价铁还原为亚铁限制了烷基磷酸对它的萃取能力。通过磷酸盐或氟化物与浸出液的结合,可以减少钛对烷基磷酸从硫酸溶液中萃取铀的干扰。还可以用稀的含氟溶液擦洗从烷基磷酸萃取剂中去除钛。钼的萃取需要碳酸盐再生溶剂,以防止回收过程中其在溶剂中的积累。

5.3.3 新的分离技术

1. 凝胶萃取

1)水凝胶

水凝胶是一种具有很强吸水能力的高分子材料。水凝胶具有微孔结构,可以充满水至自身质量的近 1000 倍。在干燥状态下,这些材料具有类似玻璃的特性,当遇水膨胀时,它们则变得有弹性。通过对其化学结构的调控,可以改变其膨胀程度、水的扩散系数、交联密度和尺寸,例如,水凝胶在生物工程、制药、生物医学、农药和金属吸附等领域有广泛的应用。以丙烯腈和二乙烯基苯为原料制备偕胺肟类共聚物水凝胶,可以用于海水中铀的回收。以丙烯酰胺和衣康酸(AAm/IA)或丙烯酰胺/马来酸(AAm/MA)制备的水凝胶对硝酸介质中的铀酰离子具有优异的吸附能力[28]。

当铀酰离子与衣康酸(IA)的羧基在水凝胶中相互作用时,铀酰溶液中的溶胀率为 58%,而在水凝胶中的溶胀率为 166%。这些铀酰离子的相互作用在本质上是倾向于静电的,如离子或离子偶极机制。在含 20~430mg/L 铀酰离子溶液中,AAm/IA 水凝胶对铀酰离子的吸附范围为 42~76mg/g,AAm/MA 水凝胶对铀酰离子的吸附范围为 14~90mg/g。吸附随水凝胶中 IA 或 MA 含量的增加而增加,但在 2.5~6kGy 的辐射剂量范围内不发生变化。吸附取决于制备铀酰溶液时的阴离子种类。乙酸铀酰的吸附性能优于硝酸铀酰。吸附在本质上是物理作用。浸在硝酸铀酰溶液中的水凝胶与清水接触可减小金属含量[28]。

2）疏水凝胶

含有溶剂萃取剂分子的疏水凝胶为从水溶液中分离金属离子提供了一条新的途径。凝胶可以通过在提取液中浸泡低交联聚合物珠或使用合适的糊化剂来制备。

塔床中凝胶萃取的效率超过那些传统的液-液塔床方式。共聚物在溶剂中膨胀的一个重要特征就是外表面的疏水性。为了有效分离，需要使表面具有亲水性。这可以通过用热浓硫酸处理来实现，过程中能产生磺化的"可湿"共聚物的薄外壳。实验表明，TBP-全氯乙烯掺杂 SDVB 凝胶能成功地从硝酸盐介质中吸收铀。塔床操作的有效曲线是尖锐的，这表明凝胶-溶液界面和凝胶内部有高的转移率[29]。

凝胶液体萃取的局限性是由于凝胶在通过流动介质时有自然地失去活性溶剂的趋势，以及凝胶在含有高水平酸性介质（如 6n HNO₃）的溶液中有退化的趋势。大量溶质（如硝酸）的吸附可以产生和引起凝胶结构的变化，这往往可能导致溶剂的喷射。凝胶分离是非常有利的，因为它消除了溶剂的夹带损失，并且在正常的液-液萃取过程中对采用大的水/有机比的系统有很好的适用性[30]。

2. 薄膜分离

利用半透膜作为分离屏障的工艺似乎已成为流行的新型分离工艺。薄膜分离工艺往往比传统分离技术具有更好的有效性和经济性。许多综述详尽地报道了薄膜技术的发展和应用[31-34]。

薄膜应被认为是两相之间的半透屏障。这个屏障能够以一种非常精确的方式限制通过它的分子的运动。薄膜分离是一个速率过程，分离是由一个驱动力完成的，而不是传统技术中典型的相之间的平衡。除了固体膜外，不混溶的液体也可以作为两液相之间的薄膜。不同的溶质在液体中有不同的扩散系数和溶解度，选择性渗透可以导致分离。当利用液膜时，扩散系数通常比固体中的扩散系数高一个数量级，因此可以获得较大的通量。

当溶质浓度极低且要处理大量溶液而不产生任何二次废物时，液膜（LM）的利用就显得更为重要。虽然液膜技术尚未实现大规模的工业应用，但已经对几个试点工厂进行了测试。液膜过程与溶剂萃取（SX）过程有相同的基本萃取和汽提反应[31,32]。其中的重要区别在于液膜大大减少了有机溶剂的用量。它的工作原理是通过膜将金属转移到剥离剂溶液中，同时在膜的两侧进行萃取和汽提。图 5.18 给出了不同类型的液膜。

1）大块液膜

大块液膜（BLM）的特点是两种可混溶的水液体（进料和带料）被第三种不混溶的有机液体（载体）隔开，如图 5.18(a)所示。从进料到带料的物质转移是通过载

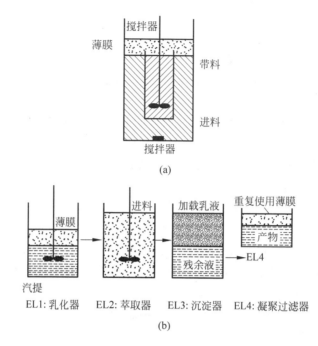

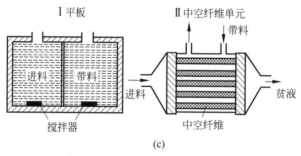

图 5.18 薄膜类型

(a) 大块液膜；(b) 乳化液膜；(c) 支撑液膜[5]

体进行的。大块液膜可用于优化支撑液膜(SLM)和乳化液膜(ELM)的数据[35]。

2) 乳化液膜

乳化液膜(ELM)或表面活性剂液膜基本上是双乳液,即水/油/水(w/o/w)体系。在这个系统中,分离含水进料和带式溶液的油是膜相。ELM 的制备方法是首先利用合适的表面活性剂在两相之间形成乳化液(图 5.18(b)中 EL1),然后分散在第三个连续相(EL2 和 EL3)中形成的乳化液。因此,可混相被不可混的膜相分离开。添加了表面活性剂来形成稳定的乳化液。通常情况下,乳化液中被包裹的内液滴直径为 $1\sim3\mu m$。当乳化液在外部连续相中被搅拌分散时,会形成许多小的乳化液小球,其大小取决于表面活性剂的性质和浓度、内相的黏度、强度和混合方式。一般情况下,微球的直径保持在$100\sim2000\mu m$范围内。每个液滴内部含有许多液滴,很容易形成大量的乳化液液滴,在毗邻外部连续相提供一个大的物质转移区[36]。

内部物质转移面积(通常为$16m^2/m^3$)远大于外部物质转移面积。萃取后,通过沉淀将乳化液和外部连续相分离,通过加热、离心或静电聚结器将乳化液破碎来恢复内部相。乳化液膜主要问题是乳化液的膨胀和破裂。乳化液必须能够承受在萃取过程中混合、分离乳化液去除内部相时产生的剪切力。已经对乳化液膜工艺进行了全面研究,以用于湿法磷酸提铀[26]。例如,以三辛基氧化膦(TOPO)为载体,可以从硝酸盐介质中回收U(Ⅵ)和Th(Ⅳ)。从0.1M硝酸溶液中可回收98%的U(Ⅵ)和82%的Th(Ⅳ)。采用TOPO/Span 80/柠檬酸钠溶液制备液态乳化液。回收U(Ⅵ)和Th(Ⅳ)产品的含量低于2%的Fe(Ⅲ)[37,38]。

乳化液膜工艺的主要问题是乳化液的稳定性。乳化液膜的工业应用要求对制备膜乳化剂的一些新型表面活性剂进行深入的研究和合成。

在塔式操作中使用含磁性颗粒的w/o乳状液滴的目的是提供独特滴落运动的可能性,如流体化或有利于界面物质转移的液相振动。此外,磁力还能增强乳液与连续水流的相分离[34]。

3) 支撑液膜

支撑液膜(SLM)利用多孔聚合物作为支撑膜,在其孔隙中含有萃取剂。支撑液膜是通过将溶解在合适溶剂中的液体萃取剂(载体)掺杂在薄且多孔高分子膜的孔中而形成的。液膜的稳定性由毛细管表面力来决定。掺杂膜被放置在传输槽中,使其一侧朝向进料水溶液,另一侧朝向带料水溶液(图5.18(c))。该膜作为给料和带料之间的公共界面,具有特定扩散物质通过膜的选择输运特性。这种渗透是在非平衡条件下单级工艺中同时进行的萃取和汽提操作[40,41]。

4) 静电伪液膜

静电伪液膜(ESPLIM)含有一个充满萃取剂溶液的槽,该槽由穿孔挡板分隔成两部分:萃取室和剥离室。图5.19所示为室内的给料和条状溶液。有机物可以通过穿孔板,但含水的进料和带料则不能通过。沉降物位于萃取室和剥离室的底部。当具有

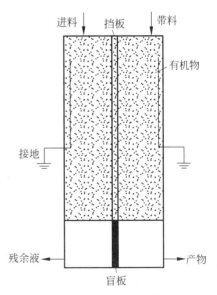

图 5.19　静电伪液膜[5]

高压静电场的交流电作用于两个室时,液滴从给料和带料溶液中形成。在萃取池中形成的络合物会通过挡板扩散到剥离室中形成并释放产物。在没有施加静电场的情况下,对类似的设计也进行了无乳液液膜(EFLM)的研究[39]。

5) 高分子夹杂膜

目前正在开发的最新、最有前途的膜系统将会具有快速传输和高选择性两大特性。这种方法称为高分子夹杂膜(PIM)。这些膜是通过在聚合物形成膜时在其内部包含合适的载体或通过化学方法形成共价键而制备得到的。高分子夹杂膜与支撑液膜相似,但其更加稳定。

在金属分离过程中,采用多级萃取是非常有必要的。然而,支撑液膜工艺本质上是一个单阶段过程。这可以通过使用多个或复合支撑液膜来解决。在这种情况下,多级是通过使用两种不同的金属运输方法来完成的,包括共运输和反运输。第一级带溶液的成分被设计用于促进第二支撑液膜反萃取金属离子。两个类似的膜串联在一起,有意向的金属可以被分离到所需要的程度。

还有其他一些有发展潜力的应用支撑液膜的方法。有研究开展了醋酸纤维素反渗透膜对铀的净化作用。PC88 对 Y(Ⅲ)的萃取率比 Fe(Ⅲ)的萃取率低,由于 Fe(Ⅲ)的迁移率和溶出率较低,采用支撑液膜可以实现铀的选择性迁移[40,42]。

6) 薄膜输运

通过支撑液膜的输运可以通过两种方式进行:一种是共输运,另一种是反向输运。

(1) 共输运。

如图 5.20(a)所示,金属离子与来自给料溶液的反离子一起通过支撑液膜进行输运。如果水萃取剂是碱性或中性的,则系统的驱动力是进料和带料溶液之间的扩散系数差,即 D。这通常是通过在进料和带料溶液之间保持反离子 X^- 的浓度梯度来实现的(如 NO_3^-,Cl^-)。反负离子与金属阳离子结合,在膜中与萃取剂 E 形成络合物。然后,复合物扩散到膜的另一侧,金属离子和反离子因此被转移到带料溶液中。这种耦合输运的化学反应如下:

$$M^{n+} + nX^- + E(薄膜) \xrightarrow{提取} EMXD_n(薄膜)$$

$$EMXD_n(薄膜) \xrightarrow{去除} E(薄膜) + M^{n+} + nX^-$$

释放的萃取剂分子随后向支撑液膜-金属离子进料界面扩散,与反离子发生反应,直到达到最终平衡状态。

(2) 反向输运。

如图 5.20(b)所示,酸性萃取剂 HX 在支撑液膜-进料界面与金属阳离子形成络合物。在将金属离子释放到带料溶液中并从带料溶液中获得 H^+ 离子的同时,复合物向支撑液膜-带料界面扩散。由此产生的 HX 物质扩散回支撑液膜-给料界

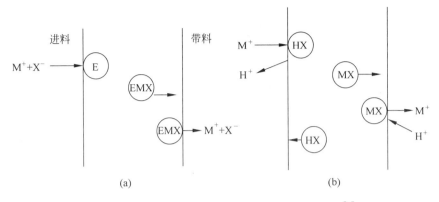

图 5.20 薄膜中的 (a) 共输运和 (b) 反向输运过程[5]

面,从而获得更多的金属离子并继续这个过程。萃取剂分子持续在进料和支撑液膜带料界面之间进行输运。

$$M^{n+} + n\mathrm{HX}(\text{薄膜}) \xrightarrow{\text{提取}} \mathrm{MX}_n(\text{薄膜}) + n\mathrm{H}^+$$

$$\mathrm{MX}_n(\text{薄膜}) + n\mathrm{H}^+ \xrightarrow{\text{去除}} n\mathrm{HX}(\text{薄膜}) + M^{n+}$$

反向输运支撑液膜的驱动力仅仅是给料和带料溶液之间的 pH 差。这是从研究中系统的高给料和低带料 D 值的条件中固有的,因为进料中高 D 值将促进通过膜的萃取,而带料中的低 D 值将反萃取金属离子。给料和带料溶液的 D 值差由 pH 差来维持。对于二价金属离子和酸性萃取剂,给料和萃取剂之间的界面反应如下:

$$M^{2+}(\text{aq.}) + 2\mathrm{HX}(\text{mem.}) \longrightarrow \mathrm{MX}_2(\text{mem.}) + 2\mathrm{H}^+(\text{aq.})$$

式中,aq. 代表水相;mem. 代表膜相。平衡常数 K 的表达式为

$$K = \frac{[\mathrm{MX}_2(\text{mem.})][\mathrm{H}^+(\text{aq.})]^2}{[\mathrm{HX}(\text{mem.})]^2[M^{2+}(\text{aq.})]}$$

这个平衡常数在膜的进料和带料两边都是相等的[41,43]。

支持液膜技术相比于许多传统溶剂工艺具有许多优点:①消除相分离问题,无色散;②有机相夹带可以忽略;③单级萃取;④由于库存低,昂贵萃取剂的经济性好;⑤具有利用高给料/带料比来实现更大的溶解物质浓度的可能性;⑥更低的资金和运营成本。

5.3.4　沉淀

沉淀是溶解的物质转化为不溶形式的过程,然后大部分从溶液中分离出来。要从可溶的形式转变到不可溶的形式,一定有化学或物理的变化发生。沉淀法是一种

通用的方法,广泛地用于从溶液中分离和回收金属。不同的沉淀方法如图 5.21 所示。沉淀过程可分为两类:物理沉淀和化学沉淀。物理沉淀不涉及试剂的使用,但可以通过调节浓度和温度来实现结晶化。只有少数的几种方法被认为是纯粹的物理沉淀。相比之下,有许多沉淀过程都是化学沉淀。

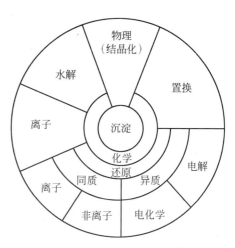

图 5.21 沉淀工艺的分类[5]

1) 结晶化

严格来说,结晶是一种物理沉淀过程,在此过程中,溶液的浓度和温度会发生变化,从而导致离子固体结晶相的形成。这一过程可能是从溶液中以固体化合物的形式回收金属的最简单和最古老的方法。通常情况下,温度会升高或降低,直到溶液中金属盐含量超过溶解度。当溶解度超过时,盐从溶液中析出或结晶。如果几种金属盐同时存在于溶液中,那么,由于这些盐的溶解度不同,就可以采用选择性结晶的方法。但是,在一次结晶操作中完全分离是不可能的。为了实现完全分离,需要从溶液中除去沉淀,重新溶解,然后再结晶来提高纯度。选择性地形成不同金属的化合物也可以促进分离。在结晶过程中,化合物的选择性形成可能会导致溶解性的巨大差异,从而促进金属离子的分离。结晶过程可以表示如下:

$$yM^{x+} + xA^{y-} \longrightarrow M_yA_x \cdot nH_2O(s)$$

不同于其他沉淀过程,结晶化过程通常是比较缓慢的,并且产生的固体极易溶于水。析出固体中通常含有结晶水。形成晶体或沉淀物的主要原理基本相同:形成饱和溶液,形成固溶体,成核和生长,晶体排序。从工业生产的角度来看,结晶所涉及的质量要比其他沉淀大得多。

2) 化学沉淀

化学沉淀主要是指加入试剂以引起特定化合物的沉淀。

(1) 水解。

通过加水作为试剂的化学沉淀称为水解。这一过程通常会导致氧化物、水合氧化物、氢氧化物或水合盐的沉淀。氢氧化物的沉淀可以表示如下:

$$M^{x+} + nH_2O \longleftrightarrow M(OH)_2^- + nH^+$$

(2) 离子沉淀。

上面的方程可以提供一些信息,如果反应中产生的 H^+ 离子被碱或 OH^- 离子

反应或中和,水解产物的沉淀就会增强,平衡就会向方程的右侧移动。结果如下所示:

$$M^{x+} + n(OH) \longleftrightarrow M(OH)_x$$

如上所示的反应被称为离子沉淀。它们可以通过下列方程来进行表示:

$$yM^{x+} + xA^{y-} \longleftrightarrow M_yA_x(s)$$

上式中的 A^{y-} 是阴离子。沉淀过程通常是很快的,因为形成的化合物降低了溶解度,而且化合物是通过静电结合在一起的。

通过大量的例子,可以总结得到,离子沉淀是基于这样一个过程:如果将一种试剂添加到含有金属离子的溶液中,就会产生化合物,其溶解性非常小,从而会发生沉淀。在这种情况下,除了氢氧根外,硫化氢是最常用的沉淀试剂。硫化氢从水溶液中沉淀大量重金属的能力早已被分析化学家所知晓。

(3)还原反应。

还原法沉淀是一个需要从不同离子或固体(即氧化还原偶)转移电子的过程。这个过程可以是同质的,也可以是异质的。同质还原过程可以是离子还原或非离子还原。用亚铁离子从硝酸银中沉淀银便是离子还原剂的一个简单例子:

$$Ag^+ + Fe^{2+}(还原物) \longleftrightarrow Ag + Fe^{3+}(氧化物)$$

该氧化还原过程如下所示:

$$Fe^{2+} \longleftrightarrow Fe^{3+} + e^-$$
$$Ag^+ + e^- \longleftrightarrow Ag$$

沉淀过程还原原理是通过氢从水溶液中气态还原金属,通常是气态硫化氢。在还原过程中,金属被放置到溶液中,通过更具体地使用溶液中金属离子的化学性质来分离并析出溶液。

在适当的金属浓度下,如果氢的电势低于金属离子的电势,则可以利用氢来还原溶液中的金属。氢的电势和它作为反应物的能力会随着溶液的 pH 而发生很大的变化。

还原也可以在低价值金属 X 进入溶液中取代高价值金属的情况下发生,如下所示:

$$X \longleftrightarrow X^{n+} + ne^-$$
$$M^{n+} + ne^- \longleftrightarrow M$$

在上述情况下,一个常见的例子就是利用金属铁从硫酸铜溶液中析出铜:

$$Fe \longleftrightarrow Fe^{2+} + 2e^-$$
$$Cu^{2+} + 2e^- \longleftrightarrow Cu$$

这些反应被认为是电化学反应,因为电子转移发生在金属固体表面进入溶液的局部区域。

在电解过程中,从溶液中沉积金属是通过直流电源提供电力来实现的。这个过程简单地表示为

$$M^{n+} + ne^- \longleftrightarrow M$$

许多金属,如锌、铜、镍和镉,都是通过电解工艺获得的。这种做法基本上形成了还原化学的一个独立分支,称为电解沉积,以区别于其他的冶金过程。

(4) 置换。

置换是沉淀过程的最后一种。有机溶剂通过形成配价键来萃取金属离子。在高温和高压下用氢处理这种有机相,如果金属被迫沉淀成粉末形式,该有机相就可以再生。这个过程称为置换沉淀,因为与水相的氢离子沉淀相比,在该反应中不涉及离子物质。这些反应可以描述为

$$H_2(g) \longleftrightarrow H_2(\text{有机相})$$

$$R_2M(\text{org.}) + H_2(\text{org.}) \longrightarrow 2RH(\text{org.}) + M(s)$$

上式中,R_2M 是有机溶剂;M 是二价金属。这种沉淀法十分方便,也被认为是非离子还原剂还原或从非水介质中沉淀金属。

5.3.5　另类过程

这些替代过程包括基于磷酸盐、氢氧化物、三碳酸酯、过氧化氢、草酸盐和尿素的沉淀。

1. 磷酸盐沉淀体系

从酸浸出液中沉淀含铀磷酸盐是工业上常用的方法。如前所述,沉淀产物的选择性受 pH 的影响。沉淀含铁、铝和铀离子所需的 pH 是不同的。含铀磷酸盐 $U_3(PO_4)_4$ 在 pH 为 $1.0\sim1.8$ 时析出,铝在 pH 接近 3 时析出,亚铁在 pH 为 $4\sim5$ 时析出。由于铁、铀酰和铝离子的沉淀范围重叠,沉淀必须在还原条件下进行。用于沉淀的磷酸盐离子通常以焦磷酸盐的形式存在,其化学计量比为 $1.1\sim2$。此外,在加入金属铁之前,必须改变进料溶液的 pH,以补偿金属-酸反应[5,44]。

然后,磷酸铀可以用苏打灰、盐和煤还原剂的助熔剂通过盐熔合来纯化。核聚变会产生还原的铀氧化物,使得任何杂质都能溶于水。

2. 氢氧化铵体系

从离子交换或溶剂萃取带液的酸洗脱液中提纯的溶液,一般不含大多数阳离子杂质,除了少量的铁、钒和钼会经常存在。碱性溶液同样是不含杂质的,可通过酸化排出 CO_2 以及中和或通过强碱沉淀进行处理。对于碳酸铵溶液可以实现汽提,迫使氨和二氧化碳排出,使得氧化铀沉淀。

在酸和碱给料溶液中通过氨进行沉淀是常用的做法。溶液中可以含有硝酸盐、氯化物或硫酸盐,铀的浓度从 10g/L 到 80g/L 不等。当铁含量特别高并且需

要控制回收溶液中的硫酸盐时,可采用两级沉淀法。石灰(CaO)最初用于从碱性硫酸盐和氢氧化物中分离铁、钛、铝和钍。在磷酸盐存在的情况下,铁必须始终以足够的数量存在,以确保磷酸铁的沉淀;否则,铀就会以磷酸铀酰的形式流失。铁然后被分离,通常是通过上游浸出步骤来回收[45]。

对于无铁溶液,可以在 $pH = 7 \sim 8$ 下进行铀的沉淀。无水氨被气化并用空气稀释,然后注入溶液中。沉淀产物由双铀酸盐、水合氧化物、碱性铀酰硫酸盐和一些吸附的其他离子组成。典型的反应过程如下:

$$2UO_2SO_4 + 6NH_4OH \longleftrightarrow (NH_4)_2U_2O_7 + 2(NH_4)_2SO_4 + 3H_2O$$

$$2UO_2SO_4 + 2NH_4OH + 4H_2O \longleftrightarrow (UO_2)_2SO_4(OH)_2 \cdot 4H_2O + (NH_4)_2SO_4$$

$$UO_2SO_4 + 2NH_4OH + (x-1)H_2O \longleftrightarrow UO_3 \cdot xH_2O + (NH_4)_2SO_4$$

$$2UO_2(SO_4)_3^{4-} + 4NH_3 + 6H_2O \longleftrightarrow (UO_2)_2SO_4(OH)_2 \cdot 4H_2 + 2(NH_4)_2SO_4$$

由最后一个反应形成的硫酸铀酰铵需要的氨是第一个反应的 1/3,但前一个方程是不可取的,因为它提高了产物的硫酸盐水平。在 60℃ 以下的温度时,水合氧化物的 x 为 2,在 100℃ 以上,x 为 4。化合物 $2UO_3 \cdot 3H_2O$ 能够在中等温度下形成,铀的水合氧化物能够以多种晶体和同素异形体的形式存在,类似于铀的金属形态。沉淀的氧化物在过量氨的存在下很容易转化为重铀酸盐:

$$2[UO_3 \cdot xH_2O] + 2NH_4OH \longleftrightarrow (NH_4)_2U_2O_7 + (2x+1)H_2O$$

过量的硫酸盐将氧化物转化为碱性的硫酸铀酰:

$$2[UO_3 \cdot xH_2O] + (NH_4)_2SO_4 + 4H_2O \longleftrightarrow (UO_2)_2SO_4(OH_2)_2 \cdot 4H_2O + 2NH_4OH + 2(x-1)H_2O$$

碱性硫酸盐也会转化为重铀酸盐:

$$(UO_2)_2SO_4(OH)_2 \cdot 4H_2O + 4NH_4OH \longleftrightarrow (NH_4)_2U_2O_7 + (NH_4)_2SO_4 + 7H_2O$$

另一方面,沉淀的重铀酸铵在溶液中既可以与铀酰离子发生反应,也可以重新形成水合氧化物:

$$(NH_4)_2U_2O_7 + UO_2SO_4 + 3xH_2O \longleftrightarrow 3[UO_3 \cdot xH_2O] + (NH_4)_2SO_4$$

$$(NH_4)_2U_2O_7 + (2x+1)H_2O \longleftrightarrow 2[UO_3 \cdot H_2O] + 2NH_4OH$$

氨-铀体系溶液的化学性是高度复杂的,可以形成一系列结晶度不同的化合物。

缓慢改变促进沉淀的条件有利于制造粗晶沉淀,例如,保持沉淀在溶液中的部分溶解度直到成核和晶体生长开始。较低 pH 的高温稀释给料溶液和较高浓度的普通离子都有利于这一过程。通常在靠近沉淀点的溶液中加入再循环晶体或"种子",用于为结晶产品提供生长区域[45]。

3. 三碳酸铀酰铵(AUT)体系

将铀沉淀为三碳酸铀酰铵($(NH_4)_4UO_2(CO_3)_3$)具有生产高纯度结晶粉末的

优点,该粉末能够快速过滤,在干燥后产生粉末产品易于处理,粉尘危害最小。这种沉淀过程用于核燃料制造时,生产的产品很容易烧结。

粗铀酰盐(氢氧化物、过氧化物、铵盐等)可以使用两阶段 AUT 技术进行处理。第一阶段开始于在稀碳酸铵溶液中制备给料溶液。由于铀会形成一种稳定的三碳酸铀酰络合物,许多杂质形成不溶性化合物,所以可以很容易地通过过滤去除。在第二阶段,滤液用碳酸铵进行铀沉淀[46]。

可溶配合物 $[UO_2(CO_3)_3]^{4-}$ 与 NH_4 反应生成 AUT,反应如下:

$$4NH^+(溶液)+[UO_2(CO_3)_3]^{4-}(溶液)\longleftrightarrow(NH_4)_4UO_2(CO_3)_3(固体)$$

在这个过程中,温度是非常重要的,当溶液被加热时,AUT 会产生 UO_2CO_3。干燥的 AUT 在空气中不稳定,在室温下会缓慢释放氨。为了消除这种不稳定性,AUT 通常在 350℃ 以上的温度下进行煅烧,发生的反应如下:

$$(NH_4)_4[UO_2(CO_3)_3]\longrightarrow UO_3+4NH_3+3CO_2+H_2O$$

当温度超过 550℃ 以及在惰性或温和还原气氛下进行焙烧时,反应产物是二氧化铀。一个 AUT 沉淀过程结合了沉淀和典型的溶剂萃取。当有机磷试剂被用于萃取时,经常会出现这种情况。例如,将含有磷酸三正丁基酯的有机相置于稀释剂和浓缩碳酸铵的溶出溶液中,会发生以下反应:

$$UO_2(NO_3)_2 \cdot 2TBP(org.)+6NH_4^+(aq.)+3CO_3^{2-}\longleftrightarrow$$

$$(NH_4)_4UO_2(CO_3)_3(solid)+2NH_4NO_3(aq.)+TBP(org.)$$

这一过程形成了一个三相系统,其中影响 AUT 晶体种子形成速度和粒径分布的参数包括有机/水相比、在汽提混合器中的时间和搅拌强度。由于机械磨损,强烈的搅拌会导致细晶粒的产生。

4. 过氧化氢体系

过氧化铀是从酸性溶液中制备的且具有高度选择性的结晶产物。反应过程如下:

$$UO_2^{2+}+H_2O_2+2H_2O\longleftrightarrow UO_4 \cdot 2H_2O+2H^+$$

过氧化铀产品在生产中易于处理,沉淀产量往往比 AUT 高得多,用无污染的化学品替代氨是一个巨大的优势。

在某些情况下,像铁这样的阳离子杂质会导致过氧化氢的加速分解。这些杂质需要在过氧化物沉淀之前通过沉淀铁离子被除去。由于二价铁离子不能被分离,所以将所有的铁氧化成三价形式是有必要的。

与过氧化氢发生沉淀反应后,氢离子得到释放,pH 趋于降低。因此,在工厂操作中,通过添加稀氨溶液或酸来小心地控制是很有必要的。

形成沉淀物的性质一直是许多研究的主题,并且提出了许多种类。二水合物仅在 100℃ 左右沉淀后才会出现在整体反应结果中。在较低的温度下得到的沉淀具有较高的水合程度,所生成的过氧化物是由下列反应形成的高铀酸铀酰($UO_8(UO_2)_2 \cdot xH_2O$)。

$$UO_2^{2+} + 3H_2O_2 \longleftrightarrow UO_8H_4 + 2H^+$$

$$UO_8H_4 + 2UO_2^{2+} + xH_2O \longleftrightarrow UO_8(UO_2)_2 \cdot xH_2O + 4H^+$$

过氧化物沉淀反应的效率在很大程度上受溶液里中性盐的影响。硫酸根和其他能与铀络合的阴离子有抑制沉淀的趋势。溶液中的其他离子可以增加过氧化物沉淀的晶体生长速率,如存在的镁、钠或硫酸铵。铪、钛、钒和锆可与铀形成过氧化物并一起沉淀。沉淀物中的杂质可通过洗涤除去。

与其他沉淀体系相比,过氧化氢体系的直接成本更高,因为其使用了昂贵的过氧化氢,但工艺改进和环境保护也使其成为回收铀金属块的非常有吸引力的方式。

5. 草酸盐体系

沉淀形成不溶性草酸络合物(C_2O_4)$^{2-}$常用于硝酸进料溶液的情况。杂质被保留在溶液中:

$$UO_2(NO_3)_2 + H_2C_2O_4 \longleftrightarrow UO_2(C_2O_4) + 2HNO_3$$

与C_2O_4沉淀前的HCl溶解和铀还原相比,该方法更为简单,并且需要的草酸更少。形成的水合草酸是$U(C_2O_4)_2 \cdot xH_2O$,其中$x = 3\sim4$。煅烧会产生一种二氧化物:

$$UO_2(C_2O_4) + 4H_2O \longleftrightarrow UO_2 + 2CO_2 + 4H_2O$$

6. 尿素沉淀

尿素或碳酰二胺($CO(NH_2)_2$)在溶液中均可以析出铀。尿素比烧碱便宜,而且在工业环境中处理起来容易得多。100℃的沉淀将产生足够的颗粒,这些颗粒形成、沉淀和过滤的速度比腐蚀性沉淀物更快。由于在非常缓慢的均相沉淀过程中形成复杂产物,所以产物中的硫酸盐浓度相对较高。尿素沉淀的一个缺点是形成的硫酸盐络合物不能被热洗分解。

参考文献

[1] IAEA. Uranium 2003 [M]: Resources, Production and Demand. International Atomic Energy Agency, Vienna, 2003.

[2] IAEA. Uranium extraction technology[M]. Tech Rep Ser 359. International Atomic Energy Agency, Vienna, 1993.

[3] Otway HJ, Vander-Horst L, Higgins GH. Socioeconomic aspects of a plowshare project [J]. J Nucl Technol 17: 58-68, 1973.

[4] Gupta CK, Mukerjee TK. Hydrometallurgy in extraction processes, vol I & II[M]. CRC Press, Boca Raton, FL, 1990.

[5] Gupta CK, Singh H. Uranium resource processing: secondary resources[M]. Springer, New York, 2003.

[6] Katz JJ, Rabinowitch E. The chemistry of uranium, national nuclear energy series[M]. McGraw Hill, New York, 1951.

[7] Akin H. Exploring the future of in situ leach uranium mining[M]. Uranium Institute, London, 1995.

[8] Barlet RW. Solution mining[M]. Gordon and Breach Science Publishers, Langerhorns, PA, 1992.

[9] Clegg JW, Foley DD. Uranium ore processing[M]. Addison Wesley Publishing, Boston, MA, 1958.

[10] Craig WM. Shortcut to yellow cake[J]. Nucl Active 27: 3-7, 1982.

[11] Campbell MC. Canadian developments of metallurgical projects in Uranium[C]. Proceedings of a technical committee meeting, ST1/PUB/738, ISBN: 92-0-141187-1, Vienna, pp 231-232, 1985.

[12] James HE. Hitting up the centuries[J]. Nucl Active 22: 17-21, 1980.

[13] Jensen J. Ice cold uranium[J]. Nucl Active 31: 26-32, 1984.

[14] Milde WW. Rabbit lake project: Milling and Metallurgy[M]. CIM Bull 69-75, 1989.

[15] Mann S. Biomimetic materials chemistry[M]. VCH Publishers, New York, 1996.

[16] Barret J, Hughes MN, Karavaiko GS, et al. Metal extraction by bacterial oxidation of metals[M]. Horwood, London, 1993.

[17] Dwivedy KK, Mathur AK. Bioleaching-our experience[J]. Hydrometallurgy 38: 99-109, 1995.

[18] Natrajan KA. Microbiological applications and techniques in biogeochemistry[C]. In Proceedings of the International Workshop Environ Biogeochem, JNU New Delhi, 59-79, 1998.

[19] McCready RGL, Wadden D, Marchbank A. Nutrient requirements for the in place leaching of uranium by Thiobacillus ferrooxidans[J]. Hyrdometallurgy 17: 61-71, 1986.

[20] Munoz JA, Gonzalez F, Blazquez ML, et al. A study of the bioleaching of a Spanish uranium ore, Part II: orbital shaker experiments[J]. Hyrdometallurgy 38: 59-78, 1995.

[21] Munoz JA, Gonzalez F, Blazquez ML, et al. A study of the bioleaching of a Spanish uranium ore, Part I: a review of bacterial leaching in the treatment of uranium ores[J]. Hyrdometallurgy 38: 39-57, 1995.

[22] Livesey GE. An Oscar for bacteria[J]. Nucl Active 20: 8-11, 1980.

[23] Rossi G. Biohydrometallurgy[M]. McGraw Hill, New York, 1990.

[24] Box JC, Prosser AP. A general model for the reaction of several minutes and several reagents in heap and dump leaching[J]. Hyrdometallurgy 16: 77-92, 1986.

[25] Sole KC, Cole PM, Feather AM, et al. Solvent extraction and Ion exchange applications in Africa's resurging uranium industry: a review[J]. Prog Hydrometal Appl 29: 5-6, 2011.

[26] Bock J, Valint PL. Uranium extraction from wet process phosphoric acid: a liquid membrane approach[J]. Ind Eng Chem Fundam 21: 417-422, 1982.

[27]　Shakir K，Aziz M，Beheir G. Studies on uranium recovery from a uranium bearing phosphatic sandstone by a combined heap leaching-liquid gel extraction process：part 1：heap leaching；part 2：gel extraction[J]. Hydrometallurgy 31：29-54,1992.

[28]　Small H. Gel liquid extraction：the extraction and separation of some metal salts using TBP[J]. J Inorg Nucl Chem 18：232-244,1961.

[29]　Sekizuka Y. Analytical applications of organic reagents in hydrophobic gel media[J]. Talanta 18：979-985,1973.

[30]　Shakir K,Beheir SG. Gel liquid extraction and separation of U-VI,Th-IV,Ce-III and Co-II [J]. Sep Sci Technol 7(15)：1445-1458,1980.

[31]　Babcock WC,Baker RW,Kelly DJ,et al. Coupled transport membranes：the mechanism of uranium transport with a tertiary amine[J]. J Mem Sci 7：71-87,1980.

[32]　Bautista RG. Liquid membrane separation of metals in aqueous solutions[M]. In Emerging separation technologies for metals and fuels. Minerals Metals Materials Society，Warrendale,Pennsylvania,1993.

[33]　Hofman DL，Craig WM，Smith JJ. Modeling and application of a pilot plant scale supported liquid membrane unit for uranyl nitrate extraction[M]. In：Sekine T（ed）Solvent extraction. Elsevier Science,Netherlands,1990.

[34]　Huang TC,Huang CT. Mechanism of transport of uranyl nitrate across a solid supported liquid membrane using tri butyl phosphate as mobile carrier[J]. J Mem Sci 29：295-308,1986.

[35]　Bock J,Klein RR,Valint PL,et al. Liquid membrane extraction of Uranium from wet process phosphoric acid-field process demonstration[C]. Paper No. 30b, AIChE Annual Meeting,New Orleans,LA,8-12 Nov 1981.

[36]　Chaudry MA,Islam N,Mohammed P. U-VI transport through a TBP kerosene and liquid membrane supported in polypropylene film. J Radioanal Nucl Chem Articles 1 (109)：11-22,1989.

[37]　Hirato T,Koyama K,Awakura Y,et al. Recovery of U-VI from wet process sulphuric acid by an emulsion type liquid membrane technique[M]. Sekine T（ed）Solvent extraction. Elsevier Science,Netherlands,1990.

[38]　Tourneux JC,Berthet JC,Cantat T,et al. Exploring the uranyl organometallic chemistry：from single to double uranium _ carbon bonds[J]. Am Chem Soc 16（133）：6162-6165,2011.

[39]　Huang TC,Huang CT. Kinetics of the extraction of uranium-VI from nitric acid solutions by bis(2-ethyl hexyl)phosphoric acid[J]. Ind Eng Chem Res 27：1675-1680,1988.

[40]　Chiarizia R,Horwitz EP. Study of uranium removal from ground water by supported liquid membrane[J]. Solvent Extract Ion Exch 1(8)：65-98,1990.

[41]　Gill JS,Marwah UR,Misra BM. Transport of Sm-III and U-VI across a silicone supported liquid membrane using D2EHPA and TBP[J]. Sep Sci Technol 2(29)：193-203,1994.

[42]　Ramkumar J,Shrimal KS,Maiti B,et al. Selective permeation of Cu^{2+} and lie through a Nafion ionomer membrane[J]. J Mem Sci 116：31-37,1996.

[43]　Huang CT,Huang TC. Kinetics of the coupled transport of Uranium-VI across supported liquid membrane containing bis(2-ethylhexyl)phosphoric acid as a mobile carrier[J]. Ind Eng Chem Res 27: 1681-1685,1988.

[44]　Li J,Wang TH,Zhang YX. Effects of impurities on the habit of gypsum in wet process phosphoric acid[J]. Ind Eng Chem Res 36: 2657-2661,1997.

[45]　Chegrouche S,Kebir A. Study of ammonium uranyl carbonate reextraction crystallisation process by ammonium carbonate[J]. Hyrdometallurgy 28: 135-147,1992.

[46]　Lounis A,Gavach C. Treatment of uranium solutions by electrodial[J]. Hydrometallurgy 44: 83-96,1997.

第6章

铀-氢二元体系

G. Louis Powell

摘　要　气态氢（H_2）可以溶解在金属铀（U）中，随后沉淀为铀氢化物（UH_3）。在环境温度下，这一过程会导致破坏性的点蚀。溶解的氢在高温下渗透到金属铀中，冷却到低温时以 UH_3 的形式析出。在环境温度下，微量的 UH_3 会降低金属铀的拉伸韧性，而 H_2 和铀表面的微量氧化物质显著抑制了反应的进行。本章综述了纯二元体系的相位关系和动力学过程。涉及氧的三元过程将在第 7 章讨论，而铀合金与其他金属的作用则没有涉及。

关键词　氢化铀，相图，氢动力学，动力学，脱氢，质谱，质谱分析法，充氢，淬火，点蚀，溶解性，杂志，扩散

6.1　前言

H_2、固体（或液体）U 和固体 UH_3 之间的相位关系已经被有效地建立。Sieverts 早在 1912 年就报道了该体系的测量结果[1]，并于 1931 年获得了通过金属铀与氢气反应制备氢化铀的专利[2]。在曼哈顿计划中，建立了 H_2 和氘（D_2）在高温（>300℃）下的相位关系，并同时报道了在较低温度下 UH_3 的制备[3-7]。

这些测量工作在接下来的 20 年里得到了完善，并确定了氢化铀稳态的（α-UH_3）和亚稳态的（β-UH_3）形式。在该时期末，U-H 化学[8]和 U-H 冶金[9]等得到了全面的综述。当温度低于 300℃时，H_2 和 U 之间的反应通常是一种点状腐蚀，非常难以预测，直到 Condon 证明，在缺乏氧气和任何其他气态或相关固态物质的情况下，这个反应是符合高温相图的[10,11]，反应速率与 U 中的残余应力有较强的函数关系[11]。因此，本章讨论了在没有任何由腐蚀或合金化引起的第三元素情况下的铀-氢二元体系特性。

6.2 铀-氢相图

气相中的 H_2 溶解于 U 中时,浓度为 $[H]_U$,并在 U 表面达到平衡,符合 Sieverts 定律(式(6.1)),或与 UH_{3-X} 固相达到平衡,其中 X 为氢化物相中的空位浓度(式(6.2))。当金属相和氢化物相同时存在时,相法则所允许的自由度降低为 1,形成了 van't Hoff 方程关系(式(6.3)),其中 P 和 T 不能独立变化。

$$k_s(T) = [H]_U P^{-0.5} \tag{6.1}$$

$$k_v(T) = [X] P^{0.5} \tag{6.2}$$

$$K_p(T) = P \tag{6.3}$$

在与氢反应时,铀是唯一不形成任何其他中间氢化物相或化学计量的金属。H 在 U 中的溶解度如式(6.4)、图 6.1 和表 6.1[12]所示。

$$k_s = \frac{A(1 + Be^{-C/T})/(1 - e^{-1680/T})^3 e^{(E-25997.5)/T}}{0.02072 T^{-1.75}/(1 - e^{-5986/T})^{0.5}} \tag{6.4}$$

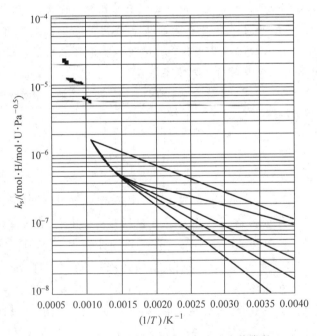

图 6.1 氢在铀中的溶解度(Sieverts 定律常数)

蓝色的数据点是在 Y-12 国家安全综合体进行的溶解度测量中得到的[12,13],是迄今为止最准确的测量。利用表 6.1 中的参数将这些数据通过束缚质子模型式(6.4)[12-15]拟合得到实体曲线。该模型很好地描述了氢同位素效应。氢的爱因斯坦温度为 1680K,是氘的微弱同位素效应的结果,这可以通过修改式(6.4)中的参数来计算得到[12-15]。该模型以 $1/T$ 形式处理了热力学函数的非线性,并具有由参数 A(一个整数)和 E(相对于静止氢原子的基态能量)控制的低温外推特性。B 和 C 项表示了在 400℃ 以上的 α 相中非常高水平的热紊乱,导致 α 相的溶解度如此之大并且是吸热的。这些参数集合中的任何一个都能准确地描述数据,它们对环境温度的外推,为低温下的不确定性提供了合理有效的基础。自曼哈顿计划以来,在 400℃ 以上的溶解度已得到良好描述,红色数据点表示了在液体和 γ 相[7]中的溶解度。绿线是 Mallette 和 Trzeciak[16] 的线性外推,它论证了外推数据的问题,这些数据覆盖了有些离散的狭窄温度范围。Davis[17] 对氢溶解度,特别是在 α 相中的溶解度进行了细致测量。氢溶解度所起到的作用是将氢气压力转化为氢浓度,并作为将菲克(Fick)定律应用于计算氢渗透 U 的边界条件,因此它的作用不可忽视。

表 6.1 式(6.4)的相关系数

相	A	B	C	E
γ	3	25	4300	26498
β	6	37	4300	25158
α	1	1550	6000	24850
α	2	1500	6200	24390
α	3	300	5000	24120
α	6	200	5000	23680

图 6.2 和式(6.5)给出了 UH_{3-x} 和 H_2 之间的平衡关系,定义了 Libowitz 和 Gibbs[18] 确定的相图的高成分,描述了驱动化学计量比向 3 方向移动所需的压力上升。

$$k_v = 6.9 \times 10^{30} e^{-11360/T} \tag{6.5}$$

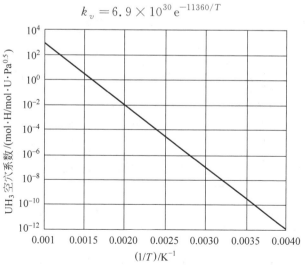

图 6.2 UH₃ 空穴系数的温度相关性

图 6.3 和式(6.6)给出了金属相和氢化物相同时存在时,H_2-U-UH_3 体系的平衡 H_2 压力。这些结果展示了 Libowitz 和 Gibbs[18] 获得的在更高温度下的数据,以及 Condon[19] 在 150℃ 下得到的数据。在 150℃ 以下,平衡 H_2 压力太低以致无法精确计算,UH_3 分解变得非常缓慢,在真空下将 UH_3 转化为 U 不再有实际意义。式(6.4)和式(6.6)可用来求解式(6.1)和式(6.3),得到低氢成分的固溶度曲线;式(6.5)和式(6.6)可用来求解式(6.2)和式(6.3),得到高氢成分的固溶度曲线,如图 6.4 所示。

$$k_p = 1.27 \times 10^{30} \, e^{-14640/T} T^{5.65} \tag{6.6}$$

利用式(6.1)~式(6.6)构造得到图 6.4。铀-氢系统的单相区域是狭窄的,产生了一个宽而平的两相平衡"稳定期"压力,稳定期压力与溶解度曲线或氢化物空位曲线的交点确定了 UH_3 的形成和 U 金属消失的溶解度曲线。

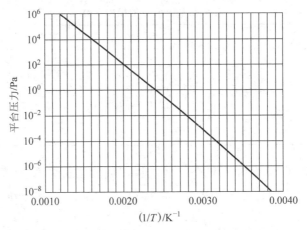

图 6.3　H_2-U-UH_3 平衡的"稳定期"压力的温度相关性

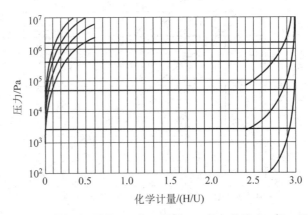

图 6.4　H_2-U-UH_3 的相图(黑线,300℃;绿线,400℃;蓝线,500℃;红线,600℃)

6.3　氢动力学

氢动力学是指在有效实现 6.2 节描述的平衡条件方面的重要动力学过程。图 6.5 和式(6.7)给出了氢在 U 中的扩散系数,该系数由氢质谱分析的热解吸实验确定[13,20-22],与早期的测量结果基本一致[16,17]。

$$D = 0.0000019 e^{-5820/T} (m^2 \cdot s^{-1}) \tag{6.7}$$

在低于 300℃的温度下,D 值的测量是困难的,这是因为,D 值很小以及氢化物的形成,而且空位、晶界和杂质等缺陷捕获了迁移的氢并扰乱了扩散过程。

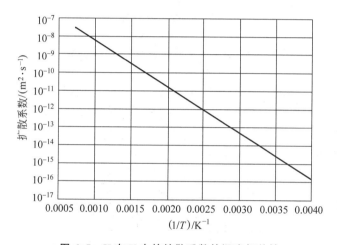

图 6.5　H 在 U 中的扩散系数的温度相关性

UH$_3$ 的非平衡脱氢速率,即 UH$_3$ 在真空下转变为金属 U 的速率,如图 6.6 和式(6.8)所示,其中 U 是材料中金属相[10]的含量分数。将 UH$_3$ 转化为 U 的过程变得非常缓慢,以至于在大约 150℃以下是不切实际的:

$$rate = 137.5 [e^{-4900/T}] (1-U)^{1/3} \tag{6.8}$$

Condon[10] 在超纯条件下进行了一系列热重实验,目的是将脱氢法制备 U 粉的氢化速率与由氩吸附法测定的粉体比表面积相关联,结果表明其没有相关性。他有效地将室温下形成 UH$_3$ 的沉淀过程从扩散和杂质效应中分离出来。铀粉末的尺寸非常小,以至于通过粒子的扩散不是一个速率受限的过程,表面与气相杂质没有起作用。氢化物的沉淀速率如图 6.7 和式(6.9)所示。正如对冷凝过程的预期一样,沉淀率会随着温度的降低而增加:

$$rate = K_H C_H U = K_H k_s P^{0.5} U, \quad 0 < U < 1, \quad K_H = 10.4 e^{1592/T} (s^{-1}) \tag{6.9}$$

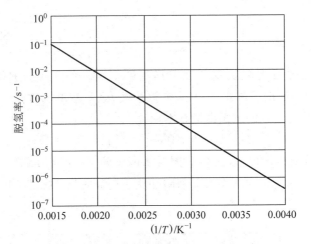

图 6.6 式 6.8 中 UH$_3$ 的脱氢动力学过程

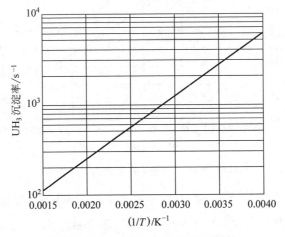

图 6.7 UH$_3$ 在 U 中的沉淀动力学过程

在这些测量过程中,铀粉末暴露于少量 O$_2$ 下会导致氢化速率出现 S 型特征,这可以解释为氧化化学势与 H$_2$ 化学势竞争而导致反应引发延迟。图 6.8 显示了在 1atm(1atm＝1.01325×10^{5}Pa)的 H$_2$ 下 U 中 H 的计算浓度(wppm),上面的曲线为气相平衡时的氢浓度曲线,利用与氢化物相平衡时的浓度通过式(6.4)求解了较低曲线上的平衡期压力(式(6.6)),红蓝曲线为计算的溶解度值的不确定度。式(6.9)描述了从溶液中除去 H 并形成氢化物的速率,与下面的曲线一致。Condon[10] 假设 UH$_3$ 沉淀成核为 α 相,β 相在其上生长,有利于在高速率[23]和低温[24]下生成 α 相。

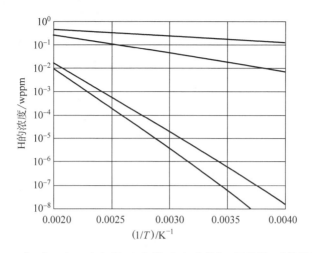

图 6.8 21℃时 U 中 H 在气相（上曲线）和氢化物相（下曲线）时的平衡浓度

红蓝区域表示了式(6.1)的外推误差

6.4 氢的分析

开发了一种基于质谱监测的方法,测量在 900℃下滴入石英炉的铀或铀合金样品中析出的氢,可以用于在远低于 $1\mu g/g$ 的水平下测量块状样品中的氢含量。该设计遵循了 Davis[17] 的设计,将测量结果控制在 (0.2 ± 0.1)wppm(质量的百万分之一),表明氢含量与拉伸延展性之间存在合理的相关性。

质谱系统使用超高真空元器件、非常稳定的真空泵和大量的液氮阱,来抑制真空系统中可能形成氢气的含氢物质。该系统本质上是一个温度控制解吸实验并监测析氢的过程[20]。分析仪器的制样标准是将铀坯料放在高真空至 1atm 的压力范围内的氢气中退火,然后将试样在水中淬火。退火是在石英管中进行的,然后在水下打破石英管的热端。所制备的样品氢气含量范围为 0~15wppm。用于分析的样品是由坯料加工成直径为 6.53mm、厚度为 2.54mm 的颗粒,以达到可重复的表面光洁度、样品厚度和低表面体积比(样品质量为 1.5g)。样品在分析前用乙醇超声清洗。使用旋转机械将 8 个预加载样品分别放置在炉中。典型的分析结果如图 6.9 所示。该仪器的操作与氦气检漏仪非常相似,只是它是使用已知体积的氢气在测量压力下的膨胀来进行校准的,校准气体的量通常为 $1\mu g$。

质谱仪输出与模拟计算机实时集成来进行定量分析。在前 30s 析出的氢气被认为是表面污染所产生的氢气,与材料内部氢含量无关(例如,溶解的氢会在淬火后析出为 UH_3)。低氢样品的大部分氢是在 40s(0.04wppm)后形成的。因此,仪器的空白值对每个样品是唯一确定的。这种特殊的方法导致低氢标准时显示

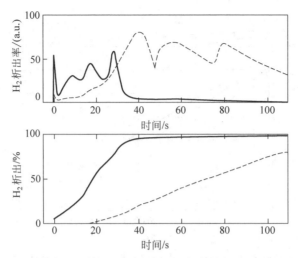

图 6.9　900℃熔炉中的两个铀靶丸的析氢数据

虚线为 16.5wppm,实线为 0.59wppm

$(0.1±0.1)$wppm 的偏差,也就是该方法的分辨率[22]。这一现象通过使用氘作为退火气体得到证实,从而发现加工后表面的氢是质子。一旦非常准确地测量了氢溶解度(式(6.1)[12,13]),则用退火压力比用这种分析方法能更精确地预测标准样品中氢的含量。高氢试样的析氢速率曲线显示,在前 20s 内存在一些表面污染氢气,但随着样品温度的升高,UII_3 的溶解增加导致氢的析出增加,从而有效地掩盖了这一点。这条曲线的第一个最大值来自 α-β 相变,在此期间,进入的 β 相从已建立的扩散路径窃取氢到表面,而样品温度在 α-β 相变温度下保持不变。一旦 α 相不再存在,演化再次增加直到 γ 相开始再次形成,从扩散路径窃取氢到表面并调节样品温度。这证明了氢对区域细化有较强的影响,随着转变到更高的温度相,溶解度会大幅增加。当样品完全转化为 γ 相时,法向扩散梯度重新建立,析氢速率以指数形式衰减,时间常数为 $d^2/(4\pi^2 D)$。通过在 $400\sim1000$℃的温度下分析大量的高氢样品,得到了式(6.7)中的扩散系数数据[12,13]。

6.5　内部氢脆

铀中含有微量氢的主要后果就是其塑性的衰减。为了测量塑性损失,这里利用直径为 12.7mm、长度为 100mm 的空白样在 630℃的真空中退火,之后,在可测量氢气压力下,覆盖试样足够长的时间以达到溶解度平衡(式(6.1)),然后在真空条件下淬火。Spooner 等[25]开展的小角度中子散射实验表明,这种处理会导致亚微米 UH_3 颗粒的分散。在制备的所有 75 个试样中,氢含量从 $0\sim1.90$wppm 不等,并根据 ASTM E6 规范进行了测试,除了一组约 11 个样品,每个试样在氩气环境下以 0.00084~6.25mm/s 的七个水平进行测试。图 6.10 显示了在测量屈服强度后,以 0.064mm/s 的十字头拉伸速度在空气中测试该系列样品的拉伸伸长率和面积收缩率,并将其作为退火过程中氢气压力的函数绘制出来。低氢试样的屈服强度为(250±34)MPa,极限抗拉强度为(817±25)MPa,高氢试样的极限抗拉强度为 700MPa。铀在无氢时塑性较高,但在氢含量达到 0.35wppm 时,其塑性下降到最小水平(约 15%)。图 6.11 显示了相同材料(试样是从拉伸试样

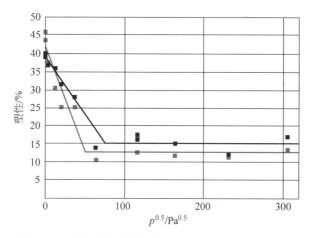

图 6.10　充氢的铀试样拉伸延展性与充氢压力的关系

红色表示延伸率,蓝色表示断面收缩率

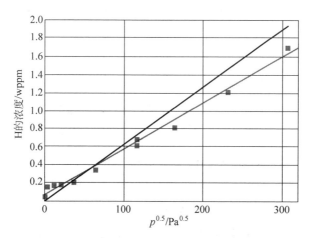

图 6.11　充氢的铀试样的氢质谱分析与充氢压力的关系

顶部红色曲线为目标加载,底部蓝色曲线为测量值

柄上切片获得)的氢质谱分析结果,同样也是退火过程中氢气压力的函数。在图 6.11 中,数据的线性拟合约低于目标值 20%,截距为 0.056wppm,拟合标准误差为 0.055wppm。塑性随着十字头速度的降低而增大,氢浓度增大会导致塑性减小。γ 相充氢和淬火的试验表明,铀对氢的塑性敏感性也随着屈服强度的增加而增加[26-28]。

6.6　氢化动力学

　　铀的氢腐蚀是一种特殊的腐蚀形式,它是以一种混乱的和不可预测的点腐蚀形式开始,类似于铁锈的物理特征。这种不可预测的性质来源于相对微弱的反应,即氢在铀表面的解离和溶解。气相中的氧化膜或氧化杂质很容易阻止铀表面的氢气溶解[29,30]。在超高真空条件下,对良好退火的铀材料块状试样进行 250℃的热活化,然后暴露于通过 UH₃ 粉末床过滤制备得到的超纯氢气中,得到如图 6.12[30] 所示的结果。在具有明显点蚀的地方,腐蚀速率的平台期一直在逐渐增加。在这个平缓期上观察到的腐蚀速率也显著地受到表面制备的影响,例如,抛光可以明显地减缓这部分反应。

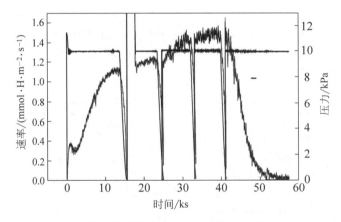

图 6.12　充分退火和热活化的铀箔(0.43mm 厚度)在超纯氢气中的氢化速率

虚线为充分退火的 Condon-Kirkpatrick 模型预测值

　　一旦点蚀过程覆盖了整个表面,腐蚀速率会转变到一个更高的值,并一直保持到试样几乎被消耗尽,然后腐蚀速率就会趋于停止。基于氢在铀表面的平衡溶解度模型(式(6.1))、氢向金属中扩散的菲克(Fick)定律(式(6.7))以及 UH₃ 在块状铀内的沉淀(式(6.9)),Condon 和 Kirkpatrick[10,11,23,31,32] 有效地建立了大部分样品转化为 UH$_3$ 的速率模型。体积的增加与 UH$_3$ 结构破裂有关,导致金属破裂并形成稳态过程,降低到与实验观察相符的线性反应速率。模型的核心浓缩成一个简单的表达式(6.10),其中线性速率是氢渗透率的几何平均值(式(6.1)乘以式(6.7))和氢化物沉淀速率式(6.9)乘以一个参数,该参数可以将铀的破裂应力与 UH$_3$ 形成时的体积膨胀(即反应程度)联系起来。在压力服从半阶反应关系的温度-压力范围内,Wicke、Otto[24] 和 Condon、Kirkpatrick[10,11,23,31,32] 的模型相关性非常简单:

$$V_S = ((C_0 k_H C_0 D/(3U_0^{0.5} U_C^{0.5}))^{0.5}/-\ln U_C) \tag{6.10}$$

其中,$U_C = 0.995, U_0 = 1, \text{rate}_{CK} = (0.51e^{-3033/T} P^{0.5})$,

$$\text{rate}_{WO} = (0.49e^{-3020/T} P^{0.5}) \tag{6.11}$$

在 20℃和 10kPa 的条件下,通过对铀线性氢化过程中反应物和生成物的分布进行了数值计算,结果如图 6.13 所示。在首次剥落时计算菲克扩散,如图 6.13 所示。对模型进行了一些改进并与图 6.14[32] 所示数据进行了比较,其中考虑了极端低压条件下的脱氢速率、极端高压条件下的浓度饱和效应,以及对断裂所需 UH$_3$ 产率的轻微调整。图 6.12 中的速率仅适用于充分退火的铀试样。如果试样的屈服强度增加,则速率会显著减慢,但在 630℃退火时会恢复[11]。

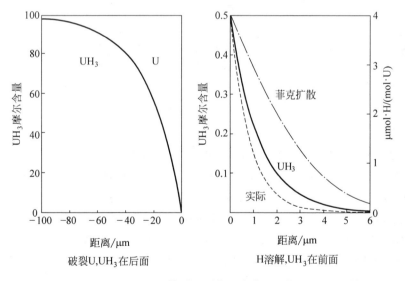

图 6.13 Condon-Kirkpatrick 模型预测的反应前沿两侧 H 和 UH$_3$ 的分布

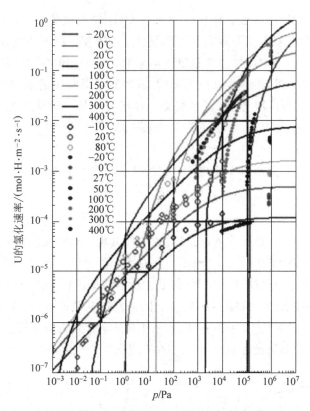

图 6.14　充分退火铀样品的氢化速率的实验测量值（点表示）与 **Condon-Kirkpatrick** 模型预测值（线表示）的比较

6.7　结论

　　在纯二元体系中,氢与铀的反应是在一个相对简单的相图约束下进行的,从环境温度到熔点以上,它的函数关系是一致的。只要对控制相关系、化学动力学和杂质在 H-U 反应体系中存在和作用的基本原理有了充分的了解,就可以控制和理解这个反应体系。另一方面,本章中提出的每一个方程在某些情况下都有严重的缺陷,这对于改进已知 H-U 体系的质量有巨大的开放空间。也有新的研究领域,例如,利用小角度中子散射可以测量铀金属中氢化物的浓度来确定 UH_3 沉淀的大小和形状[25]。块状铀中的微量氢分析是一种简单的分析技术[21-23],可以通过样品制备和自动化得到极大改进,并通过小角度中子散射得到增强。UH_3 似乎具有与 H_2 吸附有关的高度可逆的表面相,约占化学计量比的 0.5%,覆盖范围与 H_2 压力有对数相关性,同时还与 UH_3 的表面积有关[23,30]。这些以及更多的问题,都在等待着那些将面对实验控制非常难的研究者来进行挑战。

参考文献

[1] Sieverts A, Bergner E. Versuche uber die Loslichkeit von Argon und Helium in festen and flussigen Metallen[J]. Ber Deut Chem Ges 45: 2576-2583, 1912.

[2] Driggs FH. United States Patent 1,835,024, 1931.

[3] Spedding H, Newton AS, Warf JC, et al. Uranium Hydride I[J]. Nucleonics 4: 4-9, 1949.

[4] Newton AS, Warf JC, Spedding FH, et al. Uranium Hydride II[J]. Nucleonics 4: 17-25, 1949.

[5] Warf JC. Chemical properties of uranium hydride[M]. USAEC Report AECD 2997, Iowa State College, 1949.

[6] Svec HJ, Duke FR. USAEC Report ISC-105, Ames Laboratory, 1950.

[7] Katz JJ, Rabinowitch E. The chemistry of uranium, Chapter 8[M]. McGraw-Hill, New York, pp 183-213, 1951.

[8] Libowitz GG. Metal hydrides, Chapter 11[M]. Academic, New York, pp 490-544, 1968.

[9] Inouye H, Schaffhauser SC. Low temperature ductility and hydrogen embrittlement of uranium-a literature review[M]. ORNL-TM-2563, 1969.

[10] Condon JB, Larson EA. Kinetics of the uranium-hydrogen system[J]. J Chem Phys 59: 855-865, 1973.

[11] Condon JB. Calculated vs. experimental hydrogen reaction rates with uranium[J]. J Phys Chem 79: 392-396, 1975.

[12] Powell GL. The solubility of hydrogen and deuterium in body-centered-cubic uranium alloys[J]. J Phys Chem 83: 605-613, 1979.

[13] Powell GL. Internal hydrogen embrittlement in uranium alloys[M]. Jessen NC (ed) Metallurgical technology of uranium and uranium alloys, vol 3. American Society for Metals, Metals Park, OH, pp 877-899, 1982.

[14] Powell GL. Solubility of hydrogen and deuterium in a uranium-molybdenum alloy[J]. J Phys Chem 80: 375-381, 1976.

[15] Lässer R, Powell GL. The solubility of H, D, and T in Pd at low concentrations[J]. Phys Rev B 34: 578-586, 1986.

[16] Mallette MW, Trzeciak MJ. Hydrogen uranium relationships[J]. Am Soc Metals Trans Q 50: 981-993, 1958.

[17] Davis WD. Solubility, determination, diffusion and mechanical effects of hydrogen in uranium[M]. Knowles Atomic Power Laboratory, ASAEC Report KAPL-1548, 1956.

[18] Libowitz GG, Gibbs TRP Jr. High pressure dissociation studies of the uranium hydrogen system[J]. J Phys Chem 61: 793, 1957.

[19] Condon JB. Standard Gibbs energy and standard enthalpy of formation of UH_3 from 450 to 750 kelvin[J]. J Chem Thermodyn 12: 1069-1078, 1980.

[20] Condon JB,Strehlow RA,Powell GL. An instrument for measuring the hydrogen content in metals[J]. Anal Chem 43: 1448-1452,1971.

[21] Powell GL. Mass spectrographic determination of hydrogen thermally evolved from tungsten-nickel-iron alloys[J]. Anal Chem 44: 2357-2361,1972.

[22] Powell GL,Condon JB. Mass-spectrometric determination of hydrogen thermally evolve from uranium and uranium alloys[J]. Anal Chem 45: 2349-2354,1973.

[23] Powell GL,Harper WL,Kirkpatrick JR. The kinetics of the hydriding of uranium metal [J]. J Less Common Metals 172-174: 116-123,1991.

[24] Wicke E,Otto K. The uranium hydrogen system and the kinetics of hydride formation[J]. Z Phys Chem (Frankfort) 31: 222-248,1962.

[25] Spooner S,Bullock JS,Bridges RL,et al. SANS measurements of hydrides in uranium [M]. In: Moody NR,Thompson AW,Ricker RE,et al. (eds) Hydrogen effects on material behavior and corrosion deformation interactions. TMS (The Minerals,Metals,and Materials Society),Warrendale,PA,2003.

[26] Powell GL,Condon JB. Hydrogen in uranium alloys[M]. In: Burke JJ,Colling DA,Corum AE,Greenspan J (eds) Physical metallurgy of uranium alloys, Chapter 11. Brookhill Publishing Co.,Chestnut Hill,MA,1976.

[27] Powell GL,Thompson KA. Hydrogen embrittlement in lean uranium alloys[M]. In: Moody NR,Thompson AW (eds) Hydrogen effects on material behavior. The Minerals, Metals & Materials Society,Warrendale,PA,pp 765-773,1990.

[28] Powel GL. The relationship between strain rate,hydrogen content,and tensile ductility of uranium[M]. In: Moody NR,Thompson AW (eds) Hydrogen effects on material behavior. The Minerals,Metals & Materials Society,Warrendale,PA,pp 355-361,1996.

[29] Teter DR,Hanrahan RJ Jr,Wetteland CJ. Uranium hydride nucleation kinetics: effects of oxide thickness and vacuum outgassing[M]. In: Moody NR,Thompson AW,Ricker RE, Was GW,Jones RH (eds) Hydrogen effects on material behavior and corrosion deformation interactions. TMS (The Minerals, Metals, and Materials Society), Warrendale,PA,2003.

[30] Powell GL. Reaction of oxygen with uranium hydride[M]. In: Chandra D,Bautista RG, Schlapbach L (eds) Advanced materials for energy conversion II. TMS (The Minerals, Metals,and Materials Society),Warrendale,PA,2004.

[31] Kirkpatrick JR. Diffusion with a chemical reaction and a moving boundary[J]. J Phys Chem (85): 3444-3448,1981.

[32] Powell GL,Ceo RN,Harper WL,et al. The kinetics of the hydriding of uranium metal II [J]. Z Phys Chem (NF) 181: 275-282,1993.

第7章

环境温度下的铀腐蚀

G. Louis Powell

摘　要　金属铀在环境温度的大气下以多种机理和速率发生腐蚀,其表面腐蚀程度取决于相对湿度(RH)和残余氢气。实验上观察的腐蚀主要是单一组分(O_2,H_2,H_2O)下的腐蚀和 O_2 与 UH_3 的自燃反应。在相对湿度低于 50% 的大气下铀的腐蚀行为与其在纯 O_2 中的腐蚀类似,表面会形成一层连续的氧化膜,几年之后可能会剥落。更高的湿度会明显加速腐蚀和对氧化膜的破坏作用。该氧化膜是超化学计量 UO_{2-X}($X<0.25$)的,其对氢气具有不渗透性,但对 H_2O 则几乎没有阻挡,在金属界面上发生氢化并产生 UO_{2+X}。

关键词　环境温度,腐蚀,反射率,FTIR,微点蚀,薄膜厚度,薄膜生长,起泡

7.1　前言

金属铀与空气中常见的 O_2、H_2O 和 H_2 会发生强烈的反应[1-7]。这表现为在环境温度下引起多种反应机制和各种形式的腐蚀,包括氧化膜生长和点蚀,各种化学计量氧化物和铀氢化物腐蚀产物,并不时受到不可预测性和实验性控制的干扰。这种近 20℃ 条件下的腐蚀很少在研究文献和综述文章中得到报道。Allen 等的测量较为例外,他们测量了低 O_2 和 H_2O 压力下清洁表面铀材料上的氧化物生长[8]。由于额外的 O_2 或 H_2 只占腐蚀产物(UO_2 或 UH_3)质量的一小部分,金属铀的高密度特性使得其不适合进行热重测量分析。H_2 和 O_2 作为纯气体可以进行单独控制和测量,但将它们作为混合物处理则是一项艰巨的任务,而且由于 H_2O 具有吸附在所有表面的倾向会增加其复杂性。Liebowitz 等[9]报道了 U-O_2 在 200℃ 以下的反应,其有两个线性阶段,在约 400nm 处的反应速率有显著增加,分辨率可达约 10nm。在相同的温度范围内,Baker 和 Less[10]报道了类似的结果,

第一阶段表现为抛物线,随后在 450nm 处以线性速率加速。他们还报道了在 $3\sim$ $5kPa$ 以下时对 O_2 压力的半阶依赖性,而且随着温度的升高而升高,但是在更高的压力下变得与压力无关。加快的氧化速率通常归因于应力导致的氧化膜的破坏,氧化物通常被描述为超化学计量形式 $UO_{2+X}(X<0.25)$。Baker,Less 和 Orman 的研究表明[11],在彻底除气的水环境下,封闭系统中铀与水的腐蚀速率是铀与 O_2 腐蚀速率的约 10^4 倍,证明了非常纯的气体可以消除许多归因于铀腐蚀的混沌特性。他们还证明了在一个封闭的系统中,O_2 和 H_2O 在一起会导致 H_2O 含量保持恒定,O_2 含量会线性地减少,而 H_2 保持在一个非常低的水平直到 O_2 消失,当 H_2O 减少时就会产生 H_2。然而,H_2 含量是通过保证气相平衡的钯膜萃取来测得的。Ritchie[5] 和 Colmenares[6] 已经总结了几种腐蚀条件下的动力学方程,但他们在处理与腐蚀程度有关的机理方面还存在不足,在室温下测量的数据很少。

目前的这些讨论使我们对铀腐蚀测量的困难和复杂程度有了更加深入的了解,在许多方面也可以进行研究。铀作为一种用途非常广泛的实用性金属,其在环境温度下的腐蚀特性对实际控制腐蚀具有非常重要的意义。以下是探索性地利用镜面反射傅里叶变换红外光谱(FTIR)测量 20℃室内空气中铀金属板上 UO_2 薄膜生长的实验结果。这些结果将在上述文献中高温(35~250℃)条件下的实验中进行讨论,并叙述了它们对腐蚀控制的实际意义。接下来是单一气体组分(O_2、H_2 和 H_2O)的反应,以及 UH_3 与 H_2 和 O_2 反应的讨论。

7.2 室内环境下的铀腐蚀

一些 FTIR 光谱仪配件是由 Harrick Scientific 公司开发的,包括:①Spectropus 外部反射率遥感附件[12,13],用于空气中多个样品的监测;②用于受控环境样品的折射反应器(图 7.1),这是一个可抽真空的外部反射单元,它使用倾斜的、楔形的 KRS-5 窗口,对样品产生 15°的偏转,并将反射光束重新定向到探测器上;③具有可抽真空漫反射单元的半球形 KRS-5 窗口[14],可抽真空单元与 Barrel Ellipse 附件可以一起使用,来测量氧化膜中的残留部分。这些由 BIO-RAD FTS-60 光谱仪提供的附件,在与 KRS-5 窗口和氘代三甘氨酸硫酸盐(DTGS)探测器结合时,其共同的特点就是具有非常高的光通过量,可以在 $450\sim650cm^{-1}$ 范围内有优秀的信噪比,可以用来有效地观察 $575cm^{-1}$ 处的 UO_2 波段[12]。两个外部反射附件都有 KRS-5 线栅偏振器,在 p 和 s 位置之间进行杠杆操作,而且并不影响光谱仪的吹扫。对于每个偏振,外部反射率测量参考了正面的金镜子,漫反射系数参考了喷砂金。随后,具有 75°镜面反射头的表面光学 SOC 400 便携式遥感红外探测仪可以得到使用(图7.2)。这些仪器的工作原理很像顶部负载平衡,大约每分钟可以测量一个样本,而且它们适用于自动化操作。

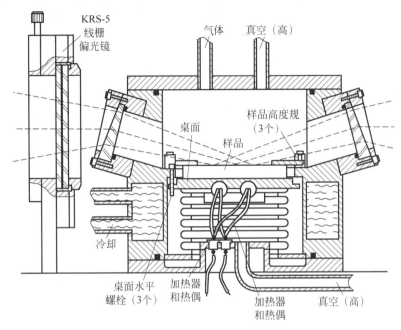

图 7.1 Harrick 折射反应器 75°镜面反射可调腔室

图 7.2 带有 75°镜面反射头的表面光学 SOC 400 表面检测设备

注意硬币一样的铀金属样品

用于这些实验的高纯度贫化铀是从 220kg 坯料的中心切割下来的,可以确保良好的退火冶金状态。把 25mm×40mm×3mm 的样片抛光成镜面。随后,对打磨过和加工后像硬币一样的样品进行分析。

这些反射率附件可以有效监测铀样品的变化。图 7.3 显示了抛光样品在真空(约 2nm)下 270ks 周期内的光谱变化,显然是抛光后氧化膜中存在的氧化物质。在相对湿度较低的条件下(冬季,室内空气约 40%RH),暴露在环境空气中的样品在 575cm^{-1} 频带会随时间增长而逐渐钝化,并最终接近于线性速率。当工况变为高相对湿度(春季,室内空气约 65%RH)时,腐蚀会进入加速模式,铀的镜面质量发生了明显恶化。图7.4显示了p极化曲线在高能量时的基线偏移,以及随着腐蚀过程的进行,s极化曲线中出现了一个从高能量向低能量逐渐传播的带宽。图7.5总结了四个外部反射率实验中575cm^{-1}吸收带中与腐蚀相关的高度,基线修正在1000cm^{-1}和1375cm^{-1},每个平均都超过了50cm^{-1}。实验1和实验2为台式实验,连续多年从冬季(低相对湿度)开始,一直持续到春季(高相对湿度),腐蚀会随着季节变化而加快。在实验2中,在开始加速腐蚀后,测量了样品上间隔10mm的三个位置,结果表明,同一样品上的不同局部区域腐蚀速率相差很大。

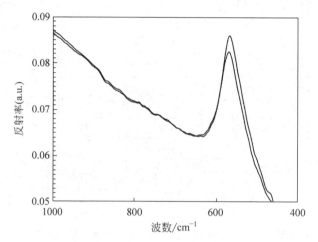

图7.3　UO$_2$ 在 575cm^{-1} 处的生长

下曲线,刚加载;上曲线,真空中处理270ks

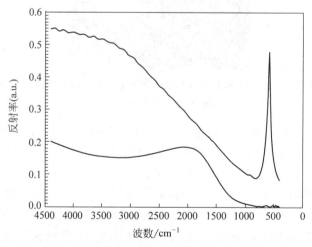

图7.4　大气环境下暴露在空气中的铀经历加速腐蚀后的光谱

上曲线,p极化曲线;下曲线,s极化曲线

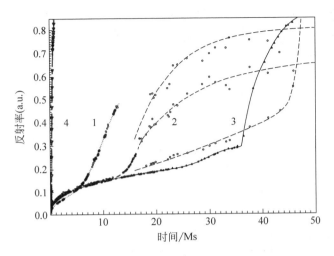

图 7.5　UO₂ 在 575cm⁻¹ 处显示的铀腐蚀

曲线1,第一次暴露在空气中;曲线2(虚线),第二次暴露在空气中;曲线3(实线),
暴露在 O₂ 中;曲线4,暴露在 H₂O 环境中

实验 3 采用研究级别的 O_2 作为腐蚀性气体(约 20kPa O_2),在可抽真空腔室内进行。在 36Ms 后,样品被转移到高相对湿度的室内气氛中,腐蚀立即开始加速。实验 4 是孤立在 610Pa H_2O 的可抽真空腔室内进行,并采用冰浴控制。在 0.2Ms 后,UO_2 就开始生长,并在 1Ms 以内就发生明显变化。腔室内的压力也因为氢气的产生而急剧上升。在实验 2 的初期阶段,该样品被转移到离子微探针微分析仪(IMMA)中进行分析,其氧化膜厚度是根据使用轮廓仪测量较厚 UO_2 薄膜的溅射速率来测量的。在实验 2 的不同时间进行了三次同样的测量(图 7.6)。图 7.7 将

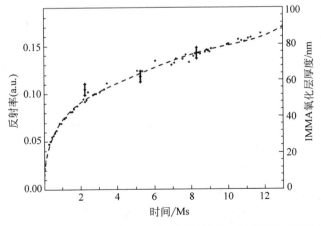

图 7.6　实验 2 测得的反射数据与 IMMA 深度剖面测量的 UO₂ 厚度的三种测量结果的比较

这个校准系数(550nm(a.u.))应用于实验 3 的初期部分,并显示了铀样片暴露时的氧气压力。从图 7.5 中可以看出,在低相对湿度条件下,实验 1、2、3 的腐蚀速率相差不大。

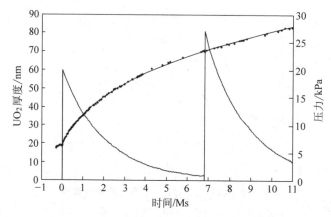

图 7.7　在可抽气腔室中 UO_2 生长与 O_2 压力的比较

实验 3 中,在铀样片进入真空腔室之前,真空腔室波纹管中的泄漏被检测到并在内部进行了堵漏处理。这是由于在实验 3 中真空腔室内的 O_2 压力发生了缓慢衰减,需要不时地添加 O_2。初始 O_2 的引入会明显地促进 UO_2 薄膜的生长,但此后 O_2 压力的总体变化对氧化膜的生长没有明显影响。

在实验结束时对样品 2 进行扫描电子显微镜分析(图 7.8),结果表明,铀的镜面腐蚀过程是由沿晶体方向线性排列的约 $5\mu m$ 圆形特征形核的。肉眼直接观察和光学显微镜分析表明,随着湿度和反应速率的增加,样片的镜面质量开始下降,但镜面腐蚀并不均匀,如图 7.5 和图 7.8 所示。

在类似的抛光铀样片上继续开展了 p 极化的 SOC400 表面检测仪、75°镜面反射 FTIR 分析。室温为 13℃。此外,还对一些新鲜车削加工样片进行了分析,研究加工后油涂层对氧化膜厚度的影响。在这些实验中测量的一些光谱如图 7.9 所示。车削加工表面和抛光表面的光谱差异不大,但校准系数有所不同。其中一个抛光样片在可发生凝结的湿度条件下会产生肉眼可见的腐蚀。反射光谱表明含有铀酰物质(UO_3),其特征为 $900cm^{-1}$ 波段,$575cm^{-1}$ 波段(UO_2、U_3O_8 和 UO_3),以及介于特征波段之间的 U_3O_8。室内气氛中抛光样片的腐蚀行为与之前的研究相似,随着时间的推移,油膜涂层在 $20\sim30\mu m$ 的厚度处明显地抑制了腐蚀,与图 7.10 和式(7.1)中的动力学转折点近似。

三个抛光样片上氧化膜的生长如图 7.10 所示,同样显示了在早期实验中观察到的特征。在 1Ms 内,速率增长到 $20\sim30nm$,并降低为一个更慢的速率,由上升

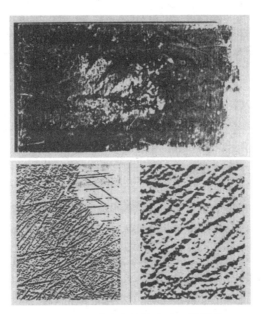

图 7.8 实验结束后的实验 2 的样品

顶部,25mm 高的整个样品;底部左边,顶部图放大 10 倍后;底部右边,底部左边图放大 10 倍后

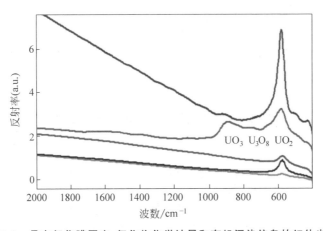

图 7.9 具有氧化膜厚度、氧化物化学计量和有机污染信息的红外光谱

自下而上:抛光铀,在 13℃的空气中存放 600s;抛光铀,在 13℃的空气中存放 1.7Ms;新鲜切削铀,加工完成后的当天上油,15Ms 后去除油污;冷凝水造成的具有四价到六价的点蚀;抛光铀,在高湿度空气中存放 30Ms

的指数函数变为线性速率式(7.1)。图 7.10 中的实体曲线符合该模型,也同样符合抛物线模型(式(7.2),图 7.11):

$$膜厚 = A - Be^{-Ct} + Dt \tag{7.1}$$

$$膜厚 = E + Ft^{0.5} \tag{7.2}$$

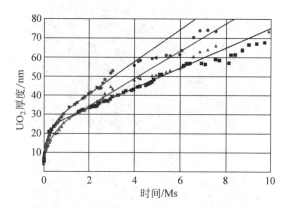

图 7.10 利用上升指数到线性拟合的模型对 13℃ 大气中的三个抛光铀样片腐蚀的模拟

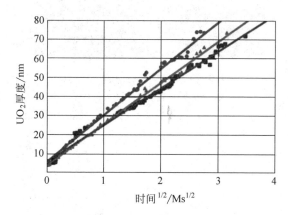

图 7.11 利用抛物线拟合的模型对 13℃ 大气中的三个抛光铀样片腐蚀的模拟

在更广泛的理论检测之前,这种解释是比较有限的。例如,表 7.1 给出了这些拟合的参数。式(7.1)的初始厚度为 $A-B$,式(7.2)中为 E。这些模型充分地描述了膜厚数据,但抛物线拟合式(7.2)与过程中的初始膜厚无关。式(7.1)在早期拟合得最好,精度优于 1nm,而式(7.2)在较长时间情况下拟合得更好。式(7.1)可以转化为双上升指数模型,以便于较好地适应长时间的减缓。在长时间下的氧化膜厚度测量中增加的变化性也需要开展研究。

表 7.1 图 7.10 和式(7.11)的拟合参数

A/nm	B/nm	C/Ms^{-1}	D/Ms^{-1}	$(A-B)$/nm	E/nm	F^5/ (nm·Ms$^{-0.5}$)
22.6	17.26	0.046	0.039	5.4	5.7	19.4
19.9	14.1	0.022	0.027	5.7	4.0	21.6
23.6	17.4	0.054	0.063	6.2	5.9	24.4

　　22个铀样片在车削加工完成时就涂上油来进行防腐蚀。在空气中存放30Ms后,对铀样片去油用该方法进行分析。结果如图7.12所示。在图7.10所示的腐蚀动力学中,油似乎在转折点处阻止了腐蚀。真空储存下的去油铀样片的氧化膜生长很小,在重复测量实验中的精度也保持得很好。

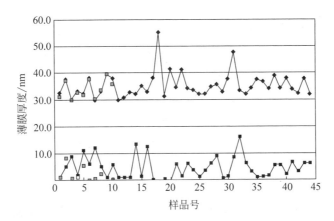

图7.12　新鲜加工后的铀样片在油中存放30Ms后去除油膜的分析

按顺序排列的数据分别表示样片的两面；上曲线表示UO_2,下曲线表示碳氢化合物；空心符号是在真空中存放0.43Ms后的重复测量结果

　　掠角p偏振镜面反射红外光谱技术是一种实用的铀腐蚀监测分析工具。这里展示的工作是对这个工具的演示,并对环境温度下的这种现象作一些见解阐述。如果借助于自动化技术,该方法可以有效地处理非常多的样片并可以得到表面分布图。如果要确定铀的力学性质和初始表面制备在铀氧化过程中的作用,则这样的实验是很有必要的。抛光铀样片的氧化层厚度最多不小于4nm,这与Allen等[8]的观察结果一致,刚开始的4~6nm氧化膜形成非常迅速,然后转变为一个非常慢的线性反应,这表明钝化过程的开始可能需要一个最小的氧化膜厚度。

　　从这些工作中可以得到一些定性的结论。在较低的相对湿度和O_2存在的条件下,铀会缓慢生成一层致密氧化层,这与H_2O或O_2的精确分压无关,并且腐蚀速率对两者的变化都不受明显影响。当相对湿度值超过50%RH时,腐蚀模式转变为微点蚀并加速了反应过程。根本原因可能是水分的预凝结,其中吸附的水会形成许多单分子层而不是液体H_2O。在约20%RH相对湿度当量的滞水条件下,H_2的积累导致了UO_2的大量产生,可以通过在0.2Ms后出现$575cm^{-1}$的带状分布分析得到。在$575cm^{-1}$处的尖锐吸收峰表明,晶体结构特征仍然良好,即使是加速的微点蚀或H_2辅助的H_2O腐蚀仍然会产生UO_2。这并不意味着化学计量数正好是2.0,因为这些结果也强烈表明,由O_2和H_2O衍生的基团是腐蚀膜的一个密切部分。在铀表面有液态水形成的情况下,会形成更高氧化态的铀氧化物并作为一个非常具有破坏性的腐蚀过程的一部分。在较低相对湿度下形成的相干膜会与铀保持稳定,直到应力使氧化膜在长到 500nm 以上时发生脱落。在高相对湿度或冷凝水下观察到铀产品的微点蚀很容易分散,因此会成为一个放射性污染源。

7.3 铀的氢化腐蚀

从第 6 章中的铀-氢二元体系中可以知道,在室温下 H_2 和纯铀之间的纯相互作用没有任何氧化物质或其他物质产生,这会导致氢原子溶解在金属铀中并在狭窄的扩散梯度中析出,使金属断裂,实现了铀金属以稳态线性速率向 UH_3 转换。这种腐蚀形式可以由 Condon-Kirkpatrick 模型进行非常简明的描述[15],即 U 表面没有氧化膜存在的情况下,反应物 H_2 会与 U 生成一种细小的 UH_3 粉末,它有强的活性。Condon 和 Larsen[16] 的研究结果表明,氧化剂与 H_2 的化学势之间的竞争会延缓铀在含氧环境下的氢化反应。Condon[17] 还证明,氢化物相在铀金属内部的成核与金属的强度相反,即金属内部的残余应力对氢化率有重要影响。对于含有一层富氧 UO_2 薄膜的铀,在机械加工(切削或抛光)后的表面上,或者在有一些未加工完成的大块铀上,H_2 由大量的氧化物质来反应得到。H_2 必须通过氧化膜进入铀金属,解离,在铀金属中溶解,最后沉淀为 UH_3 的小颗粒。Bingert 等[18]证明,在氧化铀膜下面形成了 $10\,\mu m$ 量级的 UH_3 气泡,最终破坏氧化膜并对其腐蚀。如图 7.13 和图 7.14 所示,这些气泡大量的出现在缺陷处[19],如晶界。通过聚焦离子束对这些气泡的解剖分析,表明它们在下面形成了第二相。

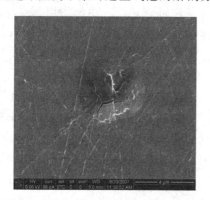

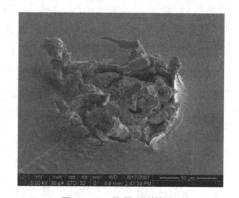

图 7.13 铀表面刚开始破裂的 4μm 宽的鼓泡

图 7.14 晶界处的鼓泡

直径约为 $15\,\mu m$,表面开始回卷

形成气泡的过程中,穿透缺陷的 H_2 必须克服与略超化学计量的 UO_{2+X}($X <$ 0.25)相关联的氧化势的巨大阻力,以及 OH 物质、H_2O 和 UO_X 的更高氧化

态。为了促进氢化反应,通常将铀金属样片在 630℃下退火 0.2Ms,然后在超高真空系统中的 250℃下烘烤 0.1Ms 来"激活"。处理后,UH$_3$ 粉末床渗透超纯 H$_2$ 后的氢化速率曲线如图 7.15 所示[20]。氢化速率曲线的中心部分与 Condon-Kirkpatrick 模型的预测结果具有较好的一致性[15,17]。起始时间的长度比起始后的氢化速率变化更大,这表明表面性质(尤其是机械表面功)的差异对起始时间有显著的影响。

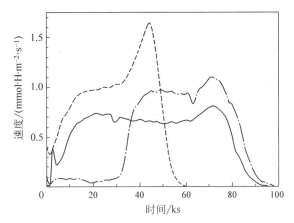

图 7.15　对于在超纯 H$_2$、特高压设备、250℃真空烘烤的充分退火的铀样品,由 Condon-Kirkpatrick 模型预测的 3 个样品在不同的起始时间(点蚀过程)并且在 10.0kPa 的 H$_2$ 下的氢化率[14,16]

抛光样品的起始时间最长

　　图 7.16 显示了可抽真空腔室中铀样品在高相对湿度下腐蚀产物的漫反射光谱[20]。在疏松氧化层中散射的光谱携带着该氧化膜中的化学成分信息。在环境温度下的初始抽气除水(a),随后在真空中以 250℃烘烤以除更多的水,以及 OH、铀酰(约 900cm^{-1})(b),总的去除如(c)所示。作为参照的液态 H$_2$O 的振动模式如(d)所示。烘烤后,在 575cm^{-1} 处的 UO$_2$ 带被倒置,表明主氧化带在生长。因此,抽真空和烘烤可以从氧化膜中去除许多不稳定的氧化物质。X 射线光电子能谱也表明烘烤可以促进这种化学变化[21]。它不仅表明了化学成分的损失,特别是氧和羟基,而且还表明当温度超过 250℃时,氧化铀转变为更明显的金属特性。

　　图 7.17 展示了起始时间与超高真空烘烤时间的关系。U 基底为球形 U 粉末(<100μm),其在大气环境下暴露形成氧化膜,然后置于惰性气氛中 600Ms 并在超高真空中存放 32Ms。这些数据说明了两点。第一,75℃的烘烤使得起始时间降低 75%。第二,起始时间不会为 0。这些意味着 UO$_{2+X}$ 层是 H$_2$ 的最佳阻碍物,氢化点蚀只会发生在被氧化化学势场保护的缺陷位置。这种保护性氧化化学势可能与超化学计量氧化物有关,但其不会随着大量的惰性时效而消失。

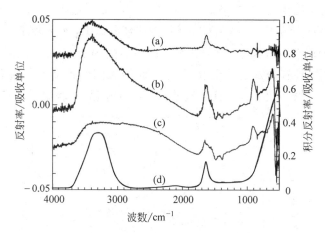

图 7.16 （a）抽真空后；（b）250℃真空烘烤后；（c）总的损失；
（d）液态水的漫反射红外差光谱

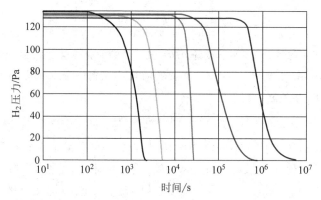

图 7.17 超高真空处理后室温下球形铀粉末的氢化起始时间

从右至左：19℃，32Ms；75℃，1.2Ms；150℃，160ks；125℃，160ks；300℃，65ks[20]

7.4 铀的水腐蚀

在仅有 H_2O 的情况下,铀的腐蚀比其他形式的氧化物生长要快得多,这显然是由 H_2O 产生的 H 促进的。当然,铀与 H_2O 的反应过程中 H_2 的积累是快速生成 UO_2 的主要原因。为了研究这一机理,Condon 等用离子微探针微分析(IMMA,一种二次离子成像技术)研究了氧化膜的生长[22]。这种技术被用于氧化膜的深度剖面分析,就像它被用于校准 75°镜面反射 FTIR 测量一样。铀样品首先暴露于 $H_2^{18}O$ 中,然后暴露于 $H_2^{16}O$ 中。结果如图 7.18 所示。最后一个接触到样品的 H_2O 是在金属氧化物的界面上发现的,表明 H_2O 可以很方便地穿透氧化膜。根据 Condon-Kirkpatrick 模型,将界面处氧化物分布的斜率理解为氢穿透金属过程,并据此计算水的最小腐蚀速率。

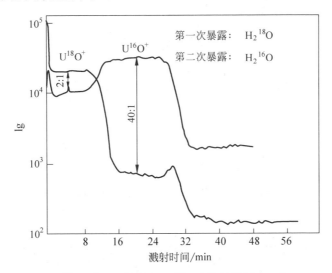

图 7.18　首先暴露于 $H_2^{18}O$ 中、随后暴露于 $H_2^{16}O$ 中的铀样品在 80℃ 、610Pa 和 14.4ks 的条件下的 IMMA 深度剖面

金属界面溅射时间为 32min,真空界面溅射时间为 0min

7.5　氢化铀的氧化腐蚀

在液态水中长时间储存的严重腐蚀的核反应堆乏燃料中发现的 UH_3 表明,铀和 H_2O 腐蚀之间有着密切的联系[23-25]。在干燥和搅拌之后,UH_3 暴露在空气中可以自燃。为了研究这种自燃行为,对铀棒进行氢化,制备得到 UH_3 样品,如图 7.15 所示[20,26]。样品在含有小剂量 O_2 的红外气体腔室中反复发生反应。H_2 是这个反应过程的唯一产物。通过 H_2 吸附来表征样品的表面,结果表明,每次反应后表面的活性都只有少量的降低[6]。每施加一剂量的氧气,都要测定反应速率。在长时间抽气后的第一剂试验中,H_2 吸附去除了所有的 H_2 产物,因此压降可以持续几十年。图 7.19 是连续的 O_2 通入和 H_2 放出的结果。由此,可以确定,正确的反应如下:

$$UH_{3.00} + 1.075O_2 \longrightarrow UO_{2.15} + 1.5H_2$$

从 O_2 压力衰减可以确定 $O_2 + UH_3$ 反应的压力依赖关系,如图 7.20 所示。

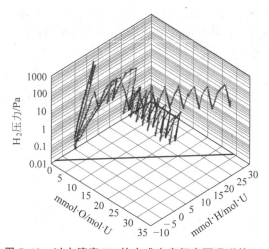

图 7.19 以小滴定 H_2 的方式来表征表面吸附的 H_2

定量去除小剂量的定量 O_2 产生的 H_2；没有形成 H_2O

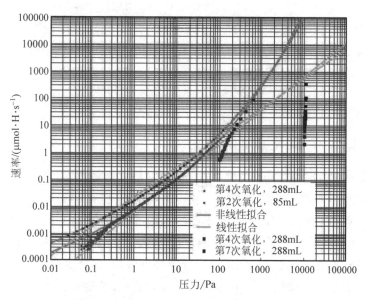

图 7.20 $O_2 + UH_3$ 反应的 O_2 压力依赖性

7.6 结论

铀的腐蚀过程具有多样性和复杂性，但是通过正确的组合测量方式，它们可以被有效地揭示和阐明。控制铀腐蚀的主要方法是尽量减少 H_2O 的含量并且含有

一些 O_2。O_2 及其产物 UO_{2+x} 膜是控制氧化速率和防止 H_2 侵蚀的主要保护物质。水含量增加会很容易穿透氧化膜，使得 H 与氧化铀优先发生反应。水环境形成的氧化物是疏松的，在极端条件下，可能还会含有 UH_3 并发生自燃，这两种情况都是不可取的。

参考文献

[1]　Wilkinson WD. Uranium metallurgy[M]. vol 2. Interscience, New York, p 752, 1962.

[2]　Waber JT. A review of the corrosion behavior of uranium[M]. Report LA-2035, Los Alamos National Laboratory, 1956.

[3]　Orman S. Oxidation of uranium and uranium alloys[M]. In: Burke JJ, Colling DA, Corum AE, Greenspan J (eds) Physical metallurgy of uranium alloys, Chapter 21. Brookhill Publishing Co., Chestnut Hill, MA, 1976.

[4]　Cathcart JV. Gaseous oxidation of uranium alloys[M]. In: Burke JJ, Colling DA, Corum AE, Greenspan J (eds) Physical metallurgy of uranium alloys, Chapter 20. Brookhill Publishing Co., Chestnut Hill, MA, 1976.

[5]　Ritchie AC. A review of the rates of reaction of uranium with oxygen and water vapour at temperatures up to 300℃[J]. J Nucl Mater 102: 102-182, 1981.

[6]　Colmenares CA. Oxidation mechanisms and catalytic properties of the actinides[J]. Prog Solid State Chem 15: 257-364, 1984.

[7]　Lillard JA, Hanrahan RJ Jr. Corrosion of uranium and uranium alloys[M]. In: Cramer SD, Covino BS, Jr(eds) ASM Handbook, vol 13B, Corrosion: Materials, 2007.

[8]　Allen GC, Tucker PM, and Lewis RA. X-ray photoelectron spectroscopy study of initial oxidation of uranium metal in oxygen + water-vapor mixtures[J], J Chem Soc, Faraday Trans 2: 991-1000, 1984.

[9]　Leibowitz L, Schnizlein JG, Bingle JD, et al. Kinetics of oxidation of uranium between 125 and 250℃[J]. J Electrochem Soc 108: 1155-1160, 1961.

[10]　Baker MMD, Less LN, Orman S. Oxidation of uranium and uranium alloys[M]. In: Burke JJ, Colling DA, Corum AE, Greenspan J (eds) Physical metallurgy of uranium alloys, Chapter 21. Brookhill Publishing Co., Chestnut Hill, MA, 1976.

[11]　Baker MMD, Less LN, Orman S. Uranium + water reaction, Part I-the effect of water and other gases[M]. Trans Faraday Soc 62: 2525-2530, 1966.

[12]　Powell GL, Milosevic M, Lucania J, et al. The spectropus system, remote sampling accessories for reflectance, emission, and transmission analysis using Fourier transform infrared spectroscopy[J]. Appl Spectrosc 46: 111-125, 1992.

[13]　Powell GL, Dobbins AG, Cristy SS, et al. The study of the oxidation of uranium by external and diffuse reflectance FTIR spectroscopy using remote-sensing and evacuable cell techniques[J]. Proc SPIE 2089: 214-215, 1993.

[14]　Smyrl NR, Fuller EL, Powell GL. Monitoring the heterogeneous reaction of LiH and

LiOH with H_2O and CO_2 by diffuse reflectance infrared Fourier transform spectroscopy [J]. Appl Spectrosc 37: 38-44,1983.

[15] Kirkpatrick JR. Diffusion with a chemical reaction and a moving boundary[J]. J Phys Chem 85: 3444-3448,1981.

[16] Condon JB,Larson EA. Kinetics of the uranium-hydrogen system[J]. J Chem Phys 59: 855-865,1973.

[17] Condon JB. Calculated vs. experimental hydrogen reaction rates with uranium[J]. J Phys Chem 79: 392-396,1975.

[18] Bingert JD,Hanrahan RJ Jr,Field RD,et al. Texture effects on the nucleation of uranium hydride on α-uranium[J]. J Alloys Compd 365: 138-148,2004.

[19] Powell GL,Schulze RK,Siekhaus WJ. Corrosion of uranium by hydrogen at low hydrogen pressures[J]. In: Somerday B,Sofronis B,Jones R (eds) Hydrogen effects on materials. ASM,Materials Park,OH,pp 556-561,2009.

[20] Powell GL,Ceo RN,Harper WL,et al. The kinetics of the hydriding of uranium metal Ⅱ [J]. Z Phys Chem (NF) 181: 275-282,1993.

[21] Powell GL,Schulze RK, Siekhaus WJ (in press) Hydriding of uranium and thermal decomposition of uranium hydride at low hydrogen pressures[M]. In: Somerday B, Sofronis B,Jones R (eds) Hydrogen effects on materials. ASM,Materials Park,OH.

[22] Condon JB. Nucleation and growth in the hydriding reaction of uranium[J]. J Less Common Met 73: 105-112,1980.

[23] Totemeier TC. A review of the corrosion and pyrophoricity behavior of uranium and plutonium[M]. Argon National Laboratory Report,ANL/ED/95-2,1995.

[24] Totemeier TC,Pahl RG, Hayes SL,et al. Characterization of corroded metallic uranium fuel plates[J]. J Nucl Mater 256: 87-95,1998.

[25] Totemeier TC,Pahl RG,Frank SM. Oxidation kinetics of hydride-bearing uranium metal corrosion products[J]. J Nucl Mater 265: 308-320,1999.

[26] Powell GL. Reaction of oxygen with uranium hydride[M]. In: Chandra D,Bautista RG, Schlapbach L (eds) Advanced materials for energy conversion Ⅱ. TMS (The Minerals, Metals,and Materials Society),Warrendale,PA,2004.

第8章

铀的无损检测：原理和展望

Jonathan Poncelow，David L. Olson，Cameron Howard，Kamalu Koenig，and Craig VanHorn

理论上，理论和实践是一样的。实际上，它们不是。

——爱因斯坦

摘　要　在铀的加工过程中，无损检测（NDE）能力历来发展缓慢，这可能是由于铀的各向异性和易反应特性带来的困难，也可能是由于铀的应用有限。无论如何，尽管锕系元素有一些独特的特性，但铀部件的无损检测仍然落后于其他材料领域的进展。本章综述了支撑无损探伤技术的基本原理以及适用于铀体系的无损检测方法。铀的特殊冶金学性能可以被利用，以实现无损检测的目的，比如其高度各向异性和低温行为。最后，根据前几节所建立的基础，简要回顾了铀的无损检测研究案例。

关键词　无损，铀，检测，无损检测，电荷密度波，固体物理学，电动力学，超声波，物理声学，超导，残余应力，电脉冲处理，性能

8.1　铀无损检测技术的现状

尽管铀在核工业中具有独特性和重要性，但它还没有被严格地用于无损检测研究。这种失败可能有两个原因，第一，铀金属加工比较困难；第二，缺乏对介观和宏观特征随微观结构变化的相关性的认识。无论出于什么原因，铀无损检测领域的发展机会还是很多的，本书致力于推动铀加工过程中无损检测应用的发展。

8.1.1　与铀相关的困难

应用于铀的传统无损检测方法，大多数是用来检测尺寸变化、不准确性、开裂

（很可能是由环境造成的）和空洞等各种现象。铀作为一种金属或合金,在测试过程中存在实际困难,例如,铀的化学反应活性会促进其表面氧化物的生长,阻碍测试过程中需要的充分表面接触,如弹性波的传输和接收。铀的固有放射性给射线照相带来了困难,因为必须要考虑与信号相关的本底辐射和人员安全。某些铀同位素的可裂变性和某些合金的化学反应性使得要用水的传统技术也不具有可行性。此外,物理特性的高度各向异性也使表征变得很复杂。

8.1.2　铀无损检测的未来

传统的技术已经在无损检测手册中得到了很好的说明。为了提高无损检测技术对铀材料的适用性,需要对新方法的基本原理进行重新考量。

铀及铀合金的性能与其微观结构密切相关。先进的定量无损检测是提高铀合金部件和燃料质量的下一步工作。通过表征微观结构对加工过程进行实时检测,是提高产品成品率和保证质量的必要条件。波分析技术(如超声波和涡流)可以对宏观特性进行检测。本章将介绍相关物理基础,以便于全面阐明物质和物理扰动之间的关系。铀材料具有许多有趣和独特的性质,这使得它在无损检测环境中具有相当大的研究价值。本章将继续探讨铀的固态物理性质。最后,将重点介绍最近在铀无损检测方面的研究工作。

8.2　核材料的先进无损检测波科学与技术

各种形式的弹性波力学和电子波力学对于未来无损检测技术的应用至关重要,这在传统方法中往往看不到。本书将利用这个机会来描述波的基本原理,并阐述对微观结构在它们相互作用中所起的作用的理解。每一节将以推导相关波动方程开始,接下来描述观察到的行为,最后总结物理特征波动力学的现象学模型。

8.2.1　为什么是波

在介绍波的概念之前,读者首先要了解为什么动态测量(即基于波的)是有用的,特别是考虑到现有静态表征技术的惊人数量的情况下,这对于加深读者的理解是非常有利的。但是,人们会发现,通过用一个随时间变化的扰动来激发一个特定的样本,就可以获得一个额外的"维度",可以用这个"维度"来描述那个成分。这样的维度最好用频域来表示,频域是时域的反演,它保留了一些类似于固体物理中倒易空间的性质。

一个更具启发性的议题是,无损检测应用中动态测量的使用,可以通过比较动态处理与静态处理的区别来实现。考虑到一个类似的研究领域:热力学

(thermaldynamics)。与后缀(dynamics)形成鲜明对比的是，热力学所提供的信息是关于一个系统的静态平衡的，强调了系统各组成部分所涉及的能量。当然，在平衡状态下，时间是无穷限的，系统大概率就不再变化。然而，如果人们考虑一个系统的动力学方面，那么将对纳米和微观尺度上正在发生的事情获得更深入的了解。

1. 静态测量

那么，在其他研究中，什么是静态测量？在弹性力学中可以找到一个例子，其中弹性模量(无论是剪切模量、杨氏模量，还是其他模量)是通过计算静态应变的应力响应得到的。根据潜在的现象，用这种方法进行的测量揭示了离子和电子之间静电力的平衡，该特征依赖于电子密度和分布。然而，通过这样的测量仍然不清楚的是电子重新平衡到张力态的"动力学"方面，即电子重新分配的速度和代价。

2. 时变扰动

另一方面，如果应变是周期循环的，那么就有机会观察和量化电子(其他纳米、微米尺度的特征，如后面章节所述)松弛到准平衡所需的时间。这种原理为无损检测中使用波提供了动力：对系统施加循环扰动(如弹性、电子和磁扰动)，并动态测量系统的响应。

3. 多种测量的要求

物理参数(成分、微观结构形态、几何形状等)的无损表征所固有的一个事实是，测量不仅仅依赖于兴趣变量。人们希望得到可观测量与微观结构特征之间的显著相互作用关系，其需要使用多种独立的技术来充分检测一个特定的样品。通常，在量化某些介观细节的可用方法中会有一些重叠，如图 8.1 中阴影显示的部分。

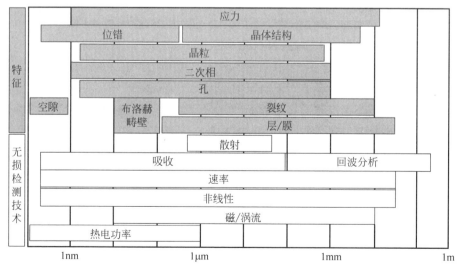

图 8.1 晶格缺陷的尺度与各种无损检测分析评估工具有效范围的相关性[1]

使用物理测量来检测材料的必要进展是,通过使用和关联充分不同的物理量来提取所有独立的材料变量。这种情况类似于求解一组给定未知数的有充分方程的代数问题。在同一材料和相同的热力学发展上结合磁性和弹性特性测量,可以提供一个有效的机会来获得充分的相关信息,从而在不使用材料标准的情况下对材料进行评估。此外,基于波分析(电磁波和弹性波)的特性测量可以在不同频率下进行测量,这些频率与不同的特定微观结构细节相互作用。在不同频率下进行的物理测量可以提供有关入射波受材料影响的确切机制的实质性信息。类似地,时域分析可以提供关于特定样本的空间分辨信息。

8.2.2　波动方程

为了发展波动理论所必需的数学框架,这里将继续使用线弹性的特殊情况。选择这种情况是因为它在提供纵向极化波(电磁波严格来说是横波)方面的"普遍性",以及它对牛顿第二定律的直观应用,这些构成了波动方程的出发点。

对于质量密度为 ρ、四阶弹性张量为 C 的无穷小单晶的单位立方体,牛顿定律给出:

$$\frac{\partial \sigma_{ij}}{\partial x_j} = \rho \frac{\partial^2 u_i}{\partial t^2} \tag{8.1}$$

其中,$i,j\{1,2,3\}$ 方向上的应力为 σ_{ij},相应的位移为 u_i。胡克定律将应力 σ_{ij} 与应变 ε_{kl} 联系起来:

$$\sigma_{ij} = C_{ijkl}\varepsilon_{kl} \tag{8.2}$$

其中,一阶应变如下所示:

$$\varepsilon_{kl} = \frac{1}{2}\left(\frac{\partial u_k}{\partial x_l} + \frac{\partial u_l}{\partial x_k}\right) \tag{8.3}$$

结合式(8.1)~式(8.3)可以得到

$$\rho \frac{\partial^2 u_i}{\partial t^2} = \frac{1}{2}C_{ijkl}\left(\frac{\partial^2 u_k}{\partial x_j \partial x_l} + \frac{\partial^2 u_l}{\partial x_j \partial x_k}\right) \tag{8.4}$$

在各个方向上,建立了将位移的时间变化与空间变化联系起来的微分方程。式(8.4)是线弹性的波动方程,它与由麦克斯韦方程组导出的电动力学波动方程(详见 8.2.6 节 1.)有相似之处。自然地,我们假定得到式(8.4)的波状解,幅值为 $u_0 = \sqrt{\sum u_{0i}^2}$,因此可以得到

$$u_i(\boldsymbol{r},t) = u_{0i}\mathrm{e}^{\mathrm{i}(\boldsymbol{k}\cdot\boldsymbol{r}-\omega t)}, \quad \mathrm{i}=\sqrt{-1} \tag{8.5}$$

其中,$\boldsymbol{k}$ 和 ω 分别是波矢量和角频率(分别以弧度和时间为单位),对应于傅里叶变换中空间域和时间域的自变量(更多关于傅里叶域的内容将在 8.2.4 节中讨论)。

将式(8.5)代入式(8.4),并通过克罗内克(Kronecker)delta 函数,以确保三个

方向的分离，并得到三个独立的形式方程。

$$(\rho\omega^2\delta_{il} - C_{ijkl}k_jk_k)u_l = 0 \qquad (8.6)$$

称为克里斯托费尔(Christoffel)方程，只有当系数的行列式为零时，才存在非平凡解，或者，

$$|C_{ijkl}k_jk_k - \rho\omega^2\delta_{il}| = 0 \qquad (8.7)$$

式(8.7)称为色散方程，它有 $\omega(\boldsymbol{k})^2$ 的三个根，对应着三个"分支"。对于每一个分支，克里斯托费尔方程(8.6)都有三个解，它们将波矢和角频率联系起来。这些解是三种(正交)偏振的色散关系(即频率-波矢量关系)；引入相速度 $c_p = w(\boldsymbol{k})/k$，给出了每个偏振的传播速度，一般来说，这取决于传播方向，如图8.2中单晶 α 铀所示，该计算使用了表8.1中的弹性常数。

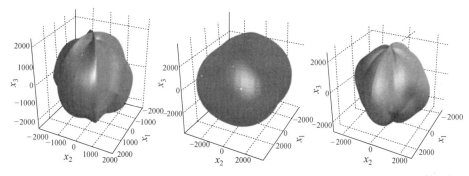

图8.2 单晶铀在色散方程各分支上的三维相速度面(单位为 m·s⁻¹)

中间的图对应纵向模式

表8.1 利用超声波速在298k时测得的单晶弹性常数[2]

模 量	值/GPa	模 量	值/GPa
C_{11}	214.7±0.3	C_{66}	74.33±0.07
C_{22}	198.5±0.3	C_{12}	46.5±0.3
C_{33}	267.1±0.4	C_{13}	21.8±0.3
C_{44}	124.4±0.1	C_{23}	107.6±0.4
C_{55}	73.42±0.07		

对于表现为各向同性对称(即弹性与方向无关)介质的非常特殊情况，前面的论证就简单得多了。材料的对称性将独立常数的数量从21个(三斜晶系对称)减少到2个，具体来说是体积模量 C_{11} 和剪切模量 C_{44}(各向同性情况下的泊松型模量 $C_{12} = C_{11} - 2C_{44}$，但在其他情况下的泊松型模量是独立的)。在这种情况下，色散关系简化为 $c_p = \omega/k$(常数)，式(8.6)的三个解简化为一个纵向极化和两个简并的横向极化，各自具有速度：

$$c_1 = \sqrt{\frac{C_{11}}{p}}, \quad c_t = \sqrt{\frac{C_{44}}{p}} \tag{8.8}$$

因此,这个问题被简化为两种类型的波传播:纵波和横波。尽管铀的晶体结构表现为高度的各向异性,但为了简单起见,其余的讨论将以各向同性对称为主,代价就是没有了普遍性。相应的多晶铀弹性常数为 $C_{11} = 222\mathrm{GPa}$ 和 $C_{44} = 84\mathrm{GPa}$[3],其纵波和横波速度分别为 $3410\mathrm{m \cdot s^{-1}}$ 和 $2100\mathrm{m \cdot s^{-1}}$。(铀的密度为 $19.040\mathrm{kg \cdot m^{-3}}$)

8.2.3 频率相关特性

上述方程和关系式适用于弹性常数不是频率函数的情况,但一般情况并非如此。实际上,波动理论中有两种广泛的现象,它们表明了弹性常数的频率相关性(或者广义地说,任何将扰动与其效应联系起来的线性泛函)。在第一种情况下,常数(模)将被推广到复域,使虚项成为指数衰减项,从而引起衰减。第二种情况允许模随频率而变化,也就是说,施加激励的速度会影响到系统受扰动而产生的变化量,这个现象也称为色散。

1. 衰减

假设扰动 P 和效应 E 之间的(线性的,为了简单起见)比例系数现在不仅是频率的函数,而且是复数的——包含实项和虚项。如果施加一个波,则波扰动函数中的虚项如下:

$$P(t) = \mathrm{e}^{\mathrm{i}(kx-\omega t)} = \cos(kx) - \omega t + \mathrm{i}\sin(kx) - \omega t$$

乘以比例系数中的虚项

$$K(\omega) = K_r(\omega) + \mathrm{i}K_i(\omega)$$

在指数函数中产生一个负的(实数的)项:

$$E(t) = K_r(\omega)\mathrm{e}^{-K_i(\omega)t}\mathrm{e}^{kx-\omega t} \tag{8.9}$$

这项描述了系统的衰减,其特征是信号随时间(或多或少等效于距离)呈指数衰减。文献中用 a、A、α 等多种符号代替 $K_i(\omega)$ 来表示衰减系数;最后一个可能是最常见的,并将在本书中使用。衰减系数的典型单位为 $\mathrm{dB \cdot m^{-1}}$ 或 $\mathrm{dB \cdot \mu s^{-1}}$;当使用自然对数时,如上面所述,Neper(Np,$1\mathrm{Np} = 8.6859\mathrm{dB}$)代替分贝,系数为 8.686。

除了衰减系数外,还可以用其他术语来描述材料中的声损失。质量因子 Q 和它的倒数 Q^{-1} 通常被定义为一个特定谐振频率 f 的半峰全宽(FWHM $= \Delta f$):$Q = f/\Delta f$ 和 $Q^{-1} = \Delta f/f$。质量因子与衰减系数的关系为

$$Q = \frac{\pi f}{\alpha} = \frac{\omega}{2\alpha} \tag{8.10}$$

其中，α 的单位为 Np·s^{-1}，谐振频率 f（或 ω）的单位为 Hz(rad·s^{-1})。

2. 色散

在本讨论开始时，有人提出动态测量相比于静态测量可以获得物理系统的更多信息。当然，我们假定物理系统的反应取决于它被扰乱的速度——这种说法经常被证明是正确的。假设 τ 是系统从状态 1 变为状态 2 所花费的时间，那么扰动 $P(t)$ 与其影响 $E(t)$ 之间的比例常数 $K=K(\tau)$。如果扰动 P 是周期性的，状态 1 和状态 2 相隔半个周期，则可以用 τ 来描述该周期，K 可以作为激励频率的函数：$K=K(\omega)$，其中 ω 和 τ 形成一个傅里叶变换对。

当传播速度（相速度）是频率的函数时，就会发生波色散。色散可能会引起：①宏观几何波传播效应；②速率相关的材料参数（例如，与频率相关的衰减）；③以及超出本讨论范围的其他效应。最终的结果是，色散是一个复杂的问题，它可以通过无损检测提供额外的有用信息，或者反过来，可能导致在确定材料属性时的不准确性，如弹性模量。上述行为是引入了色散的概念，因为它适用于时间相关的材料性质。

8.2.4 傅里叶分析

作为一种异常强大的方法，傅里叶变换已经有了无数的应用。随着快速傅里叶变换(FFT)算法的发展，它在信号处理方案中应用得越来越广泛。本书回顾了傅里叶变换在无损检测中的性质和用法，然后简要讨论了傅里叶变换的"扩展"：小波变换。

1. 数学背景

在形式上，傅里叶变换 $F(\omega)$ 及其逆函数 $f(t)$ 定义为

$$F(\omega) \doteq \int_{-\infty}^{\infty} f(t)\mathrm{e}^{-2\pi\mathrm{i}\omega t}\,\mathrm{d}t, \quad f(t) \doteq \int_{-\infty}^{\infty} F(\omega)\mathrm{e}^{2\pi\mathrm{i}\omega t}\,\mathrm{d}\omega \tag{8.11}$$

式中，t 和 ω 分别为时域和频域的自变量，并且很容易被变量 x 和 k 来替换为实空间矢量和对应的倒易空间矢量（波矢量/动量）。由于变换的余弦性质，函数 $f(t)$ 可以表示为无穷多个正弦和余弦系数的傅里叶级数：

$$f(t) = a_0 \sum_{n=1}^{\infty} (a_n \cos(\pi t) + b_n \sin(\pi t)) \tag{8.12}$$

其中，系数 a 和 b 为

$$a_n = \int_0^{\infty} f(t)\cos(2\pi t)\mathrm{d}t \tag{8.13}$$

$$b_n = \int_0^{\infty} f(t)\sin(2\pi t)\mathrm{d}t \tag{8.14}$$

假设函数 $f(t)$ 满足下列（狄利克雷）条件：

在任何离散区间上,它必定有有限数量的不连续点和极值点,通常是$[0,2\pi]$或$[-\pi,\pi]$;

积分$\int_0^\pi f(\theta)\mathrm{d}\theta$必须收敛(即$f$必须在区间内可积)。

任何可表示为傅里叶级数的函数都可以在有限区间内进行采样,并根据离散傅里叶变换(DFT)进行变换:

$$F(\omega) \doteq \sum_{n=-\infty}^{\infty} f_n \mathrm{e}^{-i\omega n} \tag{8.15}$$

这是对无损检测领域最有用的形式,因为遇到的信号是有限长度的,并以离散时间间隔Δt进行采样。

2. 相关理论

傅里叶变换的一个非常有用的性质可以在相关理论中找到,在这里无需证明。函数$f(t)$和$g(t)$的互相关运算可以这样定义,用★表示:

$$f \bigstar g \doteq \int_{-\infty}^{\infty} f^*(\tau)g(t-\tau)\mathrm{d}\tau = g \bigstar f \tag{8.16}$$

复共轭算子 * 、虚变量τ为函数f,g和$f \bigstar g$的自变量。互相关可以理解为两个函数的乘积,其中一个函数在自变量中逐渐切换。许多信号处理应用程序都需要这样的操作,比如希望将两个信号进行相互关联,其中一个是参考信号,如果自身为参考信号,就称为自相关。

对于m和n为有序表f和g中指标的离散情况,

$$f \bigstar g[n] \doteq \sum_{m=-\infty}^{\infty} f^*[m]g[n-m] \tag{8.17}$$

方程(8.17)有一个不太理想的性质,即它的计算需要对相关中的所有点进行求和,这意味着操作是在$O(N^2)$时间内完成的,对于长序列来说是不利的!幸运的是,FFT(以$O(N\log N)$时间为尺度)通过相关理论提出了一种更方便的算法:

$$f \bigstar g(t) = F^{-1}[F^*(\omega)G(\omega)] \tag{8.18}$$

其中,算子F^{-1}是傅里叶逆变换。因此,通过使用FFT快速执行互相关操作,人们获得了快速去噪声和特征检测的能力来进行时域分析。

3. 小波变换

小波变换与傅里叶分析密切相关,它凭借其多重分辨率的能力,为频谱内容随时间变化的信号提供了拓展的频谱分析。正如使用傅里叶变换在时域不同程度上"拉伸"的正弦函数一样,小波变换对任意函数进行拉伸和移位来形成其基函数。选择的任意函数称为母小波,它的选择与应用场合相关。在实际应用中,连续小波变换(CWT)被认为是缩放(在时间上拉伸)的母小波与不同宽度信号的卷积(从而形成另一个有用的FFT应用)。变换的每个比例分量代表一个不同的频谱分量

（类似于傅里叶变换中的频率），通过卷积得到频谱能量随时间的变化。

连续小波变换的一个强大应用就是检测和识别某个信号中的特定特征。如果选择的母小波能够精确地复制目标元素，比如脉冲回波实验中的回波，那么连续小波变换中的高值对应于信号中存在该特征的区域。一个常见的小波是 Ricker 小波，它的公式描述为

$$\Phi(t) = \frac{2}{(3\sigma)^{1/2}\pi^{1/4}}\left(1 - \frac{t^2}{\sigma^2}\right)\mathrm{e}^{-\frac{t^2}{2\sigma^2}} \tag{8.19}$$

对于尺度参数 σ，如图 8.3 所示，它的形状使得它有一个通俗的名字，即"墨西哥帽"小波。

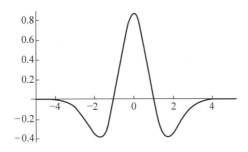

图 8.3 式（8.19）中的 Ricker 小波，也称为"墨西哥帽"小波

对于如图 8.4 所示的超声脉冲回波信号，由于回波在时间-电压域不能被清晰区分，则使用普通阈值的方法可能难以提取回波的过渡时间。图 8.7 中的 Ricker 小波通过连续小波变换能够清晰地识别回波，借助合适的算法就可以定量地得到结果[4]。将连续小波变换与傅里叶变换进行实质性的对比，发现后者可以提供波形的频谱内容，但不能立即显示时间信息。

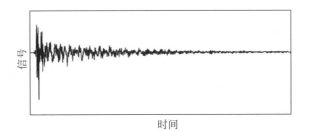

图 8.4 典型的带有噪声的脉冲回波实验信号

5 个周期迸发的运输还不够清楚

4. 无损检测中的应用

傅里叶变换是基于波的无损检测技术而分析得到各种波形的有用工具。通常情况下，是傅里叶变换的数学特性使各种信号处理程序（如去噪和特征识别）的快

速计算成为可能,但某些波形的信息也可以通过分析傅里叶频谱本身获得。本节重点介绍傅里叶变换的众多应用中的一小部分。

　　在定义了傅里叶变换及其一些性质之后,下面重点讨论它在无损检测中的实际应用。回到图8.4和图8.5的噪声信号和频谱,在图8.6中计算出相应的离散圆自相关,可以观察到延迟时间,尽管有一些额外的噪声(可能是混合模超声波)。基于Ricker小波的连续小波变换如图8.7所示,其中的回波清晰可见,这是由于小波变换具有在嘈杂环境中分离和表征特征信号的能力。

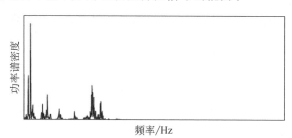

图8.5　上述信号的频谱内容(通过功率谱密度变换)

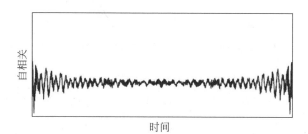

图8.6　图8.4中信号的自相关作用(循环作用)

图8.7　对原始信号进行连续小波变换(使用 Ricker 小波)

纵坐标对应于式(8.19)中 σ 的不同值(例如,不同的宽度)

　　对于由宽带波脉冲(即包含多个频率)激发的样品,样品将在由其几何形状和弹性特性决定的特定频率上进行共振。如图8.8所示的傅里叶变换提供了这样的频谱。

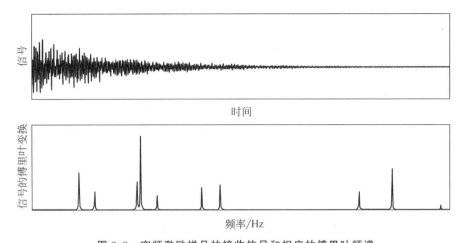

图 8.8 宽频激励样品的接收信号和相应的傅里叶频谱

共振频率和质量因子由几何尺寸和弹性张量决定,这两者都可以由共振超声光谱推断出来

通过测量样品的共振频率和质量因素的量化,再加上对样品几何形状的测量,就可以得出材料的弹性(和非弹性)特性。共振超声频谱(RUS)是一种可以推断出全弹性和弹性张量的方法[5]。

8.2.5 弹性波

在 8.2.2 节中,推导了波动方程(8.4)得到解(8.5),即平面波以速度 c 沿一定方向传播,速度 c 随弹性性质而变化。当波继续通过材料的主体时,它由于物理性质的不连续性(如不均匀性、边界)而被散射,并通过多种机制进行衰减。虽然这些过程起初似乎不利于弹性波在无损检测中的应用,因为它们增加了问题分析的复杂性,但实际上它们可以通过分析来提供有关微观结构的信息。本节概述了利用超声波和可分离、表征材料状态的选择性现象进行无损检测的一些实际应用。

1. 产生和检测

声波(通常是超声波)可以通过多种方法和机制产生,但其来源可以分为两类:主动超声,即波被合成并施加在被测试的样品上;被动超声,即材料本身产生一个或一系列的波。前一种情况可能包括许多技术和仪器,我们将进行简要的讨论。对于被动超声,我们仅提及声发射。

高频弹性波可以被有意地引入材料中,并通过多种方法检测,可以通过换能器和样品之间的直接物理接触来检测,也可以通过电磁辐射来进行间接检测。

压电陶瓷(PZT)是一种接触式的方法,也是一种性价比高的将超声波传递到材料中的方法。PZT 在很宽范围的规格和频率内均可适用,并且只需要相对简单的设备来进行激励。一个典型的装置包括一个函数发生器、功率放大器和数字转换器来提供波形选择的能力(图 8.9),或是一个简单的脉冲接收器。采用 PZT 配置的一个主要缺点就是传感器必须与图 8.10 所示的样品很好地耦合,这可能会带来不便,比如负载之间出现不一致,甚至是在高温或高辐射环境下破坏传感器。

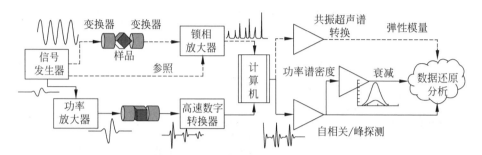

图 8.9　共振超声谱(虚线)和脉冲回波(实心)的实验设备及功能图

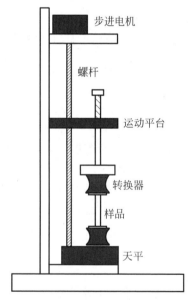

图 8.10　一种利用压电换能器进行脉冲回波和共振超声测量的仪器

天平和螺纹杆系统可以精确控制安装,以减少耦合效应的变化

另一方面,高强度激光提供了一种在不接触样品的情况下引入超声波的方法。将聚焦的、高强度的光传输到样品表面会引起高度的局部加热(甚至烧蚀),而对于足够短的脉冲,将会在材料中激发宽带超声波。当然,这样的系统要昂贵得多,而且很难实现,因为激光器本身(通常是脉冲 Nd:YAG 激光器)体积庞大,成本也高达数万美元。基于激光的超声系统要做到模式专一性也很困难,因为它会产生许

多频率的横波和纵波。

严格地说,声发射(AE)技术是被动超声,因为它们依赖于检测材料本身对应力(压缩/拉伸、热、腐蚀)响应时产生的声学反应。然而,在实践中,对材料进行应力测试或验证测试时,只有当施加的应力达到足够高的强度时才会产生声发射。从这个意义上说,声发射是一种主动的半无损检测形式。铀材料可能是声发射测试某些(非常专门的)应用的理想选择,因为声波是由滑移系统、孪晶、微裂纹和金属中含量丰富的其他微观结构特征的运动或激活产生的。

两种探测超声波的技术在无损检测领域得到了广泛的应用。只需将 PZT 与样品接触就可以有效地作为接收器。在这里,传感器和被测材料之间的物理连接是至关重要的,PZT 的低成本促使它们在需要大量同时测量的系统中得到使用。对于非接触式应用,激光多普勒振动计(LDV)提供了一种通过干涉进行远距离测量检测超声波的方法。同样地,基于激光的检测方法提供了一种消除传感器-样品耦合变量的技术,它还有一个额外的好处:激光多普勒振动计可以在样品表面进行扫描(光栅化)以产生空间信息,从而有效地构成一组超声波探测器。

对于给定的几何结构和刚度张量,当行波反射回自身并在材料内形成了具有特定频率的驻波时,就可以获得重要的弹性信息。这种情况称为共振,当一个合适的计算模型可用来预测共振频率时,共振超声光谱技术可以用来直接推断出材料的弹性特性[5]。图 8.10 显示了在接触式共振超声光谱设置中使用的数据和设备的流程。

2. 与物质的相互作用

当有几个过程在同时起作用时,会使得行波的振幅随时间减小,其中一些是可逆的(以弹性波的形式保持能量),而另一些是吸收的,这意味着它们会将能量转化为热。来自不均匀性(相关性质中的不连续)的散射构成了弹性波的一个例子,这个特征形成了一种有限的(但相当成熟的)检测裂缝、晶粒尺寸和孔隙度的方法。另一方面,吸收/分散过程是与物质本身有关的现象,如果人们能准确地将它们从给定的样品中分离出来,就能深入了解导致此现象的基本物理参数。

广义上,吸收过程可以根据其频率相关性分为两类:弛豫(包括热弹性、电子和声子相互作用)和共振现象(主要是物理声学领域中的位错相互作用)。下面首先介绍弛豫行为的现象(其在衰减过程中普遍存在),然后介绍不同现象以及它们与相关物理参数的数学关系。有人认为,通过仔细量化吸收和色散的频率相关性,可以为铀的无损检测提供大量的可能性。

3. 弛豫现象

各种超声损失机制有一个共同的现象学根源:线性弹性固体,如 Zener 所述[6]。该行为可以总结为以下方式[7]:假设一个刚度常数为 μ_2 的弹簧与一个黏

度为 η_2 的阻尼器进行并联,然后与刚度常数为 μ_1 的弹簧进行串联,如图 8.11 所示;在施加瞬时应力时,第一弹簧会发生一定数量的瞬时位移;这种应力的持续存在将使阻尼器随时间慢慢屈服,直到系统的整体(松弛)弹簧常数变为 $\mu_1\mu_2/(\mu_1 + \mu_2)$。释放这种压力则是上述的逆过程。对于正弦变化的应力,人们可以理解为如图 8.11 所示的模拟电路,这样就可以引出阻抗:

$$\sigma_{12} = \frac{\mu_1\mu_2}{\mu_1+\mu_2}\left(\frac{1+\dfrac{i\omega\eta_2}{\mu_2}}{1+\dfrac{i\omega\eta_2}{\mu_1+\mu_2}}\right)\varepsilon_{12} \tag{8.20}$$

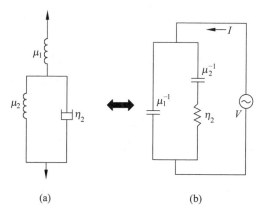

图 8.11 Zener 线弹性固体示意图

机械系统(a)由两个弹簧和一个阻尼器组成;电子模拟装置(b)由两个电阻和一个电容组成;改编自文献[7]

对于一个复合剪切模量(C_{44})来说,它具有胡克定律的现象。值得注意的是,当 $\omega\to 0$ 时,模量会变为弛豫模量,这与大家的直觉是一致的。将弛豫时间 $\tau_s = \eta_2/(\mu_1+\mu_2)$ 和 $\tau_T = \eta_2/\mu_2$ 引入式(8.20)就可以得到以下表达式:

$$\sigma_{12}(1+i\omega\tau_s) = \frac{\mu_1\mu_2}{\mu_1+\mu_2}(1+i\omega\tau_T)\varepsilon_{12} \tag{8.21}$$

该表达式可以重新排列成

$$\frac{\sigma_{12}}{\varepsilon_{12}} = \bar{\mu} = \mu_R\left(\frac{1+i\omega\tau_T}{1+i\omega\tau_s}\right) \tag{8.22}$$

其中,μ_R 是弛豫刚度常数 $\mu_1\mu_2/(\mu_1+\mu_2)$。乘以 $(1-i\omega\tau_s)/(1-i\omega\tau_s)$ 可以得到

$$\bar{\mu} = \mu_R\left(\frac{1+\omega^2\tau_s\tau_T + i\omega(\tau_T-\tau_s)}{1+\omega^2\tau_s^2}\right) \tag{8.23}$$

内摩擦系数 Q^{-1} 和衰减系数 α 由阻抗的虚部和实部的比值(即电模拟中的相

位滞后)给出：

$$\alpha = \frac{\omega}{2Q} = \frac{\mu_1}{\sqrt{\mu_2(\mu_1+\mu_2)}} \frac{\omega^2\tau}{1+\omega^2\tau^2}, \quad \tau = \left(\frac{\eta_2^2}{\mu_2(\mu_1+\mu_2)}\right)^{1/2} \quad (8.24)$$

当内摩擦 Q^{-1} 在 $\tau = 1/\omega$ 处有最大值时,衰减系数朝着最大值的方向变化。式(8.24)的更一般形式可以变为

$$\alpha = \frac{1}{2c} \frac{\Delta\mu}{\mu_0} \frac{\omega^2\tau}{1+\omega^2\tau^2} \quad (8.25)$$

其中,c 为声速;$\Delta\mu = \mu_1 - \mu_0$,为非松弛模量和松弛模量之差。为了达到半经验参数化的目的,这些常数可以组合起来,提供一个"有效的"现象学方程:

$$\alpha = K_i \frac{\omega^2\tau_i}{1+\omega^2\tau_i^2} \quad (8.26)$$

其中,K_i 和 τ_i 是某些唯象过程 i 的常数(实际上是许多常数的乘积)。图 8.12 绘制了内摩擦系数 Q^{-1} 和衰减系数的普遍现象,其中弛豫的最大内摩擦系数出现在 $\omega\tau = 1$ 处。对于某些特定的过程,在室温下的低超声频率处就可以观察到这个最大值。其他过程只能在非常低的温度(通常低于 20K)或高频率(几十兆赫兹)的条件下才能被观察到。

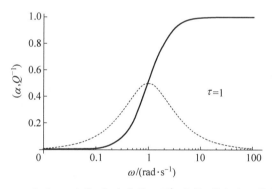

图 8.12　衰减(α,实线)和内摩擦(Q^{-1},虚线)的频率函数曲线

损失表现为弛豫行为

4. 位错

线缺陷组成平面插入完美晶格之中,也称为刃位错,它存在于所有晶体中(图 8.13)。这些缺陷被固定或"钉扎"在它们彼此交叉的位置,以及可以迁移到线上的夹杂物或杂质原子上。在室温下,由位错引起的声能损失变得更加显著,并且可以在兆赫兹频率范围内被观察到。研究人员描述了两种不同的现象[8],它们都导致了频率相关性和应变相关性(与频率无关)的超声能量损失。当应力较小时,位错表现为从钉扎处弓出和弓回的共振弦,损耗则是由缺陷运动与循环弹性波之

间的相位滞后造成的。这种损失与频率有明显的相关性,可以通过其共振行为表征。当应力增加到足够使位错脱离杂质原子(但不是整个晶格)时,会导致应变的增加,而对应力没有影响。当位错松弛回到它的平衡位置时(如下面描述的"张力"),它就完成了一个应力-应变迟滞循环,如图 8.16 所示。这个回路所围起来的面积对应了每个循环的能量损失,它与频率无关。杂质和缺陷浓度会影响位错环的长度,从而改变其共振频率和断裂应力;随着无损检测技术的进步,该特征可以被可靠地关联和识别。

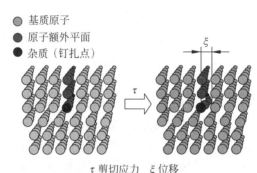

- ● 基质原子
- ● 原子额外平面
- ● 杂质(钉扎点)

τ 剪切应力　ξ 位移

图 8.13　简单立方晶格的边缘位错(⊥)的示意图,展示出一个额外的原子平面

剪切应力 τ 作用于滑移面,导致钉扎在杂质原子(缺陷)处的位错弓出;位错(垂直纸面方向)的张力为 $2Gb^2/[\pi(1-\nu)]$

位错具有有效质量和张力,可以恢复由应力引起的任何位移。如图 8.14 中所示,(A)~(C)即为应力在位错位移方向上的变化。当外加应力为(C)到(-C)的循环时,系统可被认为是一个阻尼的受激振子,对应一个具有质量为 $\pi\rho b^2$,恢复张力为 $2Gb^2/[\pi(1-\nu)]$、阻尼系数为 B 和伯格斯(Burgers)向量为 b 的弦。因此,作为驱动振荡器,位错表现出共振特性,可以用位移 ξ 的微分方程描述:

$$\pi\rho a^2 \frac{\partial^2 \xi}{\partial t^2} + B\frac{\partial \xi}{\partial t} - \frac{2Gb^2}{\pi(1-\nu)}\frac{\partial^2 \xi}{\partial y^2} = b\sigma \tag{8.27}$$

它的解为

$$\xi(t) = 4b\sigma \sum_{n=0}^{\infty} \frac{1}{2n+1} \sin\frac{(2n+1)\pi y}{l} \frac{e^{i(\omega t - \delta_n)}}{[(\omega_n^2 - \omega^2)^2 + (\omega d)^2]^{\frac{1}{2}}} \tag{8.28}$$

其中,$\delta_n = \arctan[\omega d/(\omega_n^2 - \omega^2)]$ 和 $d = B/M = B/(\pi\rho b^2)$ 为质量归一化阻尼系数。由位错振动可以推导出衰减系数[9]:

$$\alpha_{\text{disl}} \approx \frac{32}{\pi^5}\frac{NL^5}{Gb^2}\frac{\omega B}{\left(1 - \frac{\omega^2}{\omega_0^2}\right)^2 + \left(\frac{\omega B}{\omega_0^2 M}\right)^2} \tag{8.29}$$

其最大值在 $\omega = \omega_0$ 处，即位错的谐振频率(通常为 $10 \sim 100 \mathrm{MHz}$)。

对式(8.29)中感兴趣的参数是位错环的总长度 L 以及位错的谐振频率，由下式给出：

$$\omega_0^2 = \frac{\pi}{2} \frac{G}{L^2 \rho} \tag{8.30}$$

其中，L 是由相交位错和杂质原子钉扎的单个位错环的长度。额外的缺陷会使得这个长度减小，从而增加共振频率。式(8.29)对实验数据的参数化可以获得位错密度、黏度和环长等位错信息，这样的分析详见于 8.5.1 节。

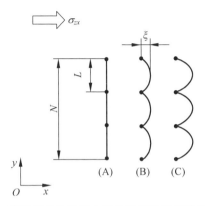

图 8.14 应变无关的二维方形晶格显示出振动位错共振

在足够大的应变下，位错可以脱离杂质原子，较小的位错环可以结合(C)到(D)，如图 8.15 所示。这种情况在没有附加应力的条件下会使应变增大，如图 8.16 所示。当应力在循环的后半部分被释放时，由于张力的作用，位错会松弛回到其平衡位置，从而在应力-应变关系中闭合形成一个迟滞回线，这个回路所围起来的面积就是每次循环所损失的能量。

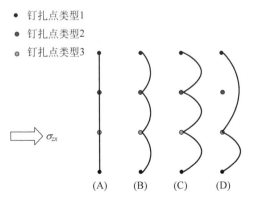

图 8.15 应力增加导致的位错从杂质位置脱钉扎的示意图[8]

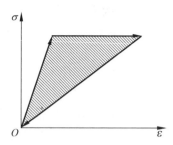

图 8.16   位错环合并引起的迟滞应变相关损耗的应力-应变关系
阴影面积对应每个循环中损失的能量[9]

由位错脱离而产生的吸收与频率无关,因为它不依赖于位错振动的共振特征。显然,衰减与应变有关,因为需要足够大的应变才能使位错脱离杂质钉扎点。此外,由于不同缺陷的半径和各自的沉淀尺寸不同,不同缺陷的杂质原子在不同的应变下会发生分离,从而产生不同的钉扎束缚能,其关系式为

$$U_{\text{bind}} = \frac{1}{3}\left(\frac{1+\nu}{1-\nu}\right)Gb^3\,\frac{r_B - r_A}{r_A} \tag{8.31}$$

其中,r_A 和 r_B 分别是基体原子和杂质原子的半径。因此,通过改变应变幅值和入射弹性波的频率,就可以更好地确定晶体缺陷的相对浓度。

5. 声子

在长波极限下,当 $\omega\tau \gg 1$ 时,声子相互作用在声波能量损失中起着非常重要的作用[10]。特别是在绝缘体中,声子传导在热传递中起主导作用,弹性波根据声子模的重分布而衰减,这是由声子频率的非线性应变相关性引起的现象。当弹性波在材料中传播时,时变应变会引起基于格林艾森(Grüneisen)系数 Γ 的声子频率分布的变化。特别地,对于给定的声子模($\boldsymbol{q}$,p),

$$\Gamma(\boldsymbol{q},p) = \frac{1}{\omega_0(\boldsymbol{q},p)}\frac{\partial\omega(\boldsymbol{q},p)}{\partial\varepsilon_{jk}} \tag{8.32}$$

其中,ω_0 为无应变状态下的频率。在这方面,铀中的某些声子模式表现出很强的应变依赖性,如 8.4.4 节 1. 中对低温下电荷密度波的讨论。

人们希望得到弹性模量的结果变化,如式(8.25)。为了清晰起见,用 i 代替声子模($\boldsymbol{q}$,p),可得到横波和纵波的关系[10],如下所示:

$$\Delta C_{jj} = \frac{3U_0}{N}\sum_{(i)}[\Gamma_j^{(i)}]^2, \quad \Delta C_{jj} = \frac{3U_0}{N}\sum_{(i)}[\Gamma_j^{(i)}]^2 - \Gamma^2 C_V T \tag{8.33}$$

这里的 Grüneisen 系数 $\Gamma_j(i)$ 如下:

$$\Gamma_j(i) = -\left[\frac{1}{c_i}\frac{\partial c_i}{\partial\varepsilon_j} - \frac{1}{l_0}\frac{\partial l}{\partial\varepsilon_j}\right] \tag{8.34}$$

式(8.25)中的横波模式和纵波模式的热弛豫时间分别由下式决定:

$$\tau_{ph,\mathrm{T}}=\frac{3k}{C_P c_0^2}, \quad \tau_{ph,\mathrm{P}}=\frac{6k}{C_P c_0^2} \tag{8.35}$$

其中，N 是要求和的模式数；U_0 是由德拜近似得到的热能的表达式；l_0 是特征路径长度；c_0 是德拜速度；k 是导热系数。由于声子输运是金属化合物的主要传导方式，所以可以利用声子黏度对声波衰减的影响来测量这些组分的相对体积分数。

6. 热弹性力学

当纵波传播时（或当杆在弯曲共振时），材料中相邻区域之间压缩程度的差异会产生温度的空间变化，从而导致热能的流动，最终使弹性波衰减。这种现象具有很强的频率相关性，在两种极端情况下会达到最大值：等温振动或绝热振动。在低频的极端情况下，温度差异足够大的区域之间距离足够远，因此在实际上，样品都是处于等温状态。对于高频的情况，温差区域之间没有足够的时间达到平衡，因此处于绝热状态。在这两个极端之间的区域，热弹性衰减（作为内摩擦）达到最大值。

由热弹性效应产生的损失是由 Zener 通过将热作为应力的函数进行热力学分析而得到[11]。考虑到每个周期的发热量为 δ，内摩擦系数可以写成 $Q^{-1}=1/(2\pi\delta)$；对于在宏观尺度上温度变化的情况，通过推导可以得到以下衰减关系[10]：

$$\alpha_{\mathrm{th}}=\frac{\Gamma^2 C_V T}{2\rho c^3}\frac{\omega^2 \tau_{\mathrm{th}}}{1+\omega^2\tau_{\mathrm{th}}^2} \tag{8.36}$$

其中，Γ 是 Grüneisen 系数；C_V 是恒定体积下的热容；T 是温度；ρ 是密度；声速 $c=(C_{11}^S/\rho)^{1/2}$，这里 C_{11}^S 是绝热弹性常数；$\tau_{\mathrm{th}}=2\rho C_P l^2/(\pi k)$ 是特征弛豫时间。弛豫时间是导热系数 k 的函数，C_P 为恒定压力下的热容，l 为特征长度。根据各向异性的程度，晶界之间也会出现热弹性损失，这被称为 Zener 晶粒间热弹性效应。

当然，这种影响引起的后果是值得考虑的。例如，由于规定在存在压缩区域和膨胀区域的样品中必须发生热弹性损失，只有某些谐振模式才会出现这种现象。例如，拉伸模态和弯曲模态分别显示出平行于纵波传播轴和正交于纵波传播轴的区域。然而，扭转共振模式没有表现出任何压缩或膨胀现象，因为形变是严格剪切方向的。因此，通过有选择地分析具有热弹性损耗（根据使用共振超声频谱的谐振峰的半峰全宽）的谐振模态（及其谐波）与不具有热弹性损耗的谐振模态的衰减，可以将这种效应与其他效应分离开来。这样的分析可以得到各种弛豫时间和系数，用来充分表征利用脉冲回波技术获得的实验数据。

7. Zener 晶粒间热弹性效应

在多晶金属材料中，相邻的晶粒可以被不同数量的弹性波压缩，这取决于金属材料单晶弹性各向异性的程度[12]。这种效应在现象上与之前所述的热弹性损失相同,只是在所涉及的长度尺度上有所区别[13]。在 Zener 晶粒间热弹性效应的作用下,热传导只是在微晶粒之间进行,而不是在样品上更宏观尺度的区域之间进行。这个概念如图 8.17 的二维矩形晶格示意图所示。与前面一样,热能传递与弹性波扰动之间的滞后会导致声波衰减,如式(8.37)所示。

$$\alpha_{\text{Zener}} = \frac{C_P - C_V}{C_V} \frac{\Omega}{2\nu} \frac{\omega^2 \tau_{\text{Zener}}}{1 + \omega^2 \tau_{\text{Zener}}^2} \tag{8.37}$$

其中,C_P 和 C_V 分别为恒定压力、恒定体积下的热容;$\tau = C_P \langle D \rangle^2 / (2\pi k)$,这里 $\langle D \rangle$ 为平均晶粒直径,k 为导热系数;Ω 是一个弹性各向异性因子,由所有晶粒的取向决定[11]:

$$\Omega = \frac{4}{45} \frac{1+\nu}{1-2\nu} \left(\frac{C_{44} - \frac{1}{2}(C_{11} - C_{12})}{C_{11}} \right)^2 \tag{8.38}$$

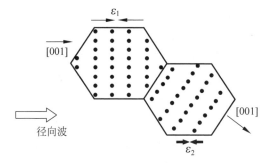

图 8.17 Zener 晶粒间热弹性效应示意图

纵波相对于第一晶粒在一个方向上传播(在这种情况下平行于[100]方向),不同取向的晶体在一个不同的方向上传播($\bar{1}10$);各向异性的程度决定了每个晶粒之间压缩差异的程度

金属铀中相邻的微晶表现出极大的各向异性,$\Omega \approx 1.5 \times 10^{-4}$,使这种效应在低于 100 kHz 的频率范围内表现得很明显,这还取决于晶粒的大小。此外,与基团导热系数和热容完全不同的铀化合物的形成,可以在某种程度上显著地影响这种现象,从而可以被利用。因此,通过对相关物理量的一些分析,可以开发出测量这类化合物相对含量的无损超声工具。

8. 间质阻力

在低频或在温度足以进行间隙扩散时,溶解的溶质原子可以对弹性波做出反应,从它们的平衡位置转移到那些不受欢迎的位置[7]。原子的重新分布滞后于扰动,因此,这种效应可以被认为是一个弛豫过程。这一现象是一个热激活的过程,衰减的形式很熟悉,公式如下:

$$\alpha_{\text{int}} = \frac{\omega^2 \tau_{\text{int}}}{1 + (\omega \tau_{\text{int}})^2} \tag{8.39}$$

其中,弛豫时间 τ_{int} 表现出阿伦尼乌斯(Arrhenius)特性, $\tau_{int}^0 = e^{Q_{act}/RT}$,这里 R 是理想气体常数, τ_{int}^0 为 1×10^{-12} s 量级。 Q_{act} 是间隙原子跃迁的活化能。 Q_{act} 的值对于溶解的不同元素是不一样的,并且对于给定的温度也会有不同的弛豫时间。对于铁中的碳, $Q_{act} \approx 18 kcal \cdot mol^{-1}$, $\tau_{int}^0 = 4.4 \times 10^{-14}$ s ,室温下的 $1/\tau_{int}$ 约为 1Hz。如果温度增加到 250℃,则 $1/\tau_{int}$ 可以达到 100kHz 量级,刚好在超声波测量的范围内。因此,在一定温度和频率范围内的衰减测量,可以为本书中铀系统的相关扩散参数的测量提供一种方法。

9. 电子

如 Morse[14] 和 Kittel[15] 所描述,当一个弹性波通过一个高电子密度的晶体(典型的如金属)传播时,电子密度会受到影响,在离子核周围偏离平衡并重新分布。图 8.18 为二维矩阵晶格倒易空间的示意模型。这种扰动会导致局部电势差并形成电流,因此会发热。考虑"压力"的自由电子气体模型 $P = \frac{2}{5} nE_f$,这里 n 为电子密度, E_f 为费米能级,在 x 方向上施加压缩应变 ε_x 会产生压差 $\Delta P = \frac{8}{15} nE_f \varepsilon_x$,这种关系符合胡克定律,给出了式(8.25)中弛豫模量和非弛豫模量之间的差值 $\Delta \mu$ 。总的吸附为

$$\alpha_{el} = \frac{nE_f}{\rho c^3} \frac{\omega^2 \tau_{el}}{1 + \omega^2 \tau_{el}^2} \qquad (8.40)$$

其中, τ_{el} 与电导率有关, $\tau_{el} = \sigma m_e / (ne^2)$,这里 m_e 为电子的质量, e 为电荷。值得注意的是,测量是在极低温度(约 20K)和高频(1~10GHz)条件下进行的,声波波长在电子平均自由程量级,将会导致声子-电子的直接相互作用,如 8.4.4 节 1. 中关于铀电荷密度波的讨论那样,需要用到量子力学的方法。由于晶格的电子结构被溶质原子和其他晶体缺陷破坏,从而改变了导电特性和电子浓度,因此,由传导电子引起的超声衰减也会以一种可靠的相关方式受到影响。

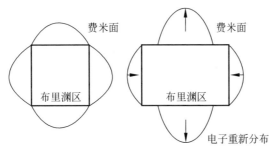

图 8.18　弹性波引起的二维方形晶格费米面的畸变

在这种情况下,波从右向左压缩晶格,在倒易空间中,这是由布里渊区在同一方向上的拉伸来表示的

8.2.6　电磁技术

本节讨论的无损检测技术是利用 $0.3 \times 10^{-4} \sim 3\mathrm{MHz}$ 的超低至中频电磁波在导电测试材料中产生感应涡流；传感器监测涡流与被测材料内部缺陷的相互作用，并解释由此产生的电磁效应；涡流线圈探头的阻抗变化反映了磁通密度 B 的时间导数，超导量子干涉装置（SQUID）和巨磁阻传感器（GMR）等磁力仪可以用来直接监测磁通密度。其可以采用不同几何形状和样式的传感器，为检查人员带来了许多便利。本节详细地介绍了涡流现象，并区分各种测量技术优势的判断标准，以及在测量系统实际设计时需要考虑的因素。

这里介绍了电磁波和涡流发展的相关数学关系，以及涡流在无损检测中的广泛应用。下面的讨论将从麦克斯韦方程开始，并推导出波动方程和涡流趋肤深度。

虽然麦克斯韦方程（尤其是法拉第定律）的推导是一项揭示狭义相对论的优雅活动，但为了简洁明了，这里还是将其省略。相反地，为了发展电磁学的波动方程，我们将把这些熟悉的方程作为基本前提。下面列出这四个方程的微分和积分形式，并简要描述它们的含义或结论。在形式上，式(8.41)和式(8.47)仅在自由空间中有效，因此，将简要地介绍它们对固体物质的修正。

电/磁静力学的两个基本定律中的第一个是高斯定理（斯托克斯定理的一个特殊情况）：

$$\nabla \cdot \boldsymbol{E} = \frac{\rho}{\varepsilon_0} \tag{8.41a}$$

$$\oint_S \boldsymbol{E} \cdot \hat{n}\,\mathrm{d}s = \frac{q_{\mathrm{enc}}}{\varepsilon_0} \tag{8.41b}$$

其中，$\boldsymbol{E}$ 为电场；q_{enc} 为总电荷；表面积为 S。特别地，式(8.41)表明电场是严格发散的（保守场），它的通量与静电情况下所包含的电荷成比例。

在物质存在（与真空相反）的无损检测技术情况下，电场被认为是存在的电荷和极化 $\boldsymbol{P}$ 的总和，极化 $\boldsymbol{P}$ 是材料内电偶极子的总和。一般是通过引入位移对高斯定理进行修正，将极化视为一种有效电荷（具有自己的电荷密度）：

$$\boldsymbol{D} = \varepsilon_0 \boldsymbol{E} + \boldsymbol{P} \tag{8.42}$$

高斯定理的修正形式为

$$\nabla \cdot \boldsymbol{D} = \rho_{\mathrm{free}} \tag{8.43a}$$

$$\oint_S \boldsymbol{D} \cdot \hat{n}\,\mathrm{d}s = q_{\mathrm{free,enc}} \tag{8.43b}$$

其中，封闭的电荷参数指的是自由（未束缚）电子。

磁场是纯旋转的（不是保守场），因此带电粒子在静电学中存在的"源"和"漏"

的概念不再具有类似物。在人类经验的范围内,磁场螺线管性质的一个直接结果就是,磁单极子是不存在的。从数学上讲,磁场必须遵循以下定律,即是磁场中的高斯定律:

$$\nabla \cdot \boldsymbol{B} = 0 \tag{8.44a}$$

$$\oint_S \boldsymbol{B} \cdot \hat{n} \, da = 0 \tag{8.44b}$$

其中,$\boldsymbol{B}$ 为磁通密度。类似于式(8.43)中对量的修正,磁通密度可以由材料中的磁化场 $\boldsymbol{M}$ 来进行调节:

$$\boldsymbol{B} = \boldsymbol{M} + \mu \boldsymbol{H} \tag{8.45}$$

其中,$\boldsymbol{H}$ 为磁场强度。

在磁场随时间变化的情况下,保守性电场表现出有旋特性,与磁通密度的时间相关性成正比

$$\nabla \times \boldsymbol{E} = -\frac{\partial \boldsymbol{B}}{\partial t} \tag{8.46a}$$

$$\oint_C \boldsymbol{E} \cdot \mathrm{d}\boldsymbol{l} = \frac{\mathrm{d}}{\mathrm{d}t} \int_S \boldsymbol{B} \cdot \hat{n} \, da \tag{8.46b}$$

有点类似于法拉第感应电流定律,安培-麦克斯韦定律揭示了磁场对随时间变化的电场的响应特性(增加了静电电流 J)。磁通密度的旋度和轮廓积分为

$$\nabla \cdot \boldsymbol{B} = \mu_0 \left(\boldsymbol{J} + \varepsilon_0 \frac{\partial \boldsymbol{E}}{\partial t} \right) \tag{8.47a}$$

$$\oint_C \boldsymbol{B} \cdot \mathrm{d}\boldsymbol{l} = \mu_0 \left(I_{\text{enc}} + \varepsilon_0 \frac{\mathrm{d}}{\mathrm{d}t} \int_S \boldsymbol{E} \cdot \hat{n} \, da \right) \tag{8.47b}$$

式(8.46)和式(8.47)给出的两个定律共同构成了涡流产生和检测的本构关系:变化的磁场在材料中引起电流,电流产生相反的磁场,从而达到能量守恒。

在继续讨论涡流的某些特殊情况之前,我们将结合使用麦克斯韦方程来认识电和磁之间的联系,这种联系产生了多种形式的辐射,也是无损检测技术的关键:电磁波方程。对法拉第定律(8.46a)微分形式的两边进行旋度(∇)处理,并交换空间导数与时间导数的次序得到

$$\nabla \times (\nabla \times \boldsymbol{E}) = \nabla \times \left(-\frac{\partial \boldsymbol{B}}{\partial t} \right) = -\frac{\partial}{\partial t} (\nabla \times \boldsymbol{B}) \tag{8.48}$$

旋度算子在向量场 $\boldsymbol{A}$ 上的两次应用由恒等式给出:

$$\nabla \times (\nabla \times \boldsymbol{A}) = \nabla (\nabla \cdot \boldsymbol{A}) - \nabla^2 \boldsymbol{A} \tag{8.49}$$

因此,式(8.48)在替换安培-麦克斯韦方程(8.47a)后可以变换为

$$\nabla (\nabla \cdot \boldsymbol{E}) - \nabla^2 \boldsymbol{E} = -\frac{\partial}{\partial t} \mu_0 \left(\boldsymbol{J} + \varepsilon_0 \frac{\partial \boldsymbol{E}}{\partial t} \right) \tag{8.50}$$

在自由空间中,电流 $\boldsymbol{J}$ 和电荷密度 ρ 为零,去掉这些项,电场波动方程为

$$\nabla^2 \boldsymbol{E} = \frac{1}{c^2}\frac{\partial^2 \boldsymbol{E}}{\partial t^2} \tag{8.51}$$

其中, c 为光速, $c = (\mu_0 \varepsilon_0)^{-1/2}$ 。

上述发展的起点是法拉第定律(8.46),它将电场与磁场的时间相关性联系起来。因此,通过麦克斯韦-安培定律式(8.47a)推导出与式(8.51)类似的磁场方程,这就不足为奇了:

$$\nabla^2 \boldsymbol{B} = \frac{1}{c^2}\frac{\partial^2 \boldsymbol{B}}{\partial t^2} \tag{8.52}$$

式(8.51)和式(8.52)通过麦克斯韦方程进行耦合,从而产生电磁波,即沿着 z 向传播的电磁平面波, $\boldsymbol{E}$ 和 $\boldsymbol{B}$ 与电磁波的传播方向正交:

$$\boldsymbol{E} = \boldsymbol{E}_0 \mathrm{e}^{\mathrm{i}(\omega t - kz)} \tag{8.53}$$

$$\boldsymbol{B} = \boldsymbol{B}_0 \mathrm{e}^{\mathrm{i}(\omega t - kz)} \tag{8.54}$$

其中,基于麦克斯韦方程中的旋度关系,可以得到:

$$\boldsymbol{B}_0 = \begin{pmatrix} B_{0x} \\ B_{0y} \\ 0 \end{pmatrix} \tag{8.55}$$

$$\boldsymbol{E}_0 = \begin{pmatrix} cB_{0y} \\ -cB_{0x} \\ 0 \end{pmatrix} \tag{8.56}$$

当然了,式(8.53)可以通过用能流密度矢量 $\boldsymbol{s}$ 替换 z 而改写为任意方向上的一般形式, $\boldsymbol{s} = 1/(\mu_0 \boldsymbol{E}) \times \boldsymbol{B}$ 。

在金属中,电流 $\boldsymbol{J}$ 显然不为零,因此,式(8.51)必须通过修正来反映式(8.50)中的电流项,介质 m 中电导率为 σ 和速度为 c ,所以得到

$$\nabla^2 \boldsymbol{E} = \mu_m \sigma_m \frac{\partial \boldsymbol{E}}{\partial t} + \frac{1}{c_m^2}\frac{\partial^2 \boldsymbol{E}}{\partial t^2} \tag{8.57}$$

包含的一阶导数给电场引入了一个虚项,随后的代换产生了一个复波矢量。如8.2.3节1.中的弹性波理论所述,复波数对导体中的电磁辐射产生了实指数衰减项。这种现象被称为趋肤效应;替换一些自由变量后,我们可以定义趋肤深度来描述材料中电场的衰减(沿着 z 向传播)。

$$\delta \doteq \left(\frac{2}{\omega \mu_m \sigma_m}\right)^{1/2} \tag{8.58}$$

$$\boldsymbol{E} = E_{0,x} \mathrm{e}^{-z/\delta} \mathrm{e}^{\mathrm{i}(\omega t - z/\delta)} \tag{8.59}$$

δ 的值是通过两个晶向[100]和[010]上的电阻率 $39.4 \times 10^{-8} \Omega \cdot \mathrm{m}$ 和 $25.5 \times 10^{-8} \Omega \cdot \mathrm{m}$ [16]以及磁导率 $1.257 \times 10^{-5} \mathrm{A/m}$ [17]计算得到,如图8.19所示。

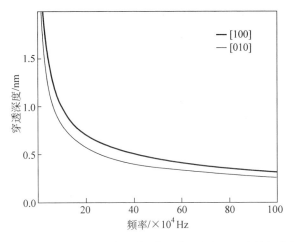

图 8.19 两个主要晶体方向[100]和[010]上的穿透深度的频率相关性
这种区别是由于各个方向上各自的磁性和电学性质的不同

式(8.59)提供了涡流发展的主导数学关系，下面将讨论其实际方面内容。

在涡流检测过程中，激励线圈产生一个随时间变化的磁通量，它在线圈下方的样品中可以诱发涡流。这些涡流是激励电流的镜像，并会产生相反的二次磁通量，如图 8.20～图 8.22 所示。电磁感应产生的涡流发生在电磁源的活跃近场中。

涡流无损检测处于一个磁准静态状态，当被测材料的特征长度远小于源波长时被触发。准静态条件是假定波状电动力学效应可忽略并

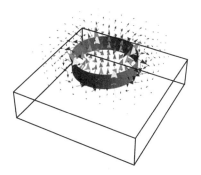

图 8.20 一个典型的涡流系统
螺线管线圈产生一个贯穿样品的磁场

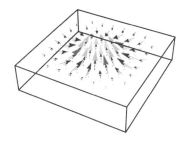

图 8.21 导体中的贯穿场随距离的增加呈指数衰减，并与所产生的电流相反

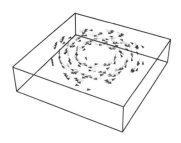

图 8.22 随时间变化的磁场诱发产生环形电流，该电流在线圈的影响范围之外迅速衰减

降低安培定律中的位移电流密度项,这会导致材料中出现一种磁扩散。扩散波场可以用下列亥姆霍兹(Helmholtz)波方程表示,其中波数的平方是纯虚数的[18]:

$$\nabla^2 \boldsymbol{H} - \mathrm{i}\omega\mu\sigma\boldsymbol{H} = 0 \tag{8.60}$$

电涡流密度的衰减是由色散复合材料的本构参数引起的,包括介电常数、电导率和磁导率(ε、σ 和 μ)。除了激励源频率之外,这些构成参数还影响了涡流穿透深度,从而决定了特征测量的长度。一般情况下,对于线性的、各向异性的色散材料,其本构参数是复张量。介电常数张量的每一个独立值都可以是复数。

$$\varepsilon = \begin{bmatrix} \varepsilon_{xx} & \varepsilon_{xy} & \varepsilon_{xz} \\ \varepsilon_{yx} & \varepsilon_{yy} & \varepsilon_{yz} \\ \varepsilon_{zx} & \varepsilon_{zy} & \varepsilon_{zz} \end{bmatrix} \tag{8.61}$$

克拉默斯-克勒尼希(Kramers-Kronig)关系式描述了时变场相对复介电常数的实部和虚部:

$$\varepsilon_r = \frac{\varepsilon}{\varepsilon_0} = \varepsilon'_r + \mathrm{i}\varepsilon''_r \tag{8.62}$$

$$\varepsilon'_r(\omega) = 1 + \frac{2}{\pi}\int_0^\infty \frac{\omega' \varepsilon''_r(\omega')}{\omega'^2 - \omega}\mathrm{d}\omega' \tag{8.63}$$

$$\varepsilon''_r(\omega) = \frac{2\omega}{\pi}\int_0^\infty \frac{1 - \varepsilon'_r(\omega')}{\omega'^2 - \omega}\mathrm{d}\omega' \tag{8.64}$$

介电常数的虚部将等效电导率定义为

$$\sigma_e = \sigma_s + \omega\varepsilon'' \tag{8.65}$$

导体的静态电导率定义为

$$\sigma_s = -\mu_e q_e n_e \tag{8.66}$$

其中,μ_e 是电子的迁移率($\mathrm{m}^2 \cdot \mathrm{V}^{-1} \cdot \mathrm{s}^{-1}$);$q_e$ 是电荷;n_e 是自由电子密度。关于自由电子理论的更多内容将在 8.4.1 节中介绍。

一种材料可以被分为优良电介质($\sigma_e/(\omega\varepsilon') \gg 1$)和优良导体($\sigma_e/(\omega\varepsilon') \ll 1$),表 8.2 列出了相关的涡流参数。

表 8.2　导体与介电材料的比较[2]

参　数	符　号	表　达　式	优良电介质 $\left(\dfrac{\sigma}{\omega\varepsilon}\right)^2 \ll 1$	优良导体 $\left(\dfrac{\sigma}{\omega\varepsilon}\right)^2 \gg 1$
衰减系数	α	$= \omega\sqrt{\mu\varepsilon}\left[\dfrac{1}{2}\left(\sqrt{1+\dfrac{\sigma}{\omega\varepsilon}} - 1\right)\right]^2$	$\approx \dfrac{\sigma}{2}\sqrt{\dfrac{\mu}{\varepsilon}}$	$\approx \sqrt{\dfrac{\omega\mu\sigma}{2}}$
相常数	β	$= \omega\sqrt{\mu\varepsilon}\left[\dfrac{1}{2}\left(\sqrt{1+\dfrac{\sigma}{\omega\varepsilon}} + 1\right)\right]^2$	$\approx \omega\sqrt{\mu\varepsilon}$	$\approx \sqrt{\dfrac{\omega\mu\varepsilon}{2}}$

续表

参 数	符 号	表 达 式	优良电介质 $\left(\dfrac{\sigma}{\omega\varepsilon}\right)^2 \ll 1$	优良导体 $\left(\dfrac{\sigma}{\omega\varepsilon}\right)^2 \gg 1$
阻抗	Z_w	$=\sqrt{\dfrac{\mathrm{i}\omega\mu}{\sigma+\mathrm{i}\omega\varepsilon}}$	$\approx\sqrt{\dfrac{\mu}{\varepsilon}}$	$\approx\sqrt{\dfrac{\omega\mu}{2\sigma}}(1+\mathrm{i})$
波长	λ	$=\dfrac{2\pi}{\beta}$	$\approx\dfrac{2\pi}{\omega\sqrt{\mu\varepsilon}}$	$\approx 2\pi\sqrt{\dfrac{2}{\omega\mu\sigma}}$
速度	c	$=\dfrac{\omega}{\beta}$	$\approx\dfrac{1}{\sqrt{\mu\varepsilon}}$	$\approx\sqrt{\dfrac{2\omega}{\mu\varepsilon}}$
透入深度	δ	$=\dfrac{1}{\alpha}$	$\approx\dfrac{2}{\sigma}\sqrt{\dfrac{\varepsilon}{\mu}}$	$\approx\sqrt{\dfrac{2}{\omega\mu\sigma}}$

涡流衰减是由材料内部的电磁相互作用而造成的能量损失,因此对于边界在 $z=0$ 的材料($z>0$),式(8.60)中定义的磁场幅值的衰减 $\boldsymbol{H}$ 为

$$\boldsymbol{H}=H_0\mathrm{e}^{-z/\delta}\mathrm{e}^{\mathrm{i}(\omega t-z/\delta)} \tag{8.67}$$

激励频率是式(8.67)中的变量,可以通过调节激励频率来有效地控制测量深度[19]。

材料的性能,如合金含量、应力强度和分布(8.5.2节)、微观结构、载体含量和辐射损伤都会影响材料的导电性或磁导率,因此,可以通过电磁手段来对其进行检测。

电磁核材料表征系统主要包括控制励磁、传感、信号处理和数据存储的电子元件。最简单的情形就是,一个单一的绝对线圈能产生和测量材料的涡流响应。在一发一收模式下的双线圈测量,则具有提升空间分辨率或增加测量深度的优点,因为它们具有反向相关性。通过增加发收距离,可以对更深的涡流信号进行采样。然而,增加发收距离会导致空间分辨率降低,并使得占用空间更大。但是,在传感器阵列中,收发系统的空间分辨率可以通过选择连续线圈对来保持,从而保证传感器阵列的空间分辨率。在图 8.23 中,由三个对角线网格分隔的线圈对(P1/C1)获得的深度优势与后续测量(P2/C2)是一致的。然而,集合阵列的空间分辨率是能将后续测量分开的距离,这仅仅是一条对角线长度。

核材料电磁无损检测系统可以用来应付不同的环境条件。一个结实的电磁传感器在检测点应该有足够好的放射性屏蔽和高防水等级的能力。独立测

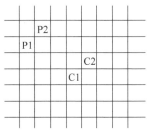

图 8.23 测量阵列的空间分辨率示意图

量将通过一个适当包装的、独立的嵌入式设备进行,该设备含有必要的电子设备和软件程序。在处理获得的数据时所采用的自动算法的范围将取决于所需要的信息。数据的一些后期处理可能在嵌入式设备之外进行。

8.3　线性偏离

在前面 8.2.2 节和 8.2.6 节 1.的讨论中,我们假设因果之间是通过某种线性系数相互联系的,而这种线性系数本身与因果无关。那么,假设由于扰动的幅值、所涉及的长度尺度或其他一些高阶相互作用,这种关系不再成立。这种非线性系统是经常遇到的,但考虑到在数学关系中包含二次(或更高)项的困难,只是最近才在无损检测技术中得到关注。

8.3.1　非线性项的需要

加工材料包含成分、微观结构和性能梯度等信息,这需要对材料科学中的各种基本关系进行修正。当微观结构的不均匀性在纳米或更小量级的时候,需要利用非线性热力学和动力学来精确地描述系统,结果是测量特性之间的正常线性关系被打破。Cahn 和 Hillard[20,21]描述了非均匀系统的热力学行为,Hart[22]解决了非均匀应变问题,Tu[23]描述了在涉及纳米尺度薄膜演化的表达式中所需要的非线性项。

键合界面可以被认为是具有陡峭电子梯度(以德拜(Debye)长度为特征)的节点,这将有助于使用电子和弹性无损检测工具来评估材料的性能。描述晶格行为和晶格对扰动响应的表达式将需要额外的非线性项。这就需要研究这些非线性效应对无损检测效果的影响,以及发展分析材料科学实践,对正在使用的许多先进和高性能铀材料的纳米结构状态进行解释。

8.3.2　特征

对固体中非线性行为的评估,必然要比描述普通色散和衰减的"简单"特征更为复杂。其复杂性表现在寻找非线性波动方程的一般解和测量非线性量的实际方面。就声学方面而言,有两种特征现象被确定为非线性行为:①声弹性,是指声速及其色散关系的应力相关性;②谐波激励,通过非线性参数 β 来量化。这两种效应已在常见材料微观结构特征的无损检测中得到应用,铀在这方面还是有很重要的机遇的(尽管尚未实现)。

1. 声弹性

式(8.3)中给出的应变仅在一阶上是正确的。在推导非线性波动方程时,必须包含由下式给出的应变混合导数：

$$\varepsilon_{ij} = \frac{1}{2}\left(\frac{\partial u_i}{\partial x_k} + \frac{\partial u_k}{\partial x_i} + \frac{\partial u_l}{\partial x_i}\frac{\partial u_l}{\partial x_k}\right) \tag{8.68}$$

为了建立应力和应变之间的关系，存在着许多常数系统，这与坐标的选择有关。文献[24]中给出了 n 阶和材料坐标 a 的 Huang（传播）系数：

$$A_{ijkl\cdots} = \rho_0\left(\frac{\partial^n U}{\partial \varepsilon_{ij}\partial \varepsilon_{kl}\cdots}\right)_{\partial u/\partial a=0} \tag{8.69}$$

提供了一个简单的热力学能的膨胀，得到

$$\rho_0 U = A_{ij}\varepsilon_{ij} + \frac{1}{2!}A_{ijkl}\varepsilon_{ij}\varepsilon_{kl} + \frac{1}{3!}A_{ijklmn}\varepsilon_{ij}\varepsilon_{kl}\varepsilon_{mn} + \cdots \tag{8.70}$$

因此可以建立非线性波动方程：

$$\rho_0\frac{\partial^2 \tilde{u}_k}{\partial t^2} = \bar{L}_{ijkl}\frac{\partial^2 \tilde{u}_k}{\partial a_l\partial a_j} \tag{8.71}$$

其中，$\tilde{u}_k = u_k - \bar{u}_k$ 是相对于未变形状态的位移；ρ_0 为密度，传播矩阵为

$$\bar{L}_{ijkl} = A_{ijkl} + A_{ijklmn}\varepsilon_{mn} + \cdots \tag{8.72}$$

式（8.71）和假定解 $\tilde{u}_k = U_k e^{i(\omega t - kx)}$ 可以得到声弹性方程，类似于式（8.6）的 Christoffel 方程：

$$(\bar{L}_{ijkl}N_jN_l - \rho_0 c^2\delta_{ik})U_k = 0 \tag{8.73}$$

其中，N 为传播矢量；U 为极化矢量。因此，式（8.73）给出了"自然速度"（$c = \omega/|k|$）与传播矩阵 $\bar{L}_{ijkl}$ 中应变之间的关系。测量速度 c 作为材料中施加应力的函数，可以得到更高阶弹性常数 $A_{ijkl\cdots}$ 的信息，它被证明对微观结构具有高度敏感性[24]。

2. 谐波激励

一个非常显著和有用的非线性特征便是谐波的产生，即频率积分因子大于基频的波，它是在将纯正弦波引入非线性介质后产生的。当入射波在材料中传播时，它会发生如图8.24所示的扭曲，谐波激励的程度与波传播的距离有关。

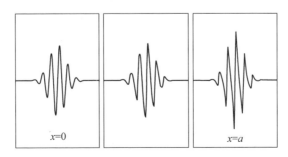

$x=0$

$x=a$

图8.24 波在非线性材料中沿 x 方向传播时产生的畸变

弹性介质非线性的参数与振幅成正比，与二次谐波振幅的平方成反比，与传播的距离 d 成反比。因此，当波数为 k 时的非线性参数为

$$\rho = 8 \frac{P_2}{k^2 P_1^2 d} \tag{8.74}$$

从图 8.25 所示的傅里叶频谱中可以得到振幅 P_1 和 P_2。某些现象会导致"异常"的非线性，如声波与位错的相互作用而产生的奇次谐波（8.2.5 节 4.）。非线性参数在形式上定义如下[25]：

$$\beta = \frac{A_{ijklpq} N_j N_l N_q U_i U_k U_P}{A_{ijkl} N_j N_l U_i U_k} \tag{8.75}$$

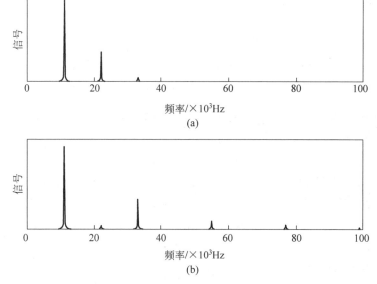

图 8.25 施加在一个非线性系统上的 $f=11\mathrm{kHz}$ 的正弦波形产生的谐波，表现出二次行为（a）和异常行为（b）

研究表明，β 的值与原子排列有关，特定的晶体结构使其具有一个特定的范围[24]。铀材料在这里表现出重要的应用机会，因为它独特的晶体结构（图 8.26）保留了面心四方、简单立方和单斜结构的特征。

8.3.3　原因

在纳米到微米尺度的范围内描述材料微观结构的变化时，通常需要采用非线性热力学和动力学来准确地描述系统。Tu[23]认为，在描述纳米尺度薄膜演化的表达式中需要应用非线性项，如表 8.3 所示。Tu 指出，当尺度很小且势梯度很陡时，输运方程需要用高阶项表示的非线性项来恰当地描述低维材料中的原子输运。

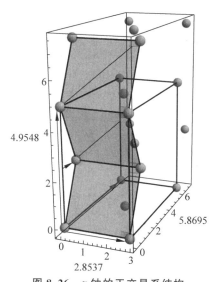

图 8.26　α 铀的正交晶系结构

阴影显示面表示了晶体中"波纹状"的原子排列

表 8.3　化学势中含有非线性项的微结构尺寸要求

长度尺度	示　例	化　学　势
约 10^{-8} m	纳米复合物	非线性
约 10^{-7} m	薄膜,基底	线性
约 10^{-3} m	块材	线性

非线性扩散的累积表达式为

$$\frac{dc}{dt} = \overline{D} \frac{d^2 c}{dx^2} \left[1 + \frac{1}{8} \left(\frac{\lambda f_0}{kT} \frac{dc}{dx} \right)^2 \right] - \frac{2D}{f_0''} \frac{dc^4}{dx^2} \tag{8.76}$$

其中,第一项代表菲克第二扩散定律;两个附加的非线性项代表迁移率和驱动力项的非线性贡献,当梯度变大时就需要这两个附加的非线性项。在 8.5.3 节中提供了一个例子,表明金属材料中的高电流密度有助于降低晶粒尺寸。

1. 晶体缺陷

该非线性理论可应用于晶体缺陷的电荷分布,如位错或线缺陷的电荷分布。位错可以表示为滑移面上原子的一个额外的半平面(图 8.13),但也可以描述为沿着位错线的一个电偶极子,如图 8.27 所示。若将泊松方程应用于这种电荷分布,就可以将位错描述为陡峭的电势梯度,例如,

$$\Phi = \Phi_0 e^{-|x|/\lambda_0} \tag{8.77}$$

由于金属的德拜长度(即电子屏蔽距离)非常小,所以只能在极短的距离内感受到这种位错势能:

$$\lambda_0 = \sqrt{\frac{\varepsilon_0 kT}{e^2 n_\infty}} \qquad (8.78)$$

其中，k 为玻尔兹曼常量；e 为电子电荷；n_∞ 为体材料的电子浓度。因此，当与波长 λ_0 相当的周期性扰动入射到材料上时，就可以观察到非线性行为。

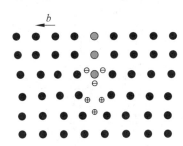

图 8.27　边缘位错作为电偶极子的电子学描述

2. 二次相

金属基体中的夹杂物在其与金属的界面处有一个电子结，这个结也可以被看作是电偶极子。先进的复合理论需要利用电子概念来描述通过键合界面的电子电荷梯度。图 8.28 阐明了由金属-金属氢化物界面产生的电子结，该结在电涡流作用下表现为局部电容特性。这些键合界面在金属中具有陡峭的电子梯度，可以由非常短的德拜长度来进行描述。描述这种陡峭势的表达式需要额外的非线性项。金属基体中的夹杂物在它们的界面处也有一个电子结，这个结也可以看作是一个带电偶极子。

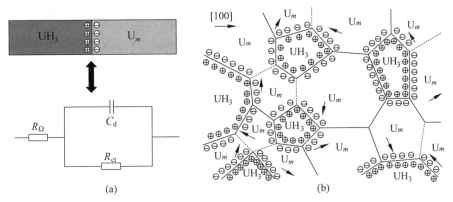

图 8.28　(a) 被低频阻抗感知的材料的电路模型，由阻性晶粒之间的电容接口组成；
　　　　　(b) 含氢化物的精细铀中电荷分布的示例

金属铀晶粒的[100]方向高亮显示，虚线表示晶界的明显不匹配；由于铀的电导率的高度各向异性，这些位置产生了明显的阻抗失配位错与夹杂的相互作用可以认为是偶极子-偶极子的相互作用，这是一种非常短距离的相互作用。由于金属中的电子浓度较大，这些电位梯度非常陡峭，所以由泊松方程得到的电势应该是非线性的。这种非线性电势可以通过测量高阶电性能项来进行评估，例如通过感应电压的谐波分析。这种做法将通过测量更高的谐波频率来对位错行为提供新的见解（图 8.29）。

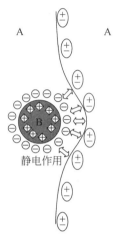

图 8.29　A 相位错与夹杂物（B 相）的偶极子-偶极子相互作用

8.4　铀的固体物理学

电子能带理论、费米能级和布里渊区都是基于波动力学的概念。通过引入电子的有效质量 m^*，可以将金属自由电子模型的使用扩展到电子-晶格势的相互作用。

根据波动力学，固体中电子的总能量（E）为

$$E = \frac{\hbar^2 k^2}{2m_e} + V \tag{8.79}$$

其中，k 是电子波矢量；V 是近自由电子从晶格中所经历的电势；$\hbar$ 是约化普朗克常量。电子-晶格相互作用的势能（V）被吸收到电子质量因子 m_e 中，那么晶格中电子的总能量可以用有效质量 m^* 表示：

$$E = \frac{\hbar^2 k^2}{2m^*} \tag{8.80}$$

这些局部电势代表了扰动周期晶格（布洛赫（Bloch）函数）的结构贡献，如位错、晶界、晶格应变区和相变。合金中有效电子质量对晶格变化非常敏感，推导得到

$$m^* = \frac{\hbar^2}{\dfrac{\mathrm{d}^2 E}{\mathrm{d}k^2}} \tag{8.81}$$

基于式(8.81)中的二阶导数因子,电子性能测量可以作为对微观结构成分和合金稳定性的一种非常灵敏的无损检测方法。

例如,当费米能级表面接触布里渊区边界时电子能量的波矢量被衍射时存在的能带隙。在进一步的合金化过程中,它在这一事件之后能迅速填充更高的电子能态,从而迅速增加电子的有效质量。为了最小化能量,晶格将选择一种不同的晶体结构,从而形成一个新的布里渊区,并允许较低的能量来进行填充。这种情况是对相变的电子学解释,其对于理解 8.4.4 节 1. 中的电荷密度波是有非常用的。

8.4.1 自由和近自由电子理论

除了最简单的系统外,尽管无法对所有系统的性质作出准确地预测,但基本固态理论的一些特征可以让我们对金属的电子性质有定性的理解。

布洛赫定理是理解固态物理的主要成就之一,因为它使电子结构中遇到的多体问题的解决变得容易。大体上,这个定理是基于晶体的平移对称性:当平移为原晶格矢量的整数倍时,晶格中某一点的条件与晶格中其他任何点的条件都相同。在处理特定点 r 的"条件"时,薛定谔方程行之有效:

$$H\psi = \left(-\frac{\hbar^2}{2m} \nabla^2 + V(r) \right) \psi = \varepsilon\psi \tag{8.82}$$

其中,ψ 为本征态;$V(r)$ 为电子电势。作为哈密顿算子 H,本征值 ε 本质上是具有能量的。布洛赫定理认为,ψ 可以展开为一系列平面波乘以一个与晶格具有相同周期的函数,即

$$\psi_{nk}(r) = e^{ik \cdot r} V_{nk}(r) \tag{8.83}$$

其中,k 为波矢量,并且

$$V_{nk}(r + R) = V_{nk}(r) \tag{8.84}$$

对于原晶格矢量 a_i,R 为平移矢量,$R = n_1 a_1 + n_2 a_2 + n_3 a_3 (n_i \in I)$(图 8.30)。

当周期势很弱时,自由电子薛定谔方程的特征值 ε 可以由含有费米能级 ε 进行一阶微扰近似:

$$(\overset{\circ}{\varepsilon}_{k-K} - \varepsilon)c_{k-K} = \left(\frac{\hbar^2}{2m}q^2 - \varepsilon \right)c_q = 0 \tag{8.85}$$

其中,c_q 是(周期)势的傅里叶分量。电子的运动行为可以分为两种不同的情况:①扰动能与势能 V 有显著不同;②差值与 V 处于同一个量级,即当电子波矢量发生退化时。结果表明,在退化情况①中,ε 随 V^2 变化,而在退化情况②中,主导项随 V 变化。因此,对于高度对称的晶体系统,k 空间中的退化态允许电子表现出接近自由电子模型的行为。

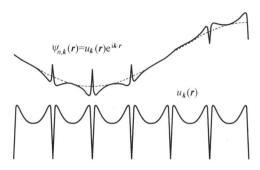

图 8.30 被 $e^{ik \cdot r}$（上曲线）调制的电子所经历的周期性电势（下曲线）

8.4.2 理想偏离

在势不再被认为是"弱"的情况下，或者当晶格的周期性被打破时，电子就不再被认为是"自由的"。虽然这是理论的眼中刺，但正是这些与简单案例的偏离，为无损检测领域带来了具有实质性的希望。

1. 周期的破坏

纳米到介观尺度的无数特征导致了一个完美周期势的崩溃。点缺陷（例如，作为漏或者源的空位）或填隙原子可以局部地改变电子密度并散射布洛赫波。位错和平面缺陷（晶界、次级相）有效地表现为电偶极子，它们彼此相互作用，并与晶格上的任何弹性或电磁波发生相互作用。

2. 晶格强势

鉴于铀材料中许多物理性质的高度各向异性，人们可能会提出质疑，电子所经历的周期势不再被认为是"弱的"。的确如此，铀的电子结构给这种金属带来了一些在其他元素中尚未可见的独特性质。随着温度的升高，铀呈现出三种高温同素异形体，分别为 α、β 和 γ 相，也分别对应于正交、四方和立方晶系。而由于多种原因低温 α 相（在 940K 以下保持稳定的正交晶相），引起了固体物理界的关注。

铀是室温下唯一具有正交对称性的纯元素，随着温度的降低，由于与电荷密度波相对应的三个额外相变，使它的物理性质出现各种异常，会导致在 2K 时出现超导转变。晶格动力学和晶体系统对称性的弱化导致了极具各向异性的物理性质，包括弹性常数、电导率张量和热膨胀系数。

8.4.3 f 轨道在铀中的作用

Fisher 和 McSkimin[26] 的工作证明了弹性常数（尤其是 C_{11}）在 43K 时的反常行为（图 8.31），这与早期关于热膨胀[27]、导热系数[28]、霍尔系数[29] 和其他物理性质[30] 的实验结果相呼应。在早期对铀独特性能的解释中，人们认为，5f 电子有助于在低温下的磁跃迁,其方式类似于镧系的 4f 轨道,直到 20 世纪 60 年代,人们仍在努力证明 5f 电子的自旋是占主要的。

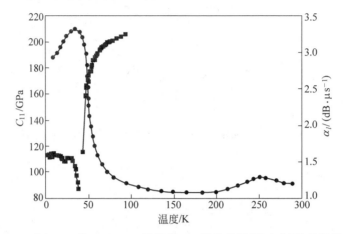

图 8.31　由 Fisher 和 McSkimin 确定的 C_{11} 弹性常数(实心方形)的异常行为

表观不连续性对应于 43K 下电荷密度波的跃迁,并伴随着多晶铀衰减的急剧增加(实心圆形);基于文献[26]和文献[3]的数据重新绘制

　　然而,即使到了 20 世纪 70 年代,人们也无法找到磁有序相变(对镧系元素的研究)的直接实验证据。Ross 和 Lam[17] 的磁化率测量并没有为 α 铀中的磁跃迁或自旋密度波(SDW)理论增加很大的可信度,但也不能排除它们存在的可能性。

8.4.4　声子的作用

　　在早期的低温中子散射实验中[31],人们再次试图通过检测衍射光谱中的额外峰来寻找磁有序的证据。后来,对数据中发现的额外峰值的分析和解释令人失望,结果表明,它们的存在不是由磁序造成的[32]。根据这些发现,很明显的是,5f 电子的行为与镧系元素的 4f 轨道不同,因此,对于这种反常行为的另一种解释是很有必要的。

1. 铀中的电荷密度波

　　有关声子色散曲线的研究工作将继续进行下去,目标是阐明铀中电荷密度波的本质。Crummett 等[33] 进行的中子散射实验,揭示了 Σ_4 声子模式的快速涨落现象(主要是光学),这与原子在 $[\zeta 00]$ 方向上的位移有关。因此,C_{11} 弹性常数的反常行为可以用平衡电子构型周期性扰动引起的结构转变来解释:电荷密度波。

　　铀中的电荷密度波的特征是具有特定周期的原子位移,在倒易空间中,

$$q_{T<22K} = \frac{1}{2}a^* + \frac{1}{6}b^* + \frac{5}{27}c^*$$

$$(8.86)$$

其中,倒格矢量 $a*$ 项对应于 q_x 分量在 37K 处的转换锁定到 1/2 的相应值[34]。因此,在 37K 以下,α_1 铀的单元晶格在 x 方向上基本上翻倍;在 22K 以下,α_3 的单位晶格在 y 方向增加了 6 倍,在 z 方向增加了接近 6 倍,使得 α_3 的单元晶格体积接近于 6000Å^3。

通过基于衍射强度的模型,Marmeggi 等[35]确定了原子在 $(0,y,1/4)$ 点的实际位移和相位角,如表 8.4 所示。

$$u_{jk} = e_{x1}\cos[2\pi q \cdot (R_j + r_k) \pm \Phi_{x1}] \tag{8.87}$$

$$e_{x2}\cos[2\pi q \cdot (R_j + r_k) \pm \Phi_{x2}] \tag{8.88}$$

$$e_{x3}\cos[2\pi q \cdot (R_j + r_k) \pm \Phi_{x3}] \tag{8.89}$$

其中,R_j 为晶格矢量;r_k 为晶格内位置。

表 8.4　温度低于 22K 时铀中电荷密度波的原子位移和相角[36]

x_i	$e_{x_i}/\text{Å}$	$\Phi_{x_i}/(°)$
1	0.027	99 ± 3
2	0.005	-24 ± 5
3	0.003	118 ± 10

为了更好地阐明电荷密度波的起源,有必要进行电子结构的计算;到 20 世纪 90 年代末,计算硬件的基础设施和从头计算的模拟方法已经足够成熟,因此可以完成这样的计算任务。有趣的是,研究发现,相关效应(可能形成电荷密度波)的缺失可以被忽略,从而实现局部密度近似[37],这大大地加快了 α 铀电子结构的计算。

Fast 等通过识别嵌套向量 π/a 和 $\pi/(6b)$,证明费米表面特征的嵌套是形成 α_1 和(可能)α_2 跃迁的必要条件,值得注意的是,当与嵌套相关的某些对称点被省略时,电荷密度波就不会发生[38]。十年之后,Bouchet 等通过计算声子色散关系作为施加于流体静应力的函数,预测了通过强化 Σ_4 模式对类声行为的电荷密度波的抑制[34]。Raymond 等随后进行的非弹性 X 射线散射实验以及在高压下费米表面的计算,将成为 Bouchet 等预测的基准,并证实,虽然费米表面特征的嵌套是必要的,但这还是不够。恰恰相反,需要强的电子-声子耦合才能形成电荷密度波。

就像缺陷(周期性的破坏,如杂质、位错等)散射单粒子电子一样,它们也会"钉扎"或以其他方式抑制电荷密度波中集体模式的运动,直到施加足够的电场 E_T。如图 8.32 所示,临界场 E_T 使得电荷密度波材料的电导率关系变成了非线性。被钉住的电荷密度波可以在电场作用下通过晶格,并作为额外的电流载流子,在整个电导率中体现[39]:

$$\sigma(\omega) = \frac{n_c e^2}{i\omega m^*} \frac{\omega^2}{\omega_0^2 - \omega^2 - i\omega/\tau} \tag{8.90}$$

其中，$m*$ 是有效质量；n_c 是电荷密度波方向上的电荷密度；ω_0 称为钉扎频率；弛豫时间 τ 近似为[39]：

$$\tau \approx \frac{\tau_N m*}{m_{band}} \tag{8.91}$$

其中，τ_N 为对于非凝聚态电子的弛豫时间，$\tau_N = \sigma m* / (ne^2)$。

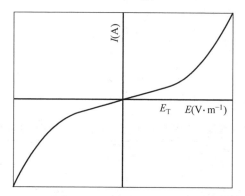

图 8.32   电荷密度波相材料的非线性电流-电压关系

基于过剩比热的钉扎频率和临界场的估计，如表 8.5 所示。

表 8.5   铀的三个电荷密度波相中的集体模的钉扎频率和临界场的值[40]

相	ω_0/GHz	$E_T/(V \cdot m^{-1})$
α_1	75	1.45×10^3
α_2	45	8.9×10^3
α_3	55	13.3×10^3

2. 铀的超导

铀的另一个有争议的特征是超导转变，其发生在高压以及 2K 的条件下，此时铀的电荷密度波相被抑制[30]。超导最初被认为是线状现象，但后来的结果表明它是一种体状现象。然而，最近的 de Haas-van Alphen 实验降低到 20mK，结果表明体超导实际上是由杂质/缺陷驱动的，因为 Graf 等无法观察到降低到该温度的超导转变[41]。

8.4.5   铀材料无损检测的机遇

铀材料在不同温度下的独特性质和行为为其无损检测提供了广阔的应用前景。事实上，大量物理量之间的非线性关系表明，对这些参数进行仔细评估可以大大促进无损检测技术的进步。特别是对于具有高价值的铀产品，对各种性质的温度相关性进行量化，会显著提高对这种有强大吸引力金属的微观结构特征的理解和确定。

1. 各向异性

这也许是金属铀的另一个不受欢迎的特性,其物理性质的方向相关性使得其在无损检测时需要进行大量参数的测量,并从这些结果中可以作出重要的推论。对于多晶铀材料样品,在超声衰减中可以观察到 8.2.5 节 7. 的 Zenner 晶粒间热弹性效应。通过仔细测量特定样品某个方向上的电导率和霍尔系数,就可以观察到晶体织构和晶粒结构,这是由于可以观察到单晶铀的电导率和磁化率的极端变化,尤其是在 [100] 方向[16,17]。由于在 α 铀中原子的独特排列方式,其非线性电子和弹性特性对无损检测的贡献可能是显著的。

2. 温度相关特性

铀材料的许多物理性质已被证明在温度变化时会发生显著的变化,并且表现出异常现象(而令人惊讶的是,磁学性质除外)[30]。通过对弹性和衰减行为与温度相关性的量化,就可以揭示缺陷结构与晶格或杂质之间的相互作用。相变的变化可以实现对多晶样品择优取向的观察或用来确定铀中的残余应力。在一个频率范围内进行电导率测量,能揭示电子-声子相互作用的本质,而该相互作用会赋予铀材料独特的性质。

3. 低温现象

如果某些特定的应用适合在低温下进行,则电荷密度波和 43K 以下的超导跃迁可能为铀材料的无损检测提供重要的机遇。电荷密度波相位中电流-电压关系的非线性行为对无损检测技术可能是最有用的。施加超声波可以将单个微晶进行压缩或膨胀,可能导致适合于电荷密度波或超导跃迁的子域,并且提供与这些相相关的非线性行为。不同的缺陷将不同程度地钉扎电荷密度波,以可靠相关的方式改变谐波激励行为。进一步的低温超声分析将有望观察到 8.2.5 节 9. 和 8.2.5 节 5. 中提到的电子-声子相互作用。最后,铀与核领域感兴趣的元素会形成若干重费米子化合物,它们的沉淀可能从本质上改变铀的低温特性[42]。

8.5 铀无损检测的案例研究

本章的原理最近已应用于铀材料领域无损检测技术的发展。超声波已被用于检测低含量的碳,残余应力可以通过涡流分析来表征,而对高电流密度导致的非线性行为的研究也正在进行中。每项工作突出的特点和结果都在这里进行了叙述。

8.5.1 超声波分析铀溶质

在金属铀的生产中,通常采用的生产技术会引入各种杂质,从而对后续的加工和性能带来不利影响。对某些元素存在的程度进行确切的表征是至关重要的,但当前的技术是破坏性的,也会耗费大量时间。由于对碳含量的大量关注,促使人们开发了一种分析方法,该方法对碳含量的存在非常敏感而不受其存在形式的影响:可以是间隙溶液,也可以是碳化铀次级化合物(它是高纯铀中的主要含碳相)。如8.2.5节所述,物理声学领域可以提供包含电子、声子和缺陷诱导行为的丰富信息,因此,超声波测量作用的潜力是显而易见的。

最初的焦点是对铀弹性与碳含量的相关性进行可靠的量化,这是通过共振超声光谱来获得的。图 8.33 展示了模量(C_{11}、C_{12} 和 C_{44})与碳含量之间的关系。当碳含量约为 140ppm(wt)时,这种近似线性行为被中断,与铀-碳相图中 γ 相场的极限保持一致[43]。奇怪的是,在剪切模量 C_{44} 中会观察到异常行为,这与碳含量为10ppm(wt)时的 α 相的极限相当[43]。

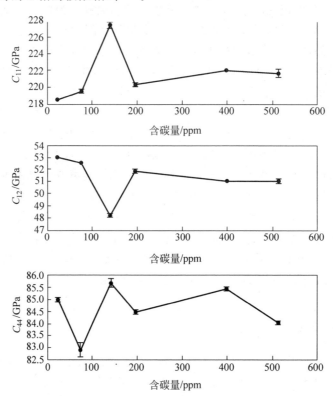

图 8.33 改变附加碳浓度时的多晶铀样品的弹性常数
由共振超声谱决定的弹性张量假设为立方的,以允许泊松比的改变

研究的其余部分是对横波衰减频率相关性的分析,引出了基于位错模型的数据归约方案的发展(见 8.2.5 节 4.和其中的式(8.29))。通过使用 Levenberg-

Marquardt 算法进行最小二乘法最小化处理,用 Granato-Lücke 方程将剪切衰减色散曲线拟合至 5MHz,可以得到位错环长度 L、阻尼参数或黏度 B,以及在$[100]$方向上假定沿着(010)方向滑移系统(室温下最活跃的滑移系统)的密度 $N^{[44]}$。图 8.34 突出显示了当碳含量增加时位错参数的特征,所有参数的数量级与现有文献保持一致[9]。

位错环长度(图 8.34,顶部)和阻尼参数(图 8.34,中间)表现出与剪切模量一致的行为(在碳含量为 75ppm 时存在不连续),但与碳含量呈线性关系。当位错钉扎位置的数量达到最大值(减小环长度),并且张力使缺陷的振动过阻尼时,可以很好地预测这种非常接近相的溶解度极限(在 UC 沉淀之前)的发散行为,其体现在阻尼参数(黏度)中。

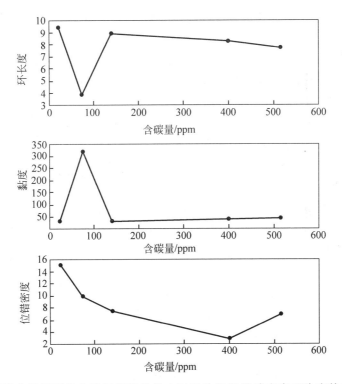

图 8.34 概述中所提到的由基于模型的最小二乘法数据缩减方案所决定的附加碳浓度（ppm wt）与位错环长度（μm）、黏度（μPa·s）、位错密度（10^{15} m^{-2}）的关系

当铀中加入碳时,其位错密度会在碳含量约为 400ppm(wt)时下降一个数量级。根据推测,溶解的碳通过提供额外的钉扎位置,降低了能与超声波相互作用的位错的数量,从而降低了该技术能测量的位错密度值。随后的位错密度的增加可能是由于一碳化铀析出相的成核和长大,从而增加了凝固过程中的整体晶格应变。

这些结果非常有趣并显示出很大的前景,对铀-碳和其他系统的进一步研究和测试将显著提高对这种复杂材料的理解。

8.5.2 机械加工铀的应变测量

残余应力是指在没有外力作用的情况下,由于非均匀塑性变形而存在于材料体中的内应力。文献中对残余应力分类的一致性描述存在差异。Dieter 认为,残余应力虽然是由塑性变形引起的,但应该被认为是严格弹性的[45]。此外,材料的屈服应力是可达到的最大残余应力[45]。然而,McGonnagle[46]介绍了两种由冷加工引起的残余应力:弹性通过材料的大部分,塑性微应力存在变形晶粒内。在 Fitzpatrick 和 Lodini[47]的工作中发现了残余应力表征的更多特异性,他们将残余应力分为 3 类,即一阶、二阶和三阶(或称为Ⅰ型、Ⅱ型和Ⅲ型),并且给出了各自的定义。

一阶残余应力,或Ⅰ型残余应力,在材料的大部分晶体域中是均匀的。这种应力也称为宏观应力。与此应力有关的内力在所有平面上都是平衡的。与这些力相关的力矩在所有轴上都等于零。

二阶残余应力,或Ⅱ型残余应力,在材料的小晶体域内是均匀的(例如,单个晶粒或单相)。与这些应力有关的内力在不同的晶粒或相之间是严格平衡的。

三阶残余应力,或Ⅲ型残余应力,在材料的最小晶体域上是均匀的(在几个原子间的距离上)。与这些应力耦合的内力在非常小的区域内是平衡的(例如,在位错或点缺陷周围)。Ⅱ型和Ⅲ型的残余应力统称为微应力。

Withers[48]注意到,Ⅱ型(二阶)残余应力几乎总是存在于多晶材料中,这是因为随机取向晶粒之间的弹性和热性能是不同的。在本讨论中,铣削和车削过程将在表面产生塑性流动,因此被认为是残余应力的来源。

变形深度与金属去除工艺密切相关。表面晶粒发生变形,而变形表面下的晶粒则不受影响。因此,未受影响的晶粒必须适应具有残余应变的已经发生变化的表面晶粒,以抵抗表面牵引力。典型情况下,拉伸塑性应变变形过程会产生残余压应力[45]。然而,一旦摩擦产生热量,就会形成残余拉应力。如图 8.35 所示,工件中残余应力系统必须实现压应力和拉应力的平衡,残余应力表现为三维应力状态,其增加了系统的复杂程度[45]。

van Horn 等利用低频感应(涡流)阻抗和热电功率进行应变测量[49]。阻抗测量是一种非接触式测量方法,根据使用的频率,可以在材料的不同深度对应变进行量化,如式(8.58)所示。热电功率系数是通过与工件表面接触来进行测量的,它与探针正下方的应变场相关。

图 8.36 显示了在对贫铀棒料进行四点弯曲试验中,测量得到的低频感应阻抗

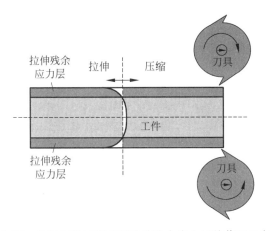

图 8.35 金属去除过程中形成的残余应力层的截面示意图

与应变的关系。阻抗值会随着应变的增加而减小，这与其他研究者的数据是一致的[49]。图 8.36 显示了如何在不同的应变下对感应阻抗无损检测工具进行校准。一旦获得了特定成分的校准曲线，该工具就可以用于获得加工表面的测量值，以无损的方式确定机械加工操作给铀引入了多少应变。

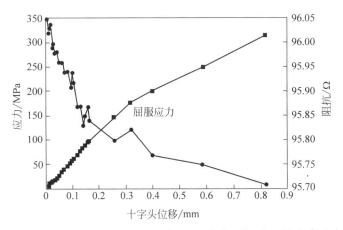

图 8.36 铀棒在 20Hz 下测量得到的应力(实心方形)和感应阻抗(实心圆形)与十字头位移的关系

图 8.37 进一步说明了这一过程，其显示了在塑性应变铀棒的凸面上获得的感应阻抗测量结果(移除了四点弯曲夹具，即没有施加载荷)。低频阻抗测量结果表明，应变可以进行无损表征，当利用真空退火去除铀棒的应力后，阻抗测量结果表明应变得到了消除。由于施加的载荷从棒材上被移除，所以棒材的凸面上保留了残余压应力(棒材凹面上存在残余拉应力)，这再次与最初得到的校准曲线一致。

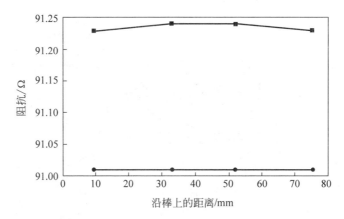

图 8.37 沿弯曲铀棒的外曲面在 **20 Hz** 下测量得到的感应阻抗,退火前(实心方形)
和退火后(实心圆形)

与低频感应阻抗类似,热电功率系数应变测量可以校准为典型的应力-应变曲线,然后用于加工零件无损测量表面上的残余应力,如图 8.38 所示。

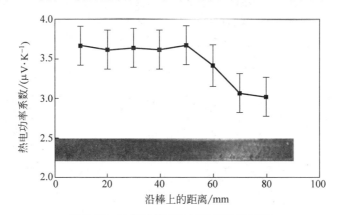

图 8.38 沿着铀棒方向的热电功率系数

插图中放大了铀棒加工条纹,这些条纹与棒的其余部分不同,表明存在较高的残余应力

根据 van Horn 等的试验结果,低频感应阻抗可以测量Ⅰ型残余应力,而热电功率系数可以用于Ⅱ型和Ⅲ型残余应力的测量[49]。

8.5.3 材料加工中的波

最近的研究表明,大电流密度电脉冲可以应用于金属来实现晶粒细化[50,51]。这一概念称为电脉冲处理,并且已经应用于常见的金属。本节提出,通过电脉冲处理对铀进行晶粒细化,其具有良好的可行性,对脉冲波形的仔细分析可以为铀微观结构的发展提供重要的指导。

1. 电脉冲处理

晶粒细化机制，与高电流密度脉冲相应，在本质上与材料中的原子传输联系在一起。脉冲由于高度局域化的电阻加热、电迁移和化学势梯度（式(8.76)）而引起扩散。这些驱动力促进了新晶粒的成核和生长，导致金属中平均晶粒尺寸的减小，从而有效地细化了晶粒。

在电脉冲处理过程中，一个电势被暂时地施加到金属上。电场可以产生一个拖拽力[52]，通常合并成一个表达式[53]，如下：

$$F_{em} = Z^* \frac{e\boldsymbol{E}}{kT} \tag{8.92}$$

其中，Z^* 为有效化合价；$\boldsymbol{E}$ 为电场。

式(8.92)中给出的力产生了一种传输现象，统称为电传输。自由电子的"风"和静电力的影响被认为是有效化合价项。

当利用电偶施加电流到金属上时会产生电阻热。由于大部分的金属含有不同的相（如晶界或沉淀），它们的电导率有所不同，高度局域化加热将产生陡峭的热梯度，这将为原子扩散提供另一种驱动力：

$$F_{th} = -\frac{Q^*}{T} \nabla T \tag{8.93}$$

其中，Q^* 是特定过程的传输热，其考虑了声子、电子和内在对热流动的贡献。

最后的电脉冲驱动力是由上述电迁移和热效应引起的化学势梯度所推动的。化学势的力可以简写为

$$F_\mu = -\mu_i \tag{8.94}$$

物质 i 的化学势为 μ。

总的来说，在短时间内，上面描述的三种原子输运力可以使固态相变是热力学有利的。如图 8.39 所示，在焦耳热项占主导地位的区域最有可能发生相变转换。

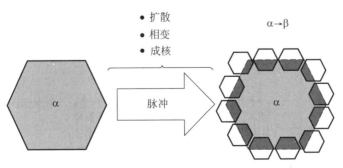

图 8.39　一个由高电流密度脉冲传递到金属系统引起的晶粒细化工艺的模型

在电阻率变化较大的区域，由于存在陡峭的热梯度，新晶粒能够形成并生长

2．电脉冲分析

施加的电流脉冲将衰减，原因是其与微观结构特征的相互作用，并在足够非线性系统的情况下，其在传播过程中会发生扭曲，如图 8.40 所示。因此，对脉冲所发生的变化进行仔细的分析，则可以对微观结构及其演变进行推断。图 8.41 所示为电脉冲传感系统，对加工高价值金属部件具有重要价值，特别是铀。

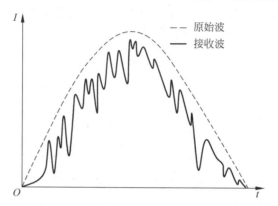

图 8.40　遇到各种非线性电学特性微结构的脉冲波形变形的放大图

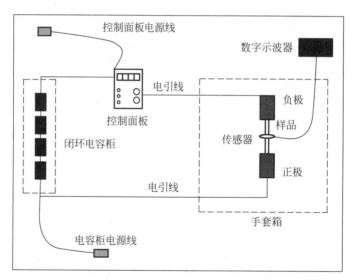

图 8.41　电脉冲处理/传感的实验装置

在金属铀的奇特性质中，单晶各向异性可能是最主要的，它们在对铀的电脉冲处理/传感的可行性应用中起着重要作用。晶粒之间不同的电导率、导热系数、膨胀系数以及弹性常数将在存在显著热梯度的晶格处产生明显的局部应力。由于铀中相稳定性的压力相关性，膨胀应力可以直接诱导新晶粒的成核，其中 γ 相场会扩展到较低的温度。另外，铀中许多元素的有限溶解度会使金属产生不均匀性，尤其是在晶界处。这些过程必然会使电脉冲传感过程表现出非线性特性，极大地提高其作为在线无损检测技术的效果。

8.6 展望

想要完成一篇能够综述铀的无损检测技术的文章，仍有许多工作要做，鉴于目前铀的无损检测应用的稀缺性，这样一个特性肯定会被认为是无能为力的。虽然无损技术有可能在从基础研究到实际应用的涓滴科学进步过程中自然发展，但最终是需求而不是兴趣促使了创造。

铀材料给无损检测领域带来了巨大的机遇和挑战，本文的目的是来激发读者的想象力，提供相关的见解，通过这些方法，该领域可以扩展到这样一个奇异的材料。特别是，物理声学、非线性波动力学和固体物理学等相关领域，其在过去半个世纪已经取得了很大的进展并且已经成熟，将它们应用于铀材料的无损检测是明智的，也是必要的。

参考文献

[1] Ashcroft NW, Mermin DN. Solid state physics[M]. Brooks/Cole, Cengage Learning, Belmont, CA, 1976.

[2] Balanis CA. Advanced engineering electromagnetics[M]. Wiley, Hoboken, NJ, 1989.

[3] Barrett C, Mueller M, Hittermann R. Crystal structure variations in alpha-uranium at low temperatures[J]. Phys Rev 129(2): 625-629, 1963.

[4] Berlincourt TG. Hall effect, resistivity, and magnetoresistivity of Th, U, Zr, Ti, and Nb[J]. Phys Rev 114(4): 969-977, 1959.

[5] Beyer RT, Letcher SV. Physical ultrasonics[M]. Pure and applied physics, vol 32. Academic Press, New York, NY, 1969.

[6] Bhatia A. Ultrasonic absorption an introduction to the theory of sound absorption and dispersion in gases, liquids and solids[M]. Dover Publications, New York, 1967.

[7] Blumenthal B. Constitution of low carbon u-c alloys[J]. J Nucl Mater 2(3): 197-208, 1960.

[8] Bouchet J. Lattice dynamics of α uranium[J]. Phys Rev B 77: 024, 113-1-7, 2008.

[9] Brodsky M, Griffin N, Odie M. Electrical resistivity of alpha uranium at low temperatures[J]. J Appl Phys 40: 895-897, 1969.

[10] Cahn J, Hilliard J. Free energy of a non-uniform system I. Interfacial free energy[J]. J Chem Phys 28: 258, 1958.

[11] Cahn J, Hilliard J. Free energy of a non-uniform system II. Thermodynamic basis[J]. J Chem Phys 30: 1121-1124, 1959.

[12] Cahn R. Plastic deformation of alpha-uranium: twinning and slip[J]. Acta Metall 1: 49-70,1953.

[13] Cantrell J, Salama K. Acoustoelastic characterisation of materials[J]. Int Mater Rev 36(4): 125-145,1991.

[14] Cantrell JH. Ultrasonic nondestructive evaluation engineering and biological material characterization,chap. 6. [M] CRC Press,Boca Raton,FL,2004.

[15] Chantis AN, Albers R, Jones M, et al. Many-body electronic structure of α-uranium[J]. Phys Rev B 78: 081,101-1-4,2008.

[16] Crummett W, Smith H, Nicklow R, et al. Lattice dynamics of α-uranium[J]. Phys Rev B 19(12): 6028-6037,1979.

[17] Dieter G. Mechanical metallurgy,3rd edn[M]. McGraw-Hill,New York,1986.

[18] Dobmann G, Meyendorf N, Schneider E. Nondestructive characterization of materials: A growing demand for describing damage and service-life-relevant aging processes in plant components[J]. Nucl Eng Design 171(1-3): 95-112,1997.

[19] Du P, Kibbe WA, Lin SM. Improved peak detection in mass spectrum by incorporating continuous wavelet transform-based pattern matching[J]. Bioinformatics 22(17): 2059-2065,2006.

[20] Elmore WC, Heald MA. Physics of waves[M]. McGraw-Hill Book,New York,1969.

[21] Fast L, Eriksson O, Johansson B, et al. Theoretical aspects of the charge density wave in uranium. Phys Rev Lett 81(14): 2978-2981,1998.

[22] Fiks V. Ion entrainment by electrons in metals[J]. Phys Lett 9: 299-300,1964.

[23] Fisher E, McSkimin H. Adiabatic elastic moduli of single crystal alpha-uranium[J]. J Appl Phys 29(10): 1473-1484,1958.

[24] Fisher E, McSkimin H. Low-temperature phase transition in alpha uranium[J]. Phys Rev 124(1): 67-70,1961.

[25] Fisk Z, Sarrao J, Smith J, et al. The physics and chemistry of heavy fermions[J]. Proc Natl Acad Sci USA 92: 6663-6667,1995.

[26] Fitzpatrick M, Lodini A. Analysis of residual stress by diffraction using neutron and synchrotron radiation[M]. Taylor and Francis,London,2003.

[27] Graf D, Stillwell R, Murphy T, et al. Fermi surface of α-uranium at ambient temperature [J]. Phys Rev B 80(24): 241,101-1-4,2009.

[28] Granato A, Lücke K. Theory of mechanical damping due to dislocations[J]. J Appl Phys 27(6): 583-593,1956.

[29] Grüner G. The dynamics of charge-density waves[J]. Rev Mod Phys 60(4): 1129-1181,1988.

[30] Hart E. Thermodynamics of inhomogeneous systems[J]. Phys Rev 113: 412-416,1959.

[31] Huntington H. Electro- and thermomigration in metals. In: Diffusion[C]. Seminars presented at an ASM conference,Metals Park,OH,pp. 155-183. ASM,1972.

[32] Kittel C. An electron transfer mechanism for ultrasonic attenuation in metals[J]. Acta Metall 3: 295-297,1955.

[33] Landau L, Lifshits E, Pitaevskii L. Electrodynamics of continuous media, Landau and Lifshitz course of theoretical physics, vol 8, 2nd edn[M]. Butterworth-Heinemann (Elsevier), Oxford, UK, 1984.

[34] Landau L, Lifshitz E. Theory of elasticity, Course of theoretical physics, vol 7, 3rd edn [M]. Butterworth-Heinemann (Elsevier), Oxford, UK, 1986.

[35] Lander G, Fisher E, Bader S. The solid-state properties of uranium a historical perspective and review[J]. Adv Phys 43(1): 1-111, 1994.

[36] Lander G, MuellerM. Neutron diffraction study of α-uranium at low temperatures[J]. Acta Crystall B 26: 129-136, 1970.

[37] Marmeggi J, Delapalme A, Lander G, et al. Atomic displacements in the incommensurable charge-density wave in alpha-uranium[J]. Solid State Comm 43(7): 577-581, 1982.

[38] Marmeggi J, Lander G, Smaalen S, et al. Neutron-diffraction study of the charge-density wave in α-uranium[J]. Phys Rev B 42(15): 9365-9376, 1990.

[39] Mason W. Physical acoustics and the properties of solids[M]. D. Van Nostrand Company, Princeton, NJ, 1958.

[40] McGonnagle W. Nondestructive testing[M]. McGraw-Hill, New York, 1961.

[41] Migliori A, Sarrao JL. Resonant ultrasound spectroscopy: applications to physics, materials measurements, and nondestructive evaluation[M]. Wiley, New York, NY, 1997.

[42] Mihaila B, Opeil C, Drymiotis F, Smith J, Cooley J, Manley M, Migliori A, Mielke C, Lookman T, Saxena A, Bishop A, Blagoev K, et al. Pinning frequencies of the collective modes in α-uranium[J]. Phys Rev Lett 96: 076, 401-1-4, 2006.

[43] Morse R. Ultrasonic attenuation in metals by electron relaxation[J]. Phys Rev 97(6): 1716-1717, 1955.

[44] Randall R, Rose F, Zener C. Intercrystalline thermal currents as a source of internal friction[J]. Phys Rev 56: 343-349, 1939.

[45] Rosen M. Elastic moduli and ultrasonic attenuation of polycrystalline uranium from 4. 2 to 300K[J]. Phys Lett 28A(6): 438-439, 1968.

[46] Rosenberg H. The thermal conductivity of metals at low temperatures[J]. Phil Trans R Soc Lond A 247: 441-497, 1955.

[47] Ross J, Lam D. Magnetic susceptibility of single-crystal alpha-uranium[J]. Phys Rev 165(2): 617-620, 1968.

[48] Schuch A, Laquer H. Low temperature thermal expansion of uranium[J]. Phys Rev 86(5): 803, 1952.

[49] Tu K. Interdiffusion in thin films[J]. Ann Rev Mater Sci 15: 147-176, 1985.

[50] VanHorn C, Olson D, Mishra B. Stress corrosion cracking analysis on machined pure uranium utilizing thermoelectric power coefficient and low frequency induced impedance advanced nondestructive tools[D]. Master's thesis, Colorado School of Mines, 2008.

[51] Withers P, Bhadeshia H. Residual stress: Part 1-measurement techniques[J]. Mater Sci Tech Ser 17: 355-365, 2001.

[52] Zener C. II. General theory of thermoelastic internal friction[J]. Phys Rev 53: 90-

99,1938.

[53] Zener C. Intercrystalline thermal currents as a source of internal friction[J]. Phys Rev 56：343-349,1939.

[54] Zener C. Elasticity and anelasticity of metals [M]. University of Chicago Press, Chicago,1948.

[55] Zhang W，Sui M，Zhou Y，et al. Evolution of microstructures in materials induced by electropulsing. Micron 34：25-35,2003.

[56] Zhou Y，Zhang W，Wang B，et al. Ultrafine-grained microstructures in a Cu-Zn alloy produced by electropulsing treatment[J]. J Mater Res 18：1991,2003.

第9章

用于放射性同位素生产的高密度低浓铀靶

Gary L. Solbrekken, Kyler K. Turner, and Srisharan G. Govindarajan

摘　要　在全球范围内,医疗诊断成像中所需放射性同位素供应的可靠性、经济性、稳定性的需求正在逐年增长。目前使用最广泛的放射性同位素是钼-99,其最常用的生产工艺是通过从反应堆中子辐照的铀靶中回收裂变产物。目前的靶材是使用高浓缩铀(HEU)作为种子材料。美国和其他伙伴国的防扩散条约使得高浓铀的应用减少。因此,需要一个替代靶材的策略。本章探讨了使用高密度低浓铀靶的裂变产物回收。

基于反应堆辐照生产新靶材的发展需要满足反应堆要求的安全限制条件。这些安全限制通常是以最高温度限制和裂变产物释放限制的形式存在。它们实际上意味着一个靶材在结构上可靠,同时,可以提供裂变铀和反应堆冷却剂的有效传热路径。本章所述的高密度靶的一个独特特征是铀的单片整体结构——从根本上说,它是一块金属箔,而不是分散致密体。单片整体结构在评估靶材的热机设计方面具有挑战性。分析表明,对高密度靶进行安全辐照是具有可行性的。需要对靶装配过程开展进一步的耦合分析,以提供本章所述的稳健性能。

关键词　低浓铀箔,色散,环形,平板,靶,热机性能,核防扩散,放射性同位素,热接触电阻,医用同位素,钼-99。

9.1　前言

9.1.1　核医学发展历程简介

自从辐射被发现以来,它就被用于医学诊断和治疗多种疾病。1895 年,德国物理学家威廉·康拉德·伦琴观察到,当把铂氰化钡晶体放置在高真空的放电管附近时,它会产生发光现象。实验表明,物体的密度显著影响了这种发光能量的衰减,最终也促进了 X 射线成像技术的发展,这是辐射在医学领域的首次应用[1]。

1932 年,Cockcraft 和 Walton 利用粒子加速器制造出第一种人造的少中子同位素。在不久之后的 1938 年,麻省总医院的 Robley D. Evans 博士和麻省理工学院的研究人员使用碘-138 观察了一只兔子甲状腺中的同位素摄取情况。1950 年,第一台局部辐射扫描仪被研制出来,并专门用于研究甲状腺中碘-138 的摄取情况。之后不久,Donner 实验室研制出第一台全身扫描仪。在 20 世纪 60 年代,辐射技术继续向前发展,使得核医学逐渐成为一门医学专业。

9.1.2 诊断放射性药物

大约有 95% 的放射性药物是用于诊断目的的。诊断放射性药物的设计是为了在最大限度减少组织损伤的同时呈现出病人的身体内部图像。相反地,放射性治疗药物的设计是为了损伤目标组织。诊断放射性药物包括两种成分:放射性核素,即放射性同位素;药物,作为传递剂。两者的特性决定其给药和利用方式。诊断放射性药物的设计首先需要找到一种无毒性的药物,它能对靶器官(如心脏)表现出亲和力。接下来,放射性核素与这种药物配对(标记)并注射到患者体内。诊断放射性药物的摄取和随后辐射的释放,使得器官成像成为可能[2]。

理想的诊断放射性药物应具有以下特点,可使其既安全又有效。首先,应该有可靠且稳定的供应。其次,有效半衰期,即物理半衰期和生物半衰期的结合应很短,以尽量减少病人的剂量。最后,诊断性放射药物必须释放出伽马射线,使辐射能够从病人体内释放并进行成像[2]。

9.2 基于反应堆的同位素和生产:锝-99m

锝-99m 只是今天使用的众多医用人造同位素中的一个例子。锝-99m 是钼-99 衰变的产物,原子序数为 43,半衰期为 6h,处于亚稳态[3]。核衰变方程(9.1)～方程(9.3)显示了钼-99 到稳定钌-99 的一个完整衰变链:

$$^{99}\text{Mo} \longrightarrow {}^{99m}\text{Tc} + \beta^- \tag{9.1}$$

$$^{99m}\text{Tc} \longrightarrow {}^{99}\text{Tc} + \gamma \tag{9.2}$$

$$^{99}\text{Tc} \longrightarrow {}^{99}\text{Ru}_{稳态} + \beta^- \tag{9.3}$$

其中,Mo 为钼;Tc 是锝;Ru 是钌;γ 是伽马射线;β^- 是贝塔粒子。衰减过程示意图,如图 9.1 所示。

1965 年,布鲁克海文国家实验室制造了第一台锝-99m 发生器,其可以从钼-99

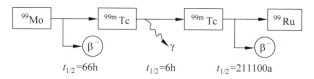

图 9.1　钼-99 的衰变过程示意图

注意,Tc 过程的放射性半衰期为 6h,这使其成为诊断应用的理想选择;钌-99 的衰变时间远远超过
生物的半衰期

衰变中收集或"挤奶"得到锝-99[4]。锝-99m 的半衰期很短,使得储存和长途运输
比较困难;因此,具有更长半衰期的钼-99 被用来延长储存时间和增加运输距离。
钼-99 与锝-99m 之间的父子关系是一种非平衡关系,子体半衰期小于父体半衰期。
钼-99 和锝-99m 的半衰期可以实现从发生器中抽取或去除锝-99m,每天一次。在
抽取过程中,可以用柱层析法分离这两种同位素。这个过程是将同位素分离成带
负电荷的 TcO_4^- 和 MoO_4^{2-} 粒子,附着在发生器中氧化铝吸附剂上的 TcO_4^- 的单
负电荷远小于 MoO_4^{2-} 上的双负电荷,用盐水溶液从发生器中冲洗自由漂浮的
TcO_4^-,可以得到充满锝-99m 的盐水溶液[4]。图 9.2 中显示了锝-99m 发生器的图
像和说明发生器内部布局的示意图。

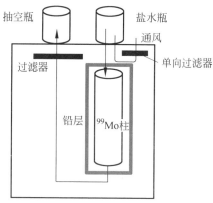

图 9.2　锝-99m 发生器及其内部结构和功能示意图[5]

　　从医学角度来看,锝-99m 是一种理想的放射性药物,这是因为,首先,
锝-99m 发生器很容易运输和储存,并且曝光也是有限的,平均输送活性所需的屏
蔽大约是 2cm 厚度的铅;其次,其 6h 的半衰期很短,可以最大限度地减少患者
的辐射剂量,平均而言,注射了锝-99m 的人在 2.5d 内恢复到本底辐射水平;最
后,锝-99m 只放射出 140keV 伽马射线,在保证射线离开病体的同时还可以限制辐
射剂量。

9.3　核不扩散问题中的核反应堆技术

9.3.1　基于高浓缩铀裂变的生产钼-99 技术

全世界生产钼-99 最常用的方法是使用高浓缩铀粉末,将其置于分散靶中,并在常规反应堆中进行辐照处理。在这个过程中,高浓铀以粉末形式与铝粉混合。然后,两种粉末在两块铝板之间进行加热并压缩,形成一个固态板靶。完成的靶具有一个铀铝芯和一个铝框架及包层[6]。图 9.3 是铝框架和铀铝芯的示意图。

图 9.3　常规的高浓铀分散平板靶

高浓缩铀分散靶的固体性质确保了铀和铝之间没有气体间隙,从而使得通过靶的热接触电阻很低。钼-99 是通过化学工艺溶解整个极板来进行收集的[7]。这一过程如图 9.4 所示。

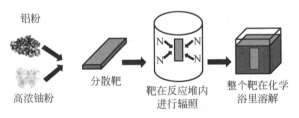

图 9.4　高浓铀分散靶的工艺概述

目前使用的另一种高浓铀靶类型是环形分散靶。从本质上讲,它是把一个平面分散板靶被弯曲形成一个环形圆柱体。在某些反应堆中,环状可以实现高生产率。辐照后,该靶以类似于分散板靶的工艺进行溶解[8]。环形靶如图 9.5 所示。

钼-99 生产中使用的其他一种高浓铀靶类型是钉靶。在这个设计中,铀铝芯被放置在类似于压水堆(PWR)和沸水堆(BWR)燃料元件的销中。靶心周围具有鳍状铝壳,可以用来提高靶的冷却性能。辐照后,该靶在一个类似于分散平板靶和环形分散靶的工艺中进行溶解[9]。钉靶如图 9.6 所示。

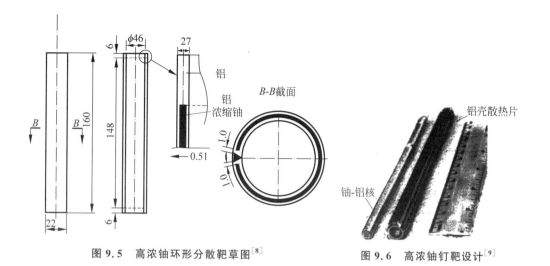

图9.5　高浓铀环形分散靶草图[8]　　　　　图9.6　高浓铀钉靶设计[9]

9.3.2　当前的钼-99反应堆和生产商

目前大容量钼-99生产商使用6个反应堆,其中大多数使用高浓铀[7,10]。表9.1概述了每个反应堆的位置和靶的类型。全球供应的钼-99的百分数如图9.7所示,其中不包含OPAL。

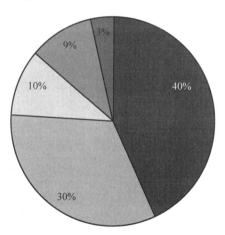

■ 国家通用研究反应堆(NRU),乔克河,北美安大略湖
■ 高通量反应堆(HFR),佩腾,荷兰
■ 南非基础原子反应堆装置-1(SAFARI-1),佩林达巴,南非
■ 比利时反应堆-2(BR-2),摩尔,比利时
■ OSIRIS,萨克雷,法国

图9.7　全球反应堆供应的钼-99的百分数[11]

表 9.1　大容量生产商使用的反应堆[7,10]

反应堆名字	位　　置	所　有　者	靶　类　型
NRU	加拿大 Chalk 河	AECL	高浓铀钉靶
HFR	荷兰 Petten	European Commission	高浓铀分散平板靶
BR2	比利时 Mol	SKC-CEN	高浓铀分散环形靶
Osiris	法国 Saclay	CEA	高浓铀分散平板靶
SAFARI-1	南非 Pelindaba	NECSA	高浓铀和低浓铀分散靶
OPAL	澳大利亚 Lucas Heights	ANSTO	低浓铀分散平板靶

少数反应堆还利用低浓铀靶的 RA-3 和 GA SIWABESS Y MPR 来生产少量的钼-99 供国内和局部区域使用。表 9.2 对这些区域反应堆进行了总结。

表 9.2　区域性生产商使用的反应堆[7,10]

反应堆名字	位　　置	所有者	靶　类　型
RA-3	阿根廷 Buenos Aires	CNEA	低浓铀分散平板靶
GA SIWABESS Y MPR	印度尼西亚 Batan	—	低浓铀分散平板靶

辐照后,靶材被运送到钼-99 处理器进行溶解,从而提取钼-99。然后,散装钼-99 被运往发生器制造商,在那里被包装成锝-99m 发生器,最后被运往放射性药房或医院。图 9.8 简要说明了全球的钼-99 供应链。

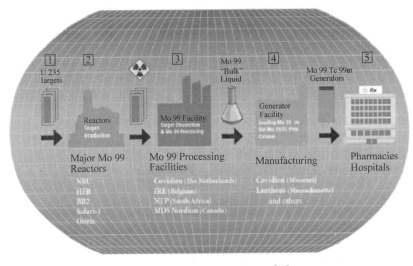

图 9.8　钼-99 的全球供应链[10]

世界范围内有三个高产量的生产商可以溶解辐照靶。Covidien 位于荷兰,其供应量约占美国的 40% 和全球的 25%,它的靶由 HFR 和 BR2 提供。位于比利时的 IRE,其供应量约占全球的 20%,它的靶来自 HFR、BR2 和 Osiris 反应堆。位于加拿大的 MDS Nordion 公司,其供应量约占美国的 60% 和全球的 40%,它的靶来自 NRU 反应堆。位于南非的 NTP,其放射性同位素产量占全球供应量的 10%,甚至在短缺时可以帮助美国供应放射性同位素,它的靶来自 SAFARI-1 反应堆[7]。

9.3.3 美国政府应对钼-99 的努力:全球减少威胁办公室

全球减少威胁倡议办公室(GTRI),隶属于美国能源部,其存在的目的是"减少和保护位于全球民用场所的易受攻击的核材料和放射性材料"[12]。作为努力的一部分结果,GTRI 在开发替代技术方面一直处于国际领先地位,以确保安全、可靠的钼-99 来源[13]。他们的策略是资助并与有兴趣的提供者达成合作协议,发展利用非高浓铀的方法。其中包括中子捕获、溶液反应堆、加速器系统[14],以及裂变溶液。如果新方法的技术指标得以实现,就可以提供可持续的钼-99 供应。

9.3.4 当前钼-99 生产市场的经济问题

目前的钼-99 生产行业是一个复杂而脆弱的系统,容易受到市场环境变化的影响。继 2008 年和 2010 年的大量供应短缺之后,经济合作与发展组织核能机构(OECD-NEA)分析了目前的钼-99 市场,并对其的改善提出了建议[15]。

2009 年,OECD-NEA 成立了医疗放射性同位素供应安全高级别小组(HLG-MR)来专门解决这个问题。该小组包括来自钼-99 生产行业和钼-99 的生产国政府的代表。OECD-NEA 首先审查了目前的钼-99 生产市场,并评估了目前的市场结构在未来提供钼-99 的能力。他们的研究结果显示了一系列的情景,如图 9.9 所示。

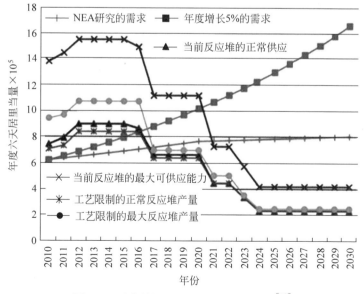

图 9.9 对当前钼-99 生产率的市场预测[15]

OECD-NEA 的预测表明,从 2021 年开始,钼-99 生产机构将无法满足需求。如果将当前市场和新进入者都包括在内,则对供应的预测似乎更具有可持续性。图 9.10 表明新进入者更容易满足需求。然而,第一个 HLG-MR 总结并制定了一套 6 项原则,其满足在 2011 年建立这种市场的条件。

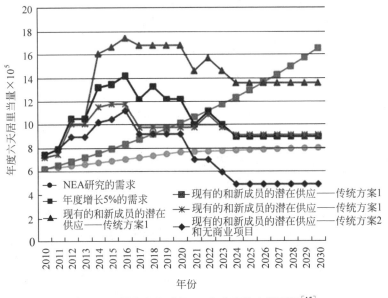

图 9.10 新生产商对钼-99 生产率的市场预测[15]

(1) 钼-99 生产链的所有参与者都应该实现包括固定资产重置相关成本在内的全成本回收。OECD-NEA 认为,取消补贴和转向完全复苏的市场是创造一个经济可持续的生产市场的唯一途径。

(2) 生产储备能力的管理,这解决了生产机构在反应堆停堆期间供应钼-99 的能力。OECD-NEA 建议反应堆内更紧密地协调好时间表,以确保供应链中的废物最小化。

(3) 政府不应该向市场直接供应钼-99,它的作用应该是建立适当的基础设施来实现全成本回收。政府的介入对钼-99 市场极为不利,政府补贴是新进入者进入市场的最大障碍之一。

(4) 政府应通过其对核不扩散和安全的国际承诺,为反应堆和处理器转换为低浓度铀提供适当的支持。各国政府可以通过支持基于低浓度铀靶的研发,实现一种用低浓度铀靶生产钼-99 的经济性方式。还建议利用国际原子能机构(IAEA)作为与国际社会分享所开发技术的渠道。

(5) 国际合作应该继续加强,因为钼-99 是一个国际性问题,执行这一政策能确保所有生产者享有公平的竞争环境。

（6）OECD-NEA 的最后建议是对市场和供应链进行定期审查，从而确保生产商贯彻实施全成本回收政策，确保一个经济上可持续的市场存在。

HLG-MR 原则的实施对于确保建立一个公平的、完全成本回收的市场非常重要，该市场有利于新进入者和非高浓铀生产。对于当前的供应链和生产机构来说，避免再次出现类似于 2008 年和 2010 年的长期短缺的可能性，也是非常必要的。

9.4 低浓铀反应堆靶

9.4.1 低浓铀箔靶的优点

虽然正在探索替代生产钼-99 的办法，但是在可预见的未来，国际上钼-99 的生产很可能将继续以裂变生产为主。目前利用分散靶设计实现基于低浓铀的钼-99 生产的主要缺点就是，总体的铀密度（铀-235 和铀-238）相对较低，大约为 $2\mathrm{g \cdot cm^{-3}}$ 量级。当靶从高浓铀转变为低浓铀时，可裂变铀-235 与铀-238 的比例从约 9：1 下降到 0.25：1 以下。对于给定几何形状和质量的靶，这表明钼-99 的产量将相应地减少。

产量的减少可以通过使用一个简单的活度模型来估计，该模型假定为线性行为，并且不考虑反应堆特有的影响。该模型可以表示为

$$A_{\mathrm{Mo99}} = \frac{1}{k}\left(\frac{N_{\mathrm{A}}}{M_{\mathrm{U235}}}\right)(\gamma_{\mathrm{Mo99}})(\sigma_{f,\mathrm{U235}})(\Phi_{\mathrm{th}})(1-\mathrm{e}^{-\frac{Ln(2)}{t_{1/2\mathrm{Mo99}}}t_{\mathrm{irr}}}) \qquad (9.4)$$

该模型估计了辐照后靶的活性（A_{Mo99}），单位是 $\mathrm{Ci_{Mo99}/g}$（铀-235）。其中，M_{U235} 是铀-235 的摩尔质量；N_{A} 是阿伏伽德罗常数，γ_{Mo99} 是钼-99 的裂变产额；$\sigma_{f,\mathrm{U235}}$ 是裂变截面；Φ_{th} 是热中子通量；t_{irr} 是辐照时间；$t_{1/2\mathrm{Mo99}}$ 是钼-99 的半衰期；参数 k 是一个单位转换常数，它与其他所有参数使用的单位有关。虽然这些结果或许不能解释所有的生产参数，包括辐照屏蔽，但它们有望探索铀密度的影响。从图 9.11 可以看出，随着靶材中铀密度的增加，钼-99 的活性率呈线性增加。从图中还可以发现，在给定靶的铀密度下，当从丰度为 90％ 的高浓铀材料转化为丰度为 19.75％ 的低浓铀材料时，钼-99 活性显著降低。假设可以用 $2\mathrm{g \cdot cm^{-3}}$ 的铀密度制备分散靶，当发生从高浓铀到低浓铀的转变时，钼-99 的生产速率将降低到 1/4。为了使低浓铀材料达到原始生产能力，则必须将铀的密度提高到约 $8.5\mathrm{g \cdot cm^{-3}}$。这是当前靶制造技术的一个重大投入，发生的可能性不大。

铀箔的密度约为 $19\mathrm{g \cdot cm^{-3}}$。如果考虑使用基于铀金属箔的靶，从图 9.11 中可以明显看出，钼-99 的活性可能超过使用高浓铀分散靶的生产。虽然并不是说使用低浓铀箔的实际产量能够如此，但图 9.11 的结果表明，确实值得进一步研究高密度低浓铀箔靶的应用潜力。

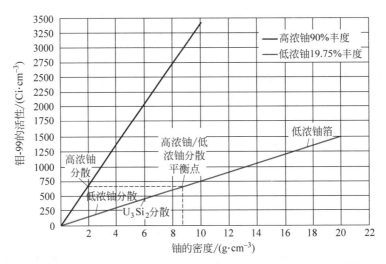

图 9.11 假设辐照时间为 7d、钼-99 的裂变产率为 6%、热中子通量为 $2.0×10^{14}\,n\cdot s^{-1}\cdot cm^{-2}$ 的钼-99 的活性估计

9.4.2　高密度靶的概念

下面考虑了三种基于高密度低浓铀箔的标称靶设计,分别是环形靶、平板靶和弧形靶。

1. 环形靶

阿贡国家实验室(ANL)率先研发了环形靶[16]。该设计中包含了两个同心铝圆筒并在它们的两端焊接,其中有低浓铀箔和镍反冲屏障。镍反冲屏障可以有效防止低浓铀箔和铝包层在辐照过程中熔化在一起。图 9.12 给出了该方法的示意草图,图 9.13 给出了模拟靶的照片。低浓铀箔和镍反冲屏障置于两个铝圆筒之间,这两个圆筒是用塞模或其他膨胀技术固定在一起的。铝圆筒的两端焊接来实现完全密封包层内的低浓铀箔。

ANL 环形靶的设计不一定要考虑到大容量生产或现有的反应堆基础设施。然而,该设计的初衷是为了减少在辐照后化学溶解产生的液体废物。低浓铀的整体结构,加上镍反冲屏障的作用,可以使用改进的 Cintichem 工艺切开靶并对低浓铀箔进行化学溶解[17]。固体铝包层不需要被溶解,可以作为固体废物处理掉。巴基斯坦 1 号研究反应堆(PARR-1)对 ANL 环形靶进行了多次安全辐射测试。不同计算机编码的结果表明,PARR-1 的操作是安全的[10]。

2. 平板靶/弧形靶

没有理由相信基于 ANL 环形靶的平板靶设计不能成功。事实上,我们可以把

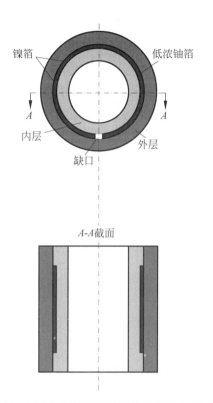

图 9.12 低浓铀环形靶设计概念的横截面视图[18]   **图 9.13 模拟环形靶的照片**[19]

环形靶看作是平板靶设计概念的一个特例。平板的设计可以弯曲到其两端相交的点，直至出现环形的几何形状。此外，目前的辐射装置把平板作为当前的分散靶，因此有配套的基础设施用于平板形状，如辐照试验台。

密苏里大学(MU)设计了一种标称平板靶，并用于经济性的大容量钼-99 的生产。名义上的低浓铀箔基平板设计示意图如图 9.14 所示，平面和曲面的平板模型的照片如图 9.15 所示。

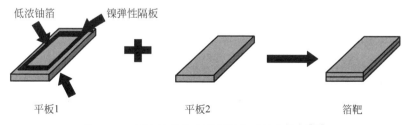

图 9.14 低浓铀箔的理想平板靶设计概念图[19]

实体模型需要在两块铝包层之间放置低浓铀箔并在边缘进行密封。以焊接形式进行的密封可以防止裂变产物逃逸到反应堆冷却系统。辐照后，焊缝可以被去除以便于回收低浓铀箔，然后使用改性 Cintichem 工艺对低浓铀箔进行化学处理，最终得到钼-99[17]。

所有低浓铀箔靶设计的层状结构表明，在裂变低浓铀箔和包层之间有可能形成缝隙。环形靶的设计有望比平板靶更有效地减小缝隙缺口。作为一种提高平板几何形状以抵抗"枕头"变形的方法，弯曲被引入平板的设计

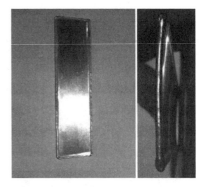

图 9.15　平板靶（左）和弧形靶（右）的实物模型

中。如图 9.15 中的照片模型所示，微小的曲率值足以使任何潜在的"枕头"偏向靶的一边或另一边。但即使是环形靶的设计，也必须对高密度低浓铀箔靶的热机性能进行评估。

9.4.3　靶设计中的技术考虑

对裂变靶进行安全辐照，需要其机械结构是无损伤的，并且没有任何组成部分超过反应堆安全案例中规定的最高温度。其机械稳定性通常可以用靶结构中使用的材料在经受辐照时接近某些失效标准的程度来进行描述。在辐照过程中，靶的机械稳定性和最高温度都不容易测量，因此，需要使用建模工具对两者进行评估，以证明其出现任何违规的可能性。

使用高密度箔靶的主要问题之一就是靶材和包层之间的界面。该界面在靶结构中导致了一个缺陷：在这里，由于发生裂变的发热箔和包层之间的热接触电阻，则界面的不完全结合会导致温度的上升。事实上，为了减少需要溶解的质量，需要对靶进行拆卸，此时对靶来说，不完全结合是很有必要的。那么，上述问题就变为到底能容忍多大的热接触电阻。

一个广义的热阻模型可以用来预测靶内的温度分布，包括低浓铀箔的温度。对于一阶估计，一个一维电阻网络可以用于环形和平板几何形状，以实现温度分布的预测。由图 9.14 所示的平板截面或图 9.12 所示的环形截面，就可以观察到如图 9.16 所示的类似剖面。对于任意一种假设有双向冷却的几何形状，它的热阻网络如图 9.17 所示。在电阻网络中，假设低浓铀与冷却剂在两个方向上的热阻相同，从而使热流 q 在两个路径上均匀分布，如图 9.17 所示。如果两个路径之间的热阻不同，那么，必须适当地修正热流分布。

为了评估每个热阻，有必要确定每个热阻所代表的传热模式。R_{cool} 热阻表示

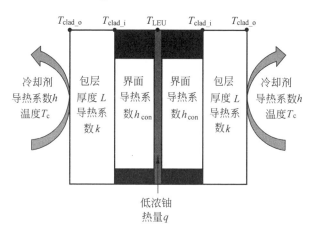

图 9.16　低浓铀箔靶的横截面视图

请注意,组件不是按比例绘制的,特别是接口;图顶标记的温度是基于一维假设在整个垂直平面上是一致的

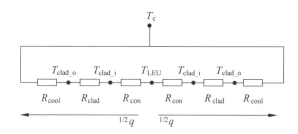

图 9.17　低浓铀箔靶的热阻网络

电阻按图 9.16 中的空间示意图排列

由反应堆冷却剂提供的对流冷却。R_{clad} 是通过固体包层材料的热阻,并被假定为传导。R_{con} 为接触热阻,是低浓铀箔和包覆材料界面处的热阻。目前已知,若两种配体材料之间存在温差,则温差的大小由界面的几何结构和配体材料的热性能决定。因此,有必要了解配合材料的几何结构,特别是在辐照时的温度梯度可能会使材料发生扭曲。当材料发生扭曲时,产生热量的低浓铀箔和包层之间可能会产生缝隙。材料的变形还会在包层内部和焊接处产生机械应力,而焊接处的作用是为了防止裂变产物向反应堆冷却剂释放。本章的其余部分探讨了箔靶的热机性能,从辅助评估作业范围的简化模型开始,然后发展到可以用实验数据校准的更复杂的模型,以实现对靶行为的更精确预测。

1. 对流热阻

本章中并没有就对流热阻 R_{cool} 进行深入分析。对流热阻的一般表达式为

$$R_{cool} = \frac{1}{h_{cool}A} = \frac{T_{clad\_o} - T_c}{1/2q} \tag{9.5}$$

其中,A 表示面积,是暴露在冷却剂下的靶一侧的标称表面积,假设其与低浓铀箔

的面积相同。需要注意的是,两边都暴露在冷却剂下的靶的总表面积是 $2A$。

h_{cool} 表示冷却剂的换热系数,它可以用多种方法获取,例如,参考 Bejan[20] 或 Burmeister[21] 或 Kays 和 Crawford[22] 的著作。在给定的反应堆中使用的 h_{cool} 的比值,将取决于辐照位置的几何形状、冷却剂的流动速度和流体的性质。对于这里提出的分析,一系列的传热系数将作为参数研究的一部分。流速为 5m/s 的水的典型传热系数值约为 $10000\text{W} \cdot \text{m}^{-2} \cdot \text{K}^{-1}$[23]。

2. 包层热阻

R_{clad} 表示包层材料的热阻,它可以通过假设包层材料的一维传导来进行估计。热阻方程的形式取决于靶的几何形状是平面(平板)还是圆柱形(环形)。对于平面靶,热阻可以表示为

$$R_{cond} = \frac{L}{kA} = \frac{T_{clad\_i} - T_{clad\_o}}{1/2q} \tag{9.6}$$

对于圆柱形靶,热阻可以表示为

$$R_{cond} = \frac{\ln(r_{clad\_o}/r_{clad\_i})}{2\pi kH} = \frac{T_{clad\_i} - T_{clad\_o}}{1/2q} \tag{9.7}$$

环形靶的外径是 r_{clad_o},内径是 r_{clad_i},低浓铀的高度是 H。值得注意的是,对于包层非常薄的靶(大约 1mm),可以使用具有最小误差的平面形式的传导热阻。从图 9.18 中可以看出,利用平面方程计算传导热阻,对于内径大于 2.54cm 的管材,热阻估计相对误差小于 10%。一般情况下,包层热阻会比对流和接触热阻小。

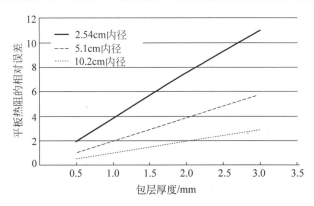

图 9.18　使用平板热阻表达式而不是环形热阻表达式带来的误差

3. 接触热阻

对于任何两种具有不同材料常数(原子晶格结构)且相互接触的材料,总是存在接触热阻。Swartz 和 Pohl[24] 建立了漫射失配模型,描述了声子如何在界面上进行传输。它们对本征接触热阻的表达式是根据配合材料的热容发展起来的,并

为具有明显差异的材料提供了合理的趋势。但是,对于原子结构相似的材料,就需要更精确的方法来实现。Chen 和 Zeng[25] 设计了一个模型,提供了一个更严格的声子起源的计算方法,因此也为相似材料在高温下的本征接触热阻提供了一个更精确的计算模型。对于厚度大于 $1\mu m$ 的材料,其本征接触热阻的值通常比整体接触热阻小得多。对于具有较大尺寸的材料,由于表面失配而产生的接触热阻往往占主导地位。

实际界面的接触热阻总是超过其本征接触热阻。这种差异是由于配合材料没有理想对齐的晶格,也没有对配合表面精加工来实现理想接触。如图 9.19 所示,不完全接触会在固体接触点之间圈闭气体。因此,热量在两种导热系数相对较大的固体材料之间的传递不是通过传导进行的,而是在材料接触点通过捕获气体从固体向固体进行热传递的。通常需要假设通过两个传导路径进行一维传热来对这样的界面进行热阻分析。

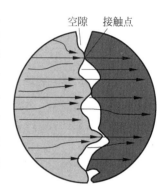

图 9.19　具有周期性的真实固体表面接触示意图

根据配合材料的表面特性,有多种表达式可以用来估计接触热阻。用于估计接触热阻的一般表达式通常是用有效热导 h_{con} 来表示:

$$R_{con} = \frac{\Delta T}{q} = \frac{1}{h_{con} A} \tag{9.8}$$

当两个配合表面都发生塑性变形时,Mikic 和 Rohsenow[26] 得到了有效热导的表达式:

$$h_{con} = \left(1.13k \frac{\tan\theta}{\sigma}\right) \left(\frac{P}{H}\right)^{0.94} \tag{9.9}$$

式中,k 为热导率,它是两种配合材料热导率 k_1 和 k_2 的调和平均数,关系如下:

$$k = \frac{k_1 + k_2}{k_1 k_2} \tag{9.10}$$

压力项 P 是基于总接触面积的表面压力;硬度 H 是两种材料中较软的一种的显微硬度;最后,$\tan\theta$ 和 σ 项分别为配合材料表面凸起的平均斜率和表面的平均表面粗糙度。

虽然式(9.10)在预测接触热导率时并不总是准确的,但它说明了相关的影响参数。特别地,施加压力与显微硬度之比可以有效地表征实际接触面积与表观接触面积之比,以及配合材料在压力下预期变形的程度。式(9.10)中存在的接触压力给出了一个有价值的提示,即了解靶的热机结构对于确保尽可能大的接触热导率是非常重要的。

值得注意的是,迄今为止所描述的接触热导率分析都是假设配合表面是平坦的或彼此匹配的。而实际上,配合表面可能出现任意的波浪或翘曲,这将影响整体的接触热阻。Chiu 等的一项研究表明,如果不能实现理想的平面接触,那么凸面的配合表面是首选,在加热区域的中心位置会有一个相对较小的热阻[27]。

从实际的角度来看,配合表面材料往往达不到使用式(9.10)的水平。实验手段是表征接触热阻的更实际的方法。目前有许多种实验技术可以用来评估接触热阻[28-31]。但从式(9.10)中可以清楚地发现,表面光洁度和接触压力的条件需要尽可能地匹配。因此,需要进行与实际应用加热条件相同的实验。然而,对于低浓铀靶,几乎不可能复制由低浓铀裂变产生的内热。因此,要确定一个低浓铀箔靶在辐射下是否真的安全,唯一实际可行的解决方案就是对边界条件进行研究,然后评估靶在这一系列情况下的风险。另一种方法是创建一个能够承受适当边界条件的靶。

4. 约束接触热阻

约束接触热阻行为发生在低浓铀箔和包层之间的间隙打开时。如果空隙中充满气体,那么一个简单的假设就是热通过空隙传导。通过间隙的热传导可由式(9.6)或式(9.7)来进行估计,用哪个式子取决于靶是平面的还是环形的。对于足够薄的间隙,平面模型是适用的。假设包层材料的温度是 100℃(或 373K),空隙充满了与空气热导率一样的气体,那么,在一定的热流值和间隙厚度范围内可以确定低浓铀的温度。图 9.20 展示了更高的热流值和更大的间隙开口是如何导致更高的低浓铀温度的。该图像表明,即使不常见,它也可能在靶能承受间隙的范围之内出现。

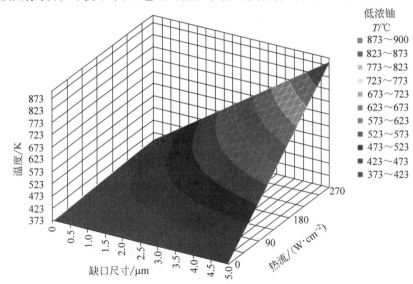

图 9.20　低浓铀箔和包层之间出现均匀间隙的热接触电阻的估计

这是一个非常不可能出现的情况,因为箔最有可能与包层保持周期性的接触

9.5 高密度低浓铀箔靶的热机性能分析

9.5.1 无量纲简支板

对于板在热载荷作用下自然热机行为的理解将有助于为更复杂的模型提供指导。选取沿着厚度方向具有均匀温度梯度的简支板作为代表性例子,可以得到解析模型的闭合解。板的边缘得到简单支撑,表明了它们不能在 x,y 或 z 方向上移动。简单支撑也意味着没有力矩作用在板的边缘上,边缘上的任何一个点都可以像铰链一样自由旋转。简支板边界条件示意图如图 9.21 所示。

本分析的重点是建立一个描述简支板热机行为的无量纲分析模型,为钼-99 靶生产的长度、宽度和厚度的选择提供一个方向。基于简支板边界条件的假设,预期从模型中获得的变形量将会过高估计一个具有焊接边缘平板靶的"枕头"的数量。

基于 Noda 等的工作,无量纲分析建模是从简单支撑模型开始的[32]。靶示意图如图 9.22 所示。

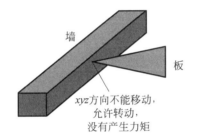

图 9.21 简支板模型的假定边界
条件示意图

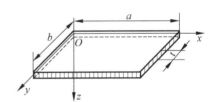

图 9.22 用简支边缘进行解析模型求解
时用的标记板示意图

简支板的控制方程[32]为

$$\nabla^2 \omega = -\frac{1}{(1-\nu)D} M_{\mathrm{T}} \tag{9.11}$$

式中,ω 为板在 z 方向的挠度;ν 为材料的泊松比;板的刚度 D 定义为

$$D = \frac{Et^3}{12(1-\nu^2)} \tag{9.12}$$

这里,E 为板材的杨氏模量;t 为板的厚度。式(9.11)中板挠曲的驱动力为热诱导力矩:

$$M_{\mathrm{T}} = \alpha E \int_0^t Tz\,\mathrm{d}z \tag{9.13}$$

其中,α 为热扩散系数;T 为板上沿着厚度方向的温度分布。对于在平板一侧均匀

施加热流的一维传热,其温度分布为 z 向的线性函数。

　　为了归纳上述解析模型的解,对式(9.11)~式(9.13)进行了无量纲化处理。根据图 9.22 中定义的参数如下:

$$x^* = \frac{a}{L_c} \tag{9.14}$$

$$y^* = \frac{b}{L_c} \tag{9.15}$$

$$t^* = \frac{t}{L_c} \tag{9.16}$$

$$\omega^* = \frac{\omega - \omega_0}{L_c} \tag{9.17}$$

其中,所有的星号值都表示无量纲变量;L_c 表示为特征长度,即平板在 x 方向上的长度;ω_0 是板的初始挠度。该模型的无量纲边界条件为

　　在 $x^* = 0$ 和 1 时,

$$\omega^* = \frac{0 - \omega_0}{L_c} = 0 \tag{9.18}$$

　　在 $y^* = 0$ 和 b/a 时,

$$\omega^* = \frac{0 - \omega_0}{L_c} = 0 \tag{9.19}$$

利用亥姆霍兹方法求解该控制方程,可以得到两个无穷求和函数的解[33]:

$$\omega^*(x,y) = -\sum_{m=1}^{\infty} \sum_{n=1}^{\infty} F_{mn} \frac{\sin\left(\frac{m\pi x^*}{l}\right) \sin\left(\frac{n\pi y^*}{b/a}\right)}{\left(\frac{m\pi}{l}\right)^2 + \left(\frac{n\pi}{b/a}\right)^2} \tag{9.20}$$

式中,F_{mn} 定义如下:

$$F_{mn} = -\left(\frac{0.014177}{\left(\frac{b}{a}\right)t^*}\right)\left(-\frac{1}{m\pi}\cos(m\pi) + \frac{1}{m\pi}\right)\left(-\frac{b/a}{n\pi}\cos(n\pi) + \frac{b/a}{n\pi}\right) \tag{9.21}$$

　　方形板无量纲解的一般挠度剖面如图 9.23 所示。等高线图显示,边缘会表现出铰链行为,而板往往变形成篮子形状。值得注意的是,热流是施加在板的凸面(或外部)上的,而板的凹面(或内部)则保持在较低的温度下。因此,平板似乎有一种自然的想要弯曲进入热源的倾向。这是一个需要关注的重要行为,因为它表明,如果要克服平板弯曲的自然趋势,则边缘焊缝将会出现显著的应力。

　　通过改变靶的长宽比和厚度来计算最大板挠度,以便进行参数化研究。位于平板中心的无量纲最大挠度与无量纲厚度和长宽比的关系如图 9.24 所示。沿平

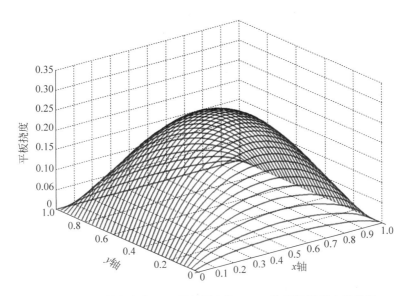

图 9.23　a/b 长宽比为 1、无量纲厚度为 0.001 的无量纲简支板轮廓

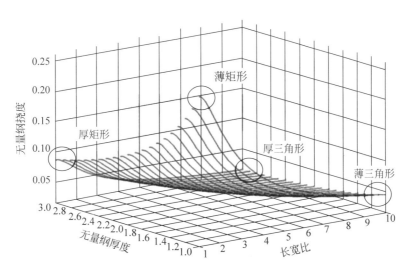

图 9.24　平板厚度和长宽比参数化研究的无量纲挠度结果

沿平板厚度方向上的温差保持恒定

板厚度方向上的温差保持恒定。

　　从图中可以清楚地发现,最大的挠度发生在当板的厚度较小且板的长宽比为 1 的时候。研究结果表明,当厚度和长宽比均有所变化时,板的热机行为表现出非线性。但是,在某一时刻,长宽比的变化对热机挠度的影响不大。图中还表明,增

加厚度会减小挠度。这是因为热力矩 M_T 保持不变而刚度值 D 将有所增加。

9.5.2　理想平坦和弯曲的低浓铀箔靶

目前,对于平板靶已经进行了大量的热机分析工作。在这里对研究结果进行一个小总结。对更多细节感兴趣的读者可以参考文献[34]～文献[40]。

这里利用商用有限元软件(Abaqus)对更真实的靶进行计算,以得到更真实的初步分析。特别地,对边缘焊缝和不均匀加热断面进行检查。之前的研究表明,自由边缘保持条件在包层材料中产生最小的应力和最小的挠度。因此,这里只考虑了自由边缘边界条件。发热功率为 30kW 量级用作定标目的。在生产靶范围内的产热率预计会更低。选择分析靶的尺寸与当前 HFR 分散靶相匹配,如图 9.25 所示。较亮的区域对应的是包层材料中低浓铀箔的位置,因此对应的也是施加热负荷的位置。

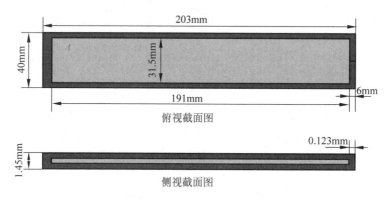

俯视截面图

侧视截面图

图 9.25　用 Abaqus 软件进行数值建模的低浓铀箔靶的横截面视图
整体尺寸符合目前用于钼-99 生产的 HFR 分散靶

采用"并列"约束条件模拟焊接边缘。在每个板的边缘周围接触的节点被结合在一起。由于模型收敛,靶的一端不允许发生平移或旋转,所以使用 Abaqus 中的 ENCASTRE 边界条件。这些模型和从完全约束边计算得到的值都是假设对称的。这个假设实际上与圣维南原理是一致的。所使用的边界条件如图 9.26 所示。

本节的目的是加深对辐照过程中典型靶行为的认识。值得注意的是,本节没有考虑到包层材料中的装配残余应力。未来的工作中必须包括对装配过程和材料在辐照前对应的力学状态的评估。目前的研究确实可以实现对材料自然趋势的清楚理解,以至于指导组装工艺的设计优化。

本节的目标之一,也是为了研究平板曲率对靶热机行为的影响。研究分析了三个不同的曲率水平,包括从完全平坦到 40° 的角度。曲率角和曲率半径详见表 9.3。

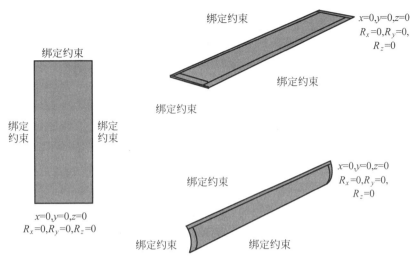

图 9.26 仿真中数值模型的力学边界条件示意图

表 9.3 研究的曲率角和相应的曲率半径

模型中曲率角度/(°)	半径/m
0(平板)	∞
20	~0.115
40	~0.057

一系列的热负荷和冷却条件也被应用于模拟辐照过程中产生的加热/冷却工况。将热负荷施加到金属箔上作为产生的体积热,而冷却条件是通过在靶表面施加均匀传热系数来进行模拟的。本节使用的加热/冷却条件详见表 9.4。它们涵盖了靶辐照器预期加热和冷却条件的范围。

表 9.4 用于数值模拟的热负荷、发热值和传热系数

热载/W	施加到箔的产生热/$(W \cdot cm^{-3})$	传热系数/$(W \cdot m^{-2} \cdot K^{-1})$
22500	3.040×10^4	50000
27500	3.716×10^4	40000
32500	4.392×10^4	30000

模拟结果验证了辐照过程中铀箔与铝包层之间的分离。在不同的位置监测铀箔和包层之间的分离状态。监测点的位置和靶截面上的分离情况如图 9.27 所示。

靶内的热应力发展也可能会导致靶的失效。可以用 von Mises 应力来表征其失效的风险程度。监测点位于焊缝沿线和靶的包层中心位置。von Mises 应力监测点的位置如图 9.28 所示。

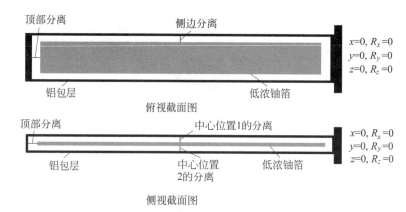

图 9.27　平板靶数值模拟的分离监测点

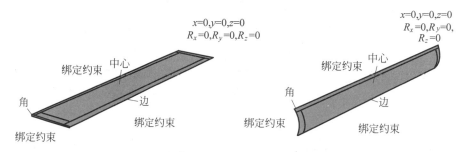

图 9.28　平板靶数值模拟的 von Mises 应力监测点

通过直接比较不同条件下的分离状态,确定了不同曲率和加热/冷却条件的影响。图 9.29、图 9.30、图 9.31 和图 9.32 中分别可以看到中心 1、中心 2、侧面和顶部的分离状态。在上述的每一幅图中,平板靶分离的幅值,即是低浓铀箔和包层之间的间隙打开的程度,在靶的中心区域都是 $1\mu m$ 量级。当这与图 9.20 所允许的间隙相配合时,很明显,平板的几何形状就有可能成为一个可行的设计选项。较大

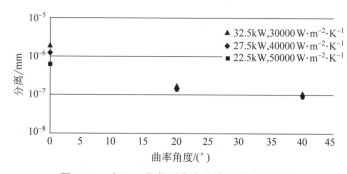

图 9.29　中心 1 号监测点曲率范围的分离间隔

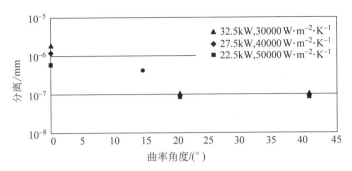

图 9.30 中心 2 号监测点曲率范围的分离间隔

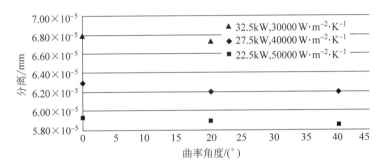

图 9.31 边缘监测点曲率范围的分离间隔

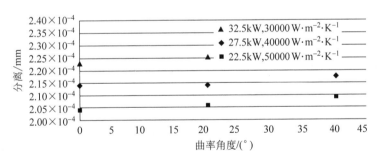

图 9.32 顶部监测点曲率范围的分离间隔

的缺口更倾向于在边缘附近发生,这表明可能需要施加装配残余应力来抑制缺口打开的趋势。然而,需要明确指出的是,在侧边和顶部检测点处形成的间隙为横向间隙(请仔细查看图 9.27),因此对靶的总体热阻的增加很小。

很明显,曲率对靶内箔/包层的分离有重要影响。随着曲率的增加,两个中心位置的分离急剧地呈非线性减小。侧边监测点的分离也随着曲率的增加而减小,但不像中心点那样剧烈。顶部分离状态随着曲率的增加而呈非线性地增加,这表明相对于大的曲率值,适度的曲率可能会更受青睐。

为了更清楚地说明侧面和顶面缺口趋势可能不是一个很重要的问题,从数值计算中得到了通过箔和靶的六个面中每一个面的散热量。表 9.5 中列出了三个面占总热流量的百分数。需要注意的是,其余三个面与表 9.5 中所示的对应面具有相同的百分数。

表 9.5　通过箔的三面热量百分数

中心面/%	侧面/%	上面/%
49.7	0.4	0.07

根据表 9.5 中所示的百分数,铀箔中产生的大部分热量将通过分离程度最低的中心面(通过中心面的总百分数为 $2 \times 49.7\% = 99.4\%$)。只有非常少量的热将通过分离程度最大的顶部和侧面,从而减少了因分离而导致的失效风险。

对 von Mises 应力的大小和分布进行了测量。对计算值进行了绘图并与几种铝合金的屈服强度进行了比较。所选铝合金分别为 Al-1100、Al-3003 和 Al-6061。每种铝合金的屈服强度见表 9.6。

表 9.6　铝合金屈服强度

Al-1100 屈服强度/Pa	Al-3003 屈服强度/Pa	Al-6061 屈服强度/Pa
1.05×10^8	1.25×10^8	2.75×10^8

这里显示的是最坏的加热和冷却条件的对比情况,即 32.5kW 和 $30000W \cdot m^{-2} \cdot K^{-1}$。这些条件下的应力如图 9.33 所示。

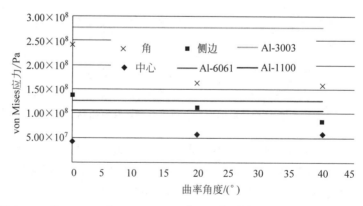

图 9.33　在 32.5kW 和 $30000W \cdot m^{-2} \cdot K^{-1}$ 时的 von Mises 应力的比较

从图 9.33 可以看出,随着曲率的增加,角部和侧边的 von Mises 应力会逐渐减小,中心的 von mises 应力会稍微增大,然后在 20°～40°保持平稳。这些趋势表明,增加曲率可以使得靶内 von Mises 应力降低或保持不变,因此,可以用来影响热加载过程中应力的发展情况。在包层中发展的应力幅值表明,在不考虑任何装配残余应力的情况下,较软的铝材料将面临屈服风险。但是,在靶内所有位置的应力水平均低于 Al-6061 的屈服应力值。

9.5.3 低浓铀箔环形靶

在环形靶上也进行了类似于刚刚对平板靶几何形状开展的研究,使用数值模拟来分析参考靶的设计。与平板靶一样,低浓铀箔在辐照过程中产生的热量会增加靶的温度,从而导致靶的热膨胀变形。由于低浓铀和铝的热膨胀系数不同,所以,它们的热膨胀幅度也会不同。此外,铝包层上还有一个温度梯度,其会引起单管热膨胀率的差异。热膨胀失配会导致低浓铀和包层之间形成间隙,并在靶内产生应力。使用环形靶的优点是其结构的坚固完整性。

如图 9.12 所示,低浓铀箔没有完全包裹住圆管包层,留下了一个开放的间隙(不要与辐照加热时低浓铀和包层之间形成间隙的自然趋势相混淆)。空隙的目的是提供一个切割路径,以便促进靶的开放过程。从热机性能的角度来看,开放间隙意味着靶内将存在一个圆周方向上的非均匀加热,这使得难以建立解析模型的闭合解。之前的工作是将简化分析模型与数值模拟进行比较,以确定要使用的数值模拟的设置[41,42]。从这些研究中获得的经验也将应用于本文介绍的研究之中。

Abaqus 有限元的数值模型包括一个二维平面应变问题的环形靶,即在两个铝管(Al-6061 T6)之间夹着的一个低浓铀箔。在 Abaqus 有限元分析中建立了均匀和非均匀加热模型,如图 9.34 所示。在完全耦合热应力模型中,没有考虑靶装配的残余应力,在施加热载荷之前,假定各部件的界面处是理想接触的。由于图 9.34 中的均匀加热模型是关于 x 轴和 y 轴对称的,所以对节点分别应用 x 对称和 y 对称的边界条件。

采用全耦合二次简化积分单元(CPE8RT)进行有限元网格划分,均匀加热的装配环形靶具有 10.8 万个单元,节点数为 30 万个,每个零件厚度方向上为 20 个单元。周向上非均匀加热模型的外管有一个均匀的圆形截面,在内管表面有个凹槽切口来适配低浓铀箔。如图 9.34 所示。采用全耦合二次简化积分单元(CPE8RT)进行有限元网格划分,组装的环形靶具有 12 万个单元和 370481 个节点,沿每个管和箔的厚度方向上有 20 个单元。

建立了分析模型来验证均匀加热数值模型的有效性。结果表明,在复合材料模型中,由于热膨胀失配和热流的方向性,接触可以有或者没有[43,44]。基于此,可以预计箔与内管的接触将得到加强,而箔与外管之间会出现间隙。采用类似于

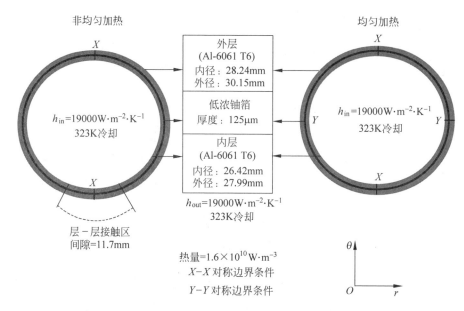

图 9.34　均匀和非均匀加热模型参数

图 9.17所示的热阻网络来获得管内外的温度分布。受热流影响的单管热应力的公式也可以应用于外管,因为它从箔分离开来。因此,在计算应力和位移时,需要单独考虑外管的特性。对于内管-箔复合材料,内管内表面和箔外表面的径向应力均为零。界面的相容性对应力和位移的连续性有重要影响。这四个条件可用于求解文献[45]中的常数,从而确定内管和箔上的应力和位移。

　　建立均匀加热数值模型的目的是验证其正确性,并利用其对非均匀加热模型进行校正。表 9.7 展示了均匀加热分析中的解析解和数值解的比较,其中的误差定义为解析模型和数值模型之间的差值。

表 9.7　均匀加热的解析解和数值解的比较

参　　数	管内最大误差/%	管外最大误差/%
温度	0.03	0.04
径向应力	3.61	2.74
周向应力	3.08	0.89

　　图 9.34 所示条件下的非均匀加热靶的径向位移等值线如图 9.35 所示。从靶的顶部开始(即 0°位置),箔和内管之间没有分离。外管与箔之间存在间隙,这是由于铝包层的热膨胀系数比低浓铀箔的大。在 90°位置,箔和内管之间也没有出现分离。然而,箔与外管之间的分离幅度小于 0°位置。这表明最宽的间隙倾向

于在 0°处形成。在 90°和 180°之间,存在一个过渡区域,因为箔的末端从凹槽中移开,并在低浓铀箔膨胀时翻出来与外管接触。这导致箔离开内管而与外管发生接触。在箔和内管之间往往会形成一个间隙。靶变形后的最终几何形状如图 9.36所示。

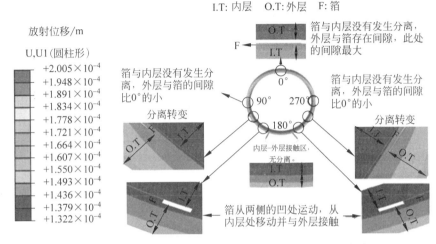

图 9.35　无初始残余应力和完全接触的环形靶的径向位移等高线图

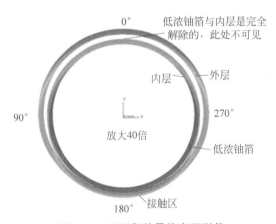

图 9.36　环形靶的最终变形形状
注意其形状像水滴,因为无箔区域的曲率半径比加热箔区域的小

在这里需要重申的是,目前的分析中没有考虑到装配过程的残余应力。目前的分析可以有效地表征在辐照加热过程中自然倾向形成的定性分离。这种趋势可以用来开发一种新的组装工艺,确保在低浓铀箔和包层之间,在实际工作时不会形成间隙。

9.6 归纳与总结

稳定的、低成本的放射性同位素钼-99 的供应,对于确保必要的诊断性医疗程序能够如期进行至关重要。这一需求与遵守防扩散协议的动力相互结合,则要求开发一种新的高密度靶材,用于当前基于反应堆的放射性同位素的生产操作。采用低浓铀箔靶就是这样的一个选择。

从热机安全的角度来看,低浓铀箔靶的多重几何排列是可行的。环形靶的设计已经成功地进行了辐射处理,并且已经存在了 20 多年。基于平板靶的设计还没有那么成熟,但目前还没有任何技术研究可以对其潜力提出质疑。因此,在存在经济和产量限制的情况下,建议做出更多努力,以获得使用低浓铀箔靶生产钼-99 的信心。

环形靶和平板靶设计中需要更全面考虑的一个关键要点就是装配体的残余应力问题。根据假设,残余应力可以被定制,以帮助缓解间隙形成的自然趋势,以及减轻在包层材料中应力的成长。

致谢

密苏里大学研究反应堆(MURR)的 Charlie Allen 一直是有关钼-99 生产历史的宝贵信息来源。他还提供了有价值的观点,关于如何把不同的靶设计整合到反应堆辐照空间中。

参考文献

[1] Williams RW. Technetium-99m production from uranium-235 fission[D]. University of Missouri, Columbia, MO, 1976.

[2] Saha GB. Fundamentals of nuclear pharmacy, 5th edn[M]. Springer, New York, 2004.

[3] Sonzogni A. Chart of nuclides. http://www.nndc.bnl.gov/chart/, 27 Feb 2013.

[4] Zolle I. Technetium-99m pharmaceuticals: preparation and quality control in nuclear medicine[M]. Springer, New York, 2007.

[5] National Research Council of the National Academies. Medical isotope production without highly enriched uranium[M]. The National Academies Press, Washington, DC, 2009.

[6] Turner K. Thermal-mechanical analysis of targets for high volume production of molybdenum-99 using low-enriched uranium[D]. Mechanical and Aerospace Engineering Department, University of Missouri, Columbia, MO, 2009.

[7] National Nuclear Security Administration. United States, Belgium, France, and The

Netherlands announce joint statement on HEU minimization and the reliable supply of medicalisotopes,26 Mar 2012. http://nnsa. energy. gov/mediaroom/pressreleases/usbfnme diso32612,27 Feb 2013.

[8] Malouch F,Wohleber X,Durande-Ayme P. Enhancement of irradiation capabilities of moly targets in the osiris reactor[C]. Presented at the European Research Reactor Conference (RRFM),Rome,Italy,20-24 Mar 2011.

[9] Mushtaq MIA,Bokhari IH,Mahmood T,et al. Neutronic and thermal hydraulic analysis for production of fission molybdenum-99 at Pakistan Research Reactor-1[J]. Ann Nucl Energy 35:345-352,2008.

[10] Salacz J. Production of fission Mo-99,I-131,and Xe-133[M]. In:Fission molybdenum medical use,Karlsruhe,Germany,13-16 Oct 1987,pp 129-132,1987.

[11] Solbrekken GL,Turner KK,Allen CW. Thermal-mechanical analysis of varying boundary conditions on a LEU foil based molybdenum-99 plate processing target[C]. Presented at the ASME International Mechanical Engineering Congress and Exposition,Vancouver, British·Columbia,2010.

[12] National Nuclear Security Administration. (n. d.) Office of global threat reduction. http://nnsa. energy. gov/aboutus/ourprograms/nonproliferation/programoffices/officeglobalthreatreduction,27 Feb 2013.

[13] National Nuclear Securing Administration. NNSA works to minimize the use of HEU in medical isotope production. http://www. nnsa. energy. gov/mediaroom/factsheets/ factsheet20100125,27 Feb 2013.

[14] Ruth T. Direct production of Tc-99m including a Mo-100 supply[C]. In:Mo-99 Topical Meeting,Santa Fe,NM,2011.

[15] OECD Nuclear Energy Agency. Nuclear energy in perspective:the path to a reliable supply of medical isotopes. http://www. oecd-nea. org/press/inperspective/2011-reliable-supply-medical-radioisotopes. pdf,27 Feb 2013.

[16] Snelgrove JL,Hofman GL,Wiencek TC,et al. Development and processing of LEU targets for 99Mo production-overview of the Anl program[C]. Presented at the 1995 International Meeting on,Reduced Enrichment for Research and Test Reactors,Paris,France,18-21 Sept 1995.

[17] Srinivasan BH,Johnson JC,Vandegrift GK. Development of dissolution process for metal foil target containing low enriched uranium[M]. Presented at the Reduced Enrichment for Research and Test Reactors,Williamsburg,VA,1994.

[18] Allen CW,Solbrekken GL. Feasibility study-Part 2:Production of fission product Mo-99 using the LEU-modified Cintichem process [D]. MURR TDR-0104,University of Missouri,Columbia,MO,March 2007.

[19] Allen C,Solbrekken G,Jollay L,et al. Equivalent fission Mo-99 target without highly enriched uranium[C]. In Mo-99 Topical Meeting,Santa Fe,NM,2011.

[20] Bejan A. Convection heat transfer,3rd edn[M]. Wiley,New York,2004.

[21] Burmeister LC. Convective heat transfer[M]. Wiley,New York,1993.

[22] Kays WM, Crawford ME. Convective heat and mass transfer, 4th edn[M]. McGraw-Hill, New York, 2004.

[23] Ozisik MN. Heat transfer: a basic approach[M]. McGraw-Hill, New York, 1985.

[24] Swartz ET, Pohl RO. Thermal boundary resistance[J]. Rev Mod Phys 61: 605-668, 1989.

[25] Chen G, Zeng T. Nonequilibrium phonon and electron transport in heterostructures and superlattices[J]. Microscale Thermophys Eng 5: 71-88, 2001.

[26] Mikic BB, Rohsenow WM. Thermal contact resistance[M]. MIT Report No. 4542-41, Department of Mechanical Engineering, MIT, Sept 1966.

[27] Chiu CP, Solbrekken GL, Young T. Thermal modeling and experimental validation of thermal interface performance between non-flat surfaces[C]. Proceedings of Itherm 2000, Las Vegas, NV, 24-26 May 2000, pp 55-62, 2000.

[28] Prasher R. Thermal interface materials: historical perspective, status, and future directions [J]. Proc IEEE 94(8): 1571-1586, 2006.

[29] Solbrekken GL, Chiu CP, Byers B, et al. The development of a tool to predict package level thermal interface material performance[C]. In: Proceedings of ITHERM 2000, vol 1. Las Vegas, NV, pp 48-54, 2000.

[30] Park JJ, Taya M. Design of thermal interface material with high thermal conductivity and measurement apparatus[J]. J Electronic Packaging 128: 46-52, 2006.

[31] Madhusudana CV. Thermal contact conductance[M]. Springer, NewYork, 1996.

[32] Naotake Noda RBH, Tanigawa Y. Thermal stresses, 2nd edn[M]. Taylor & Francis, New York, 2003.

[33] Asmer NH. Partial differential equations with Fourier series and boundary value problems [M]. Prentice Hall, New York, 2005.

[34] Turner KK, Solbrekken GL, Allen CW. Thermal-mechanical response of non-uniformly heated LEU foil based target[C]. Proceedings of IMECE11, Denver, Colorado, USA, 11-17 Nov 2011, Paper IMECE2011-64734, 2011.

[35] Turner KK, Solbrekken GL. Comparison of uniform and non-uniform heating in the plate type LEU foil based molybdenum-99 production target[C]. Proceedings of 2011 ANS Winter Meeting and Nuclear Technology Expo, Washington, DC, 30 Oct-3 Nov 2011.

[36] Solbrekken GL, Allen C, Turner K, et al. Development, qualification, and manufacturing of Leu-Foil targetry for the production of Mo-99[C]. Proceedings of the European Research Reactor Conference, Rome, Italy, 20-24 Mar 2011.

[37] Solbrekken GL, Turner K, Makarewicz P, et al. Thermal/mechanical development of a Leu-Foil based target for production of Mo-99[C]. Proceedings of the European Research Reactor Conference, Rome Italy, 20-24 Mar 2011.

[38] Turner KK, Solbrekken GL. Thermal-mechanical analysis of varying boundary conditions on a LEU foil based molybdenum-99 plate processing target[C]. Proceedings of ASME 2010 International Mechanical Engineering Congress & Exposition, Vancouver, British Columbia, Canada, Paper IMECE2010-39393, 12-18 Nov 2010.

[39] Turner KK, Solbrekken GL, Morrell JS. Non-dimensional analytical analysis of a simply

supported molybdenum-99 production target［C］. Proceedings of 2010 ANS Winter Meeting and Nuclear Technology Expo,Las Vegas,NV,7-11 Nov 2010.

［40］ Makarewicz P,Turner KK,Solbrekken GL,et al. Thermal/mechanical/hydraulic experimental tools for molybdenum-99 production target analysis［C］. Proceedings of 2010 ANS Winter Meeting and Nuclear Technology Expo,Las Vegas,NV,7-11 Nov 2010.

［41］ Turner K,Solbrekken GL,Allen CW. Thermal-mechanical analysis of annular target design for high volume production of molybdenum-99 using low-enriched uranium［C］. Proceedings of ASME 2009 International Mechanical Engineering Congress & Exposition, Lake Buena Vista,FL,Paper IMECE2009-13238,13-19 Nov 2009.

［42］ Govindarajan SG,Solbrekken GL,Allen CW. Thermal-mechanical analysis of a low-enriched uranium foil based annular target for the production of molybdenum-99［C］. Proceedings of IMECE 2012,Paper IMECE2012-86921,Houston,TX,9-15 Nov 2012.

［43］ Madhusudhana CV. Thermal conductance of cylindrical joints［J］. Int J Heat Mass Transf 42: 1273-1287,1999.

［44］ Boley BA,Weiner JH. Theory of thermal stresses［M］. Dover Publications Inc. ,New York,pp 272-281,1960.

［45］ Timoshenko S,Goodier JN. Theory of elasticity［M］. McGraw Hill Book Company,New York,pp 410-413,1951.